아이의 마음을
읽어주는
부모
되기
반영적 양육

Reflective Parenting

아이의 마음을 읽어주는 부모 되기

반영적 양육

앨리스터 쿠퍼 · 실라 레드펀 지음

이은경 옮김

한울

Reflective Parenting

by Alistair Cooper and Sheila Redfern

차례

● 각 장의 마지막에 있는 요약 페이지는 http://www.routledge.com/products/978
  1138020443에서 영문으로 다운로드할 수 있습니다.

앨리스터 쿠퍼(Alistair Cooper)와 실라 레드펀(Sheila Redfern)이 함께 집필한 『아이의 마음을 읽어주는 부모 되기: 반영적 양육(Reflective Parenting)』은 아이를 키우는 부모들이 아이와 어떻게 소통하면서 부모로 성장할 수 있는지에 대해 실질적인 도움을 준다. 이 책에서 쿠퍼와 레드펀은 자신들이 만났던 부모와 아이들의 사례를 토대로 부모 되기와 아이의 마음을 읽어줄 수 있는 원리를 제시하여 부모로서 제공해야 할 양육이 무엇인지 안내하고 있다. 그러면서 부모가 갖추어야 할 이상적인 모델보다는 부모인 한 개인이 어떻게 부모가 되어 성장할 수 있는지에 대해 간결하지만 매우 명료하게 전달하고 있다. 특히 저자들이 제안한 '부모 APP'의 개념은 부모가 어떻게 아이를 양육하면서 소통할 수 있는지를 실질적이고 구체적으로 알려준다.

이 책은 세 가족의 이야기를 중심으로 구성되어 있다. 첫 번째 가족은 6살과 4살 아이를 키우는 맞벌이 가정이다. 아빠는 정부 행정부처에서 일하며, 엄마는 시간제 일을 하면서 아이들의 양육을 책임지고 있다. 아이들의 외할아버지와 외할머니는 돌아가셨고, 가끔 친할아버지와 친할머니가 돌봐주시기는 하지만 주로 엄마가 아이들을 돌본다. 두 번째 가족은 2살, 10살, 12살 아이를 키우는 세 자녀 가정이다. 금융회사를 다니는 아빠는 바쁘고, 병원에서 시간제 일을 하는 엄마는 늘 일이 많은 편이다. 엄마는 어릴 때 부모님이 이혼하셨고, 이때 힘든 유년기를 보냈다고 기억한다. 그런데 지금은 오히려 엄마가 외할머니를 돌보는 것 같아 부담을 느낀다. 세 번째 가족은 9개월 된 아기와 7살 쌍둥이를 키우는 가족이다. 부모는 혼인신고를 하지 않았고 지금은 헤어져서 따로 지내며, 아빠가 격주로 아이들을 돌보고 있다. 아빠는 가구 제조업자이며, 엄마는 보육과 돌봄 비용 때문에 일을 하지 않고 있는 상황이다. 엄마는 주변에 친구가 많으며, 양가 부모님도 필요할 때마다 조언을 하고 도와주신다.

각 장은 사례를 중심으로 시작하여, 아이와의 소통에 대해 궁금해하는 부모들에게 반영적 양육을 쉽게 따라 할 수 있도록 설명하고 있다. 이 책에서는 먼저, 반영적 양육의 이론적 근거가 되는 애착 이론, 정신화, 마음 이론에 대해 간략하게 설명하고 있어 심리학에 깊이 있는 지식이 없다 하더라도 마음의 중요성에 대해 흥미를 갖도록 도와준다. 각 장별로 간략히 살펴보면 1장에서는 아이의 마음을 읽어주는 부모 되기가 무엇인지를 감정 조절, 관계 기술의 학습, 의사소통의 중요성을 중심으로 설명한다. 2장에서는 '지도(map)'의 개념을 이용하여 부모가 현재 마음의 상태, 과거 경험과의 관계, 현재의 영향을 살펴보고 자신의 마음을 알아차리기를 하도록 하여 아이와 소통하는 부모가 되는 방법을 알려준다. 3장은 부모가 자신의 감정을 조절하는 것이 아이와의 관계에서 얼마나 중요한지를 감정온도계라는 구체적인 개념으로 설명한다. 온도계가 끓고 있다는 저자들의 표현이 실제 많은 부모들이 경험하는 다양한 감정을 상상할 수 있게 한다. 4장은 '부모 APP'으로 표현된 관심 가지기(Attention), 관점 취하기(Perspective Taking), 공감하기(Providing

Empathy)다. 사례를 중심으로 부모 APP의 적용을 설명하고 있어 아이와의 소통에 막막함을 느낀 부모들에게는 실제적인 도움이 될 수 있다. 5장은 대부분 부모들이 아이의 행동에 화를 낼 때 어떻게 그 감정을 다루어야 할지 구체적으로 설명한다. 저자들은 공감과 수용, 유머의 사용, 주의 돌리기, 혼자 시간 보내기, 스킨십 사용하기, 사과하기 등 구체적 방법을 설명한다. 6장에서는 아이가 잘못된 행동을 할 때 부모가 어떻게 아이와의 관계를 유지하는지를 설명한다. 두 손 접근법과 권위 있는 양육을 설명하면서, 아이에 대한 오해를 이해로 풀 수 있는 반영적 양육의 자세를 제시한다. 7장은 아동보호시설에 있는 아이와 아스퍼거 증후군 아이에 대한 이야기를 통해 민감한 상처가 있는 아이와 사회적 상호작용에서 어려움이 있는 아이의 반영적 양육을 설명한다. 8장은 아이가 성장하면서 가지게 될 관계라는 청사진에 포함되는 부모 관계, 부부 갈등, 형제자매 관계, 친구 관계에서의 반영적 양육의 태도를 설명한다. 9장은 아이와의 행복하고 좋은 시간에 어떻게 반영적 양육을 적용하는지를 설명하여 아이와의 놀이나 일상생활에서 어떻게 소통할 수 있는지를 보여준다. 10장에서는 이 책의 핵심적인 내용에 대해 저자 두 사람이 대화하는 형식으로 반영적 양육을 정리하고 요약한다.

이 책을 읽다 보면 부모 되기에 있어서 반영적 양육이 얼마나 흥미롭고 즐거운 것인지 느껴진다. 저자들은 반영적 양육의 이론과 실제를 사례, 부모 지도와 부모 APP 등을 통해 알기 쉽게 설명하고 있다. 아이와 마음을 열고 소통하는 부모가 되고자 하는 모든 초보 부모에게 이 책이 늘 곁에 두고 보는 애장서가 되기를 기대한다. 그리고 부모를 상담하는 상담자나 부모 교육을 하는 전문가에게는 흥미 있는 부모 교육 교재로서 널리 활용되기를 바란다.

책을 번역하는 데 시간이 지체되고 오래 걸렸다. 게으름과 바쁨을 너그러이 이해해 준 한울엠플러스㈜의 관계자들께 감사드린다. 특히 전체적으로 내용을 꼼꼼히 읽으면서 번역문에 대한 의견을 함께 나누어 준 이진경 편집자에게 깊이 감사드린다. 마지막으로 부모 됨에 대한 생각을 다시 할 수 있도록 도와주고 항상 지지해 준 가족과 동료들에게도 감사를 전한다.

2021년 2월

이 은 경

추천의 글

내가 보람차다고 느끼는 일은 많지 않다. 대부분 일상에서 해야 할 일들을 하고, 해야 할 일의 절반 정도만 해도 그저 좋다고 느낄 뿐이다. 나는 일을 처리하는 것이 목표라고 생각해 왔다. 실라 레드펀(Sheila Redfern)과 앨리스터 쿠퍼(Alistair Cooper)의 책을 읽으면서, 나는 잠시나마 다른 세계에 발을 내딛었다. 이 책은 20여 년 동안 작업하며 나온 아이디어와 연구 결과들을 일상에 적용하고 있어, 이 책을 읽는 것은 유익한 일이었다. 두 사람의 작업에 대해 무한한 감사를 전한다.

반영의 기능이나 정신화에 관한 개념적인 틀과 경험적인 발견들은 과학적 연구뿐만 아니라 상담과 사회복지 분야에도 영향을 끼쳤다. 내가 깨닫지 못했던 것은 이런 연구 결과들이 부모가 자녀를 양육하는 방식에 영향을 줄 수 있다는 점이다. 안정 애착 패턴이 세대를 거쳐 전수되는 것을 고려하면 부모가 아이들의 행동에 반응할 때 아이 마음속에 있는 생각, 감정, 믿음, 소망, 욕구들을 어느 정도 고려할 수 있는지, 그 정도에 따라 세대를 거쳐 전수되는 애착 패턴이 어떻게 중재될 수 있을지를 예측할 수 있다. 그러나 이론을 실제 현장에 적용하는 사람은 소수다. 자신의 생각을 아이디어로 내는 것은 쉬운 일이다. 우리는 모두 이런 것을 할 수 있다. 어려운 것은 추상적인 개념 속에서 실질적인 무언가를 만드는 것이다. 저자들은 자신들의 작업을 촉발시킨 연구자에게 자신들이 만들어낸 성과의 공을 너그럽게 돌리고 있다. 그러면서 저자들은 부모들에게 반영과 정신화의 개념을 적용하는 창의력을 보여준다.

이 책은 아이를 위해 만드는 가정환경의 질이 진정으로 좋아질 수 있음을 보여주는 논리정연하고 명백한 실용적 틀을 제공한다. 이런 면에서 이 책은 기억에 남는 좋은 책 중 하나다. 이 책은 어떻게 행동해야 할지 확실하게 안내해 주고 있어 적용하기 쉽다. "좋은 이론만큼 실용적인 것은 없다"라는 명언이 떠오르는 책이다. 실라와 앨리스터는 반영의 기능에 대한 아이디어를 사용하여 '아이의 마음을 읽어주는 부모 되기(Reflective Parenting)'에 대한 안내서를 만들면서, 자신들의 이론 또한 발전시켰다. 이들은 양육을 정서 조절의 개념과 통합했다. 이들은 정신화 모델과 긴밀하게 관련된 행동주의적이고 인지-행동적인 원리들을 설명하고 있다. 가장 흥미로운 점은 이들이 체계론적인 이론을 제시하고 있다는 점이다. 특히 자신이 상담하는 아이와 부모를 계속해서 만나면서 이러한 통합적 견해를 이루어냈다는 점은 매우 놀랍다.

이 책은 부모를 대상으로 하지만 부모를 만나는 전문가들에게도 도움이 될 것이다. 저자는 책 전반에 걸쳐 흥미 있고 재미있는 방식으로 확실한 조언을 하고 있다. 아이의 마음을 읽어주는 부모 되기의 주요한 법칙들을 적용하는 부분에서는 책장을 넘기기가 바쁠 정도로 흥미진진하다. 당신은 이 책을 읽으면서 다음에 어떤 내용이 있을지 궁금할 것이다. 이러한 호기심이 씨앗이 되기를 바란다—아이 마음속에서 무슨 일이 일어나는지에 대한 호기심이 아이의 마음을 읽어주는 부모 되기의 모든 것이라는 측면에서 말이다. 상대의 마음을 알고자 하는 것은 자연스러운 소망인데, 이런 소망은 경쟁을 우선시하고 지름길을 택하기 쉬운 현대사회에서는 종종 길을 잃어버린다. 그리고 이런 소망은 다른 사람의 생각과 감정에 대해 굉장히 거대한 가설들을 만들기도 한다. 그러나 모두가 자신의 아이에 대해서만은 옳고 그른지 알아내는 일을 덜 귀찮아할 것이다. 호기심은 다른 방식으로도 작동한다. 내 경험으로는 아이의 마음을 궁금해하는 부모의 호기심은 엄마나 아빠에 대한 아이의 호기심도 키운다. 당신은 당신에게 관심을 보이는 어떤 사람의 마음속에서 무슨 일이 일어나는지 가장 궁금할 것이다. 아마 이것이, 누군가의 마음을 읽어주는 것이 왜 안전한 유대감과 좋은 부모 자녀 관계를 형성하도록 하는지와 관련한 가장 중요한 이유일 것이다.

양육의 질은 아이를 성장시키는 데 중요한 변인이다. 내가 좋아하는 연구 중 하나는 유년기 동안 생길 수 있는 공격성과 폭력성에 대한 연구다. 우리는 아이들이 대개 만 2살 때 가장 공격적이라는 것을 안다. 이 연령대 아이들은 타인을 설득할 만한 충분한 언어 기술이 없다. 만약 자기중심적인 아이라면 신체적인 공격성을 보이기도 한다. 물론 모든 아이들이 이런 것은 아니다. 기질도 중요한 요인이다. 그러나 대부분의 아이들은 감사하게도 성장하는 몇 년 안에 이런 난폭한 행동을 그친다. 하지만 5~10%의 아이들의 경우 심각한 행동 문제로 발전된다는 점은 매우 슬픈 일이다. 난폭한 행동을 멈춘 아이들은 부모와 긍정적인 상호작용을 두 배로 많이 하고 있었다. 부모와 긍정적 상호작용을 한다는 것은 부모가 아이를 대할 때 덜 적대적이며 효과적인 양육을 위해 노력했다는 의미다. 이런 연구 결과는 1만 명의 아이들을 관찰한 캐나다 연구에서 나왔다.[1] 이 연구를 언급하는 이유는 관찰의 엄청난 힘 때문이다. 이런 많은 인원을 대상으로 한 관찰 결과가 나올 가능성은 무언가 우연히 일어날 가능성의 10억분의 1보다도 적다!

부모는 중요한 역할을 한다. 부모의 역할은 한 마을이 아이를 길렀던 고대 시대보다 가족 규모가 작아진 현대에 이르러 더 중요해지고 있다. 이런 압박은 때로는 감당하기 힘들 수 있다. 인간은 아이들을 홀로 키우도록 진화되지 않았다. 우리의 유전자는 조부모, 이모/고모와 삼촌/고모부/이모부, 사촌이라는 확대가족 네트워크가 반드시 있도록 되어 있다. 산업혁명 초기 사람들이 도시로 이동하는 등 유동성이 증가하면서 양육은 더 어려워졌으며, 아이 마음을 읽어주는 시간은 어느 때보다 더 소중해졌다. 아동 발달에 있어 우리가 아는 것은 아이들에게는 양적인 시간보다는 질적인 시간이 필요하다는 것이다. 부모가 계속 옆에 있으면서도 아이의 마음을 읽어주지 않는 것보다 부모의 참 존재를 경험하는 것이 훨씬 중요하다는 것이다. 내가 '참 존재'라고 말하는 것은 아이를 위해 함께 있어주는 것을 말하며, 아이의 마음을 헤아리고, 아이의 생각에 대해 생각하고, 아이의 감정을 느끼는 것을 말한다. 이는 어린아이에게 생각하고 느낄 수 있는 역량을 키워준다. 우리 인류애에 있어 기본적인 토대가 되는 능력이다. 이 책을 통해 우리 모두가 조금 더 쉽게 접근하고 시도하기를 바라는 능력이다.

내 아이들을 키울 때 이 책이 있었다면 얼마나 좋았을까 ……!

피터 포나기(Peter Fonagy)
의학아카데미 공로자(FMedSci)이자 영국아카데미 회원(FBA),
대영제국훈장(OBE) 수상자
런던대학교 임상·교육 및 건강 심리학 연구부 교수 겸 총책임자
런던 안나프로이트센터 최고책임자

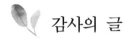 감사의 글

우리 저자들은 지속적으로 흥미와 관심을 가지고 전문가이자 부모로서 자신의 귀중한 통찰을 나눠준 친구와 동료, 가족들에게 감사를 전한다. 책을 읽어주고 소중한 논평을 해준 헤일리 쿡(Hayley Cook), 에밀리 쿠퍼(Emily Cooper), 앤토니아 고드버(Antonia Godber), 대니얼 휴스(Daniel Hughes), 대런 코쿠트(Darron Kokutt), 노르카 몰버그(Norka Malberg), 매서린 모트너(Matherine Mautner), 애너 모츠(Anna Motz), 리처드 샤프(Richard Sharp)에게도 감사드린다. 또한 이 책을 편집하고 책의 내용과 구조에 대해 논평해 준 클레어 크로스(Claire Cross)에게도 감사를 표한다. 우리는 훌륭한 연구자와 학자 그리고 상담자들에게도 도움을 받았는데, 이들의 연구는 우리에게 영감을 주며 우리 글을 뒷받침해 주었다. 이들이 없었다면 이 책은 가능하지 않았을 것이다.

루틀리지 출판사 편집팀의 도움에 감사드리며, 특히 조앤 포쇼(Joanne Forshaw)와 책의 제안서에 의견을 준 익명의 독자들에게도 감사 인사를 전한다.

나 앨리스터는 이 책의 시작부터 영감을 준 사람들에게 고마움을 전한다. 데버러 페이지(Deborah Page)는 책을 쓰는 여정 동안 지혜와 친절을 베풀었고, 대니얼 휴스는 자신의 일에 대한 헌신과 함께 타인에 대한 관용과 연민을 보여주었다. 그리고 함께 일한 아이들에게 특별히 감사 인사를 전한다. 그 아이들과 일한 것은 다시없는 행운이었다. 많은 것을 배웠으며, 특히 역경을 마주하는 회복탄력성과 용기에 대해 많이 배울 수 있었다. 마지막으로, 이해와 꾸준한 관심을 보여준 에밀리(Emily), 샘 (Sam), 이지(Izzie)에게 진심으로 감사 인사를 전한다. 이들이 아니었으면 나는 이 책을 쓰지 못했을 것이다.

나 실라는 피터 포나기와 주디 던(Judy Dunn)에게 감사한다. 이들은 글을 쓰는 데 영감을 주었고 많은 분야에 독창적인 업적을 남겼으며 이 책이 세상에 나올 수 있도록 해주었다. 이 연구가 계속 발전하도록 진정한 영감을 준 건 부모와 아이들이었다. 그리고 이들은 자신들의 관계를 개선하려는 투지를 보여주었다. 내 가족에게 누구보다 큰 감사의 마음을 전한다. 리처드(Richard), 가브리엘(Gabriel), 조지프(Joseph), 윌리엄 (William), 이들은 다른 사람의 마음을 헤아리는 게 어떤 의미인지 나에게 가장 많이 가르쳐준 사람들이다.

프롤로그

다음에 나오는 가상의 가족들은 이 책의 주인공들이다. 그들이 일상생활에서 겪는 어려움과 가족 시나리오가 당신에게 친숙한 것이길 바란다.

첫 번째 가족+

존(38살)과 리사(36살)에게는 찰리(6살)와 엘라(4살)라는 두 명의 자녀가 있다. 존은 지방 성부에서 일하며 일 때문에 스트레스를 많이 받는다. 존은 업무를 잠시 잊고 가족으로부터도 잠시 휴식 시간을 갖기 위해 정기적으로 만나는 좋아하는 친구들이 있다. 리사 또한 여행사에서

+ 책에서 언급되는 나이는 모두 만 나이다. ─ 옮긴이 주

파트타임 근무를 한다. 리사는 정돈된 것을 좋아하며 제시간에 일을 끝내는 것을 좋아하지만, 직장과 어린 두 자녀에게 헌신하는 일로 항상 원하는 만큼 정돈된 삶을 유지하기가 어렵다. 리사는 아이 양육의 대부분을 책임지고 있어 스트레스를 받을 때가 있다. 존은 때때로 리사가 일이 많을 때 아이들을 맡는다. 그는 아이 돌보는 일이 즐겁기도 하지만, 직장 일과 겹칠 때 어려움을 느낀다. 존의 부모님이 가끔 아이 돌보는 일을 도와주시며, 리사의 부모님은 돌아가셨다. 찰리는 잠시도 가만 있지 못하는 만 6살이며, 활동적이고 움직이는 것을 좋아한다. 찰리와 여동생 엘라는 함께 잘 놀기도 하지만 싸울 때도 많다. 그리고 엄마와 아빠의 관심을 차지하려고 경쟁한다. 찰리는 자신이 첫째라는 사실을 좋아한다.

두 번째 가족

캐런(41살)과 톰(44살)에게는 매디(12살), 샘(10살), 몰리(2살) 세 아이가 있다. 톰은 금융회사에 다니며 혹독한 상사 밑에서 일한다. 톰은 즐길 수 있는 무언가를 하고 싶어 직업을 바꾸고 싶지만, 자신의 수입에 의존하고 있는 가족 때문에 옴짝달싹하지 못하는 기분이다. 톰은 자전거 타기를 아주 좋아하고, 언젠가 혼자 혹은 친구 몇몇과 장기간 자전거 여행을 떠나고 싶다. 캐런은 톰의 취미를 지지하긴 하지만 자신도 톰처럼 취미가 있어서 아이들한테서 떨어져 혼자만의 휴식 시간을 더 가지면 좋겠다고 바란다. 캐런은 개인 병원에서 파트타임으로 일한다. 캐런이 받는 보수에 비해서 일이 바쁜 편이다. 캐런의 부모님은 이혼하셨고, 캐런은 사이가 좋지 않았던 부모님으로 인해 힘든 유년기를 보냈다. 캐런의 어머니는 손주들과 친하게 지내고 아이들이 어렸을 때 돌봐주셨다. 캐런은 점차 자신이 세 아이뿐만 아니라 친정어머니를 돌봐야 한다는 것을 깨달았고, 이 때문에 캐런과 캐런 가족은 부담을 느낀다. 캐런과 캐런의 어머니는 사이가 편하지는 않다. 톰의 부모님은 두 분 다 살아계시지만, 해외에 계셔서 손주들과는 정서적으로 친밀감이 덜한 편이다.

세 번째 가족

레이철(32살)과 맷(31살) 사이에는 세 명의 아이가 있다. 쌍둥이인 그레이스와 릴리(7살), 9개월 된 아기 잭이다. 레이철과 맷은 혼인신고를 하지 않았고, 잭이 3개월 되었을 때 헤어져서 지금은 따로 산다. 맷은 아이들을 격주로 돌보지만 잭이 어리기 때문에 아직은 자기 집에서 데리고 자지는 못한다. 맷은 아이들과 떨어져 지내는 것을 힘들어하며, 아이들과 시간을 보낼 때는 아이들을 데리고 나가는 것을 좋아한다. 맷은 가구 제조업자로 작은 사업을 하고 있는데, 항상 일이 있는 것은 아니다. 레이철은 일을 할 수가 없는데, 일을 하게 될 경우 드는 아기 보육 비용과 쌍둥이의 방과 후 돌봄 비용이 꽤 비싸기 때문이다. 레이철은 가정주부로만 지내는 데 대해 복잡한 심경이다. 레이철은 잭과 일대일로 있는 시간을 좋아하지만, 많은 시간 세 아이를 책임지는 것이 매우 어렵다고 느낀다. 레이철에게는 의지할 수 있는 친구들이 많이 있다. 레이철의 부모님은 두 분 다 살아계시고, 레이철이 조언을 요청할 때마다 도와주신다. 때로는 두 분 역시 도와주시는 것이 어렵다는 것도 알고 혼자서 일을 처리할 수 있다는 것도 보여주고 싶지만 잘되지 않는다. 맷의 부모님은 맷의 집 근처에 살고 계시며 손주들과 친하다. 맷의 부모님은 맷이 레이철과 관계를 회복했으면 좋겠다고 생각한다.

이 책 전체에 걸쳐 소개하는 아이의 마음을 읽어주는 부모 되기의 원칙은 남아와 여아 모두 그리고 아이의 모든 연령과 발달 단계에 적용된다.

들어가며

월요일 이른 아침, 스트레스가 많았던 아침 식사 후의 일이다. 가족들은 그 주의 첫 번째 날을 바쁘게 준비하고 있었다. 엄마인 리사는 아이들을 학교에 보내기 위해 준비하는데, 6살 난 아들 찰리는 청개구리처럼 반대로 행동하고 모든 것에 "아니야"라고 외치며, 교복 입기를 거부하면서 거실을 뛰어다니고 있었다. 아빠와 엄마는 직장에 늦은 상황이라 점점 화가 나기 시작했다. 찰리에게 벌을 주겠다는 위협은 상황을 더욱 악화시켰고, 이런 위협과 함께 찰리를 달래는 것 역시 해결책이 되지 못했다. 엄마와 아빠는 결과적으로 찰리의 까다로운 행동을 무시하다가, 리사가 전략을 바꿔 찰리를 칭찬하는 방법을 시도했지만 성과는 별로 없었다. 짧은 방학 기간이었던 지난 일주일 내내 리사는 찰리가 엄마의 생활 패턴을 따르도록 시도했지만, 포기했다. 리사는 괜히 위층에 업무 서류를 가지러 가며 자리를 피했다.

　아빠인 존은 잠깐 찰리의 행동을 살펴보았다. 존은 찰리를 한쪽으로 데리고 가서 친절한 목소리로 "오늘 뭐 할 거니? 오늘 아침, 왜 그렇게 까다롭게 굴었어? 쉬다가 학교에 다시 가려니 불안하니?"라고 물었다. 잔뜩 힘이 들어갔던 찰리가 이내 누그러졌다. 찰리는 시선을 떨구며 걱정된다는 의미로 고개를 끄덕였다. 집을 떠나는 찰리의 걱정과 무엇이 이 걱정을 해소하는 데 도움이 될지(이 경우 찰리의 책가방에 집을 떠올릴 수 있는 장난감을 넣어볼 수 있다)에 대해 짧게 이야기를 나눈 후에, 존과 찰리는 재빨리 학교로 향했다. 방금 무슨 일이 있었고 어떻게 간단한 질문이 그런 강력한 효과를 낳을 수 있었는지에 대해 리사가 궁금하도록 남겨둔 채로.

부모가 되는 것은 삶에 충만한 경험을 주는 즐거운 일이다―그러나 갈등과 혼란을 야기하고 심한 스트레스를 주기도 하며, 심지어 삶을 변화시키기도 한다. 부모들은 거의 매일 아이와 관련된 강렬한 감정에 압도당할 수 있다. 많은 감정은 긍정적이고 충만한 감정이기도 하지만, 어떤 때는 아주 부정적이기도 하다. 때로는 이런 모순되고 혼란스러운 경험들 속에서 부모들은 빈번히 자신이 아이를 대하는 방식이 옳은 방식인지 궁금해한다―아이들과 상호작용하는 방식, 훈육 그리고 아이들에게 동기를 부여하는 방법이 정말로 효과가 있는지 하고 말이다. 예를 들어, 리사는 출근길 운전하는 동안 무엇이 아들을 학교에 가기 어렵게 만들었는지 그리고 무엇이 아이의 행동에 영향을 주었는지 궁금했다.

당신은 아이의 마음속에서 무슨 일이 일어나는지 궁금했던 적이 있는가?

아이의 행동 뒤에 어떠한 숨겨진 이야기가 있을지 궁금했던 적이 있는가? 당신은 어떤 유형의 부모가 되고 싶으며, 아이가 어떻게 행동하기를 바라는가? 우리는 당신이 스스로에게 이런 종류의 질문을 하고 아이의 성장과 양육에 어떤 것이 도움이 될지 생각해 보고 싶은 동기가 있어

당신은 아이의 마음속에서 무슨 일이 일어나는지 궁금했던 적이 있는가?

이 책을 집어 들었다고 생각한다. 어쩌면 다른 양육 방법을 시도해 보기도 했지만 여전히 아이와의 관계에서 불만족스러운 힘겨운 행동과 상황들을 자신이 잘 다루려고 노력하고 있다는 것을 알아차리고 이 책에 눈을 돌렸을 수 있다. 이 책은 기존의 전통적인 양육 서적과는 다르게, 아이의 특정한 행동에 대한 해결책을 주거나 혹은 특정한 상황의 아이들에게 효과가 있다고 주장하는 전략들을 알려주지는 않는다. 우리가 할수 있는 것은 부모로서 당신 자신과 당신의 자녀에 대해 다르게 생각하는 방식을 제공하는 것이다. 그리고 이것은 당신과 아이에게 도움이 될수 있을 것이다. 이 책에서 우리는 종종 정신화 기반 치료(Mentalization-based Treatments), 마음 읽어내기(Mind-mindedness), 애착 이론(Attachment Theory)과 같이 우리가 발견한, 도움이 되는 특정한 이론을 설명할 것이다. 이런 이론들에 대해 좀 더 알고 싶다면, 이 장 마지막 부분에 요약한 것을 참고하기 바란다.

이 책을 쓰기 시작했을 때 우리는 부모 및 아이를 돌보는 사람들에게 어떻게 전문적 개입에 대해 알려주고, 아이를 키우면서 이런 이론들을 매일매일 어떻게 사용하게 할 것인지를 고민했다. 먼저 시나리오로 돌아가 보자. 이 이야기는 많은 부모들이 공감할 것이다.

하루 혹은 이틀 후, 그 상황을 돌이켜 봤을 때 찰리가 불안해하고 있었다는 것을 리사는 점차 알게 되었지만, 그 당시에 리사는 아들이 까다롭게 굴며 출근을 어렵게 하고 있다는 것 외에 다른 것을 생각할 여유가 없었다. 아이의 짧은 방학 기간 동안 쌓인 스트레스와 끊이지 않는 집안일 그리고 찰리의 고분고분하지 않은 태도 때문에 리사는 그 순간 찰리의 마음속에서 무슨 일이 일어나고 있는지 살펴보기가 어려웠다. 리사는 그때 찰리의 생각이나 감정을 명확히 인식하지 못했다. 대신 리사는 단순히 자기 자신의 경험에 몰두해 있었는데, 리사는 무력감에 압도되어 있었고 짜증이 났고 업무와 그날 해야 하는 일에 대한 생각으로 전혀 집중이 되지 않았으며, 찰리의 행동을 다루려는 어떤 시도도 아무런 도움이 안 된다는 사실에 굉장히 화가 나 있었다.

이 상황에서 무슨 일이 일어났고 무엇이 도움이 되었는가? 존이 보여준 효과는 단지 존이 그 상황을 맡게 되었다는 사실이나 찰리가 아빠 존의 권위를 알아차렸기 때문은 아니다. 존이 '어떻게' 이 상황에 접근했고 찰리가 존을 어떻게 경험했는지와 밀접하게 관련이 있다. 먼저, 존은 그 상황을 문제로 접근하지 않고 단순히 평소에 매일 대화하는 것처럼 접근했다. 두 번째로, 이 점이 매우 중요한데, 존은 행동 그 자체에 집중한 게 아니라 왜 그런 행동을 보이는지에 더 관심을 가졌다. 존은 찰리가 보이는 행동의 의미와 찰리의 경험에 집중했다. 그리고 마지막으로 존은 자신의 힘든 감정을 억제하면서 상호작용하는 데 성공했다. 여기에 매일의 힘겨운 상호작용을 다루는 데 효과적인 요소들이 있으며, 우리가 아이의 마음을 읽어주는 부모 되기(Reflective Parenting)라고 부르는 양육 방법과 관련이 있다. 우리가 이 책 전반에서 설명할 마지막 두 가지 요소는 특히 중요하다. 부모가 아이의 마음에 얼마나 민감한지 그리고 자기 자신의 마음에 얼마나 예민한지, 이 두 가지는 앞으로 자세하게 논의할 것이다.

우리가 어떻게 아이의 마음을 읽어주는 부모 되기에 끌렸으며, 이러한 양육이 아이와의 관계를 개선할 수 있다고 확신할 수 있었을까? 힘들어하는 가족과 상담하는 임상심리학자인 우리 자신도 바쁜 부모로서 때때로 모든 것을 순탄하도록 유지하기 위해 분주히 움직이며, 가족 역동을 다루는 게 얼마나 힘든 일인지, 이에 더해 우리 자신의 감정과 직장 생활을 해나가는 것이 얼마나 힘든 일인지 안다. 임상심리학 수련을 마친 후에 우리 두 사람은 모두 바로 아이들과 상담하기 시작했다(앨리스터는 보육원 아이들과 16~18살 사이의 보육원을 떠날 아이들을 대상으로 일했고, 실라는 아동 및 청소년 정신건강 지원 서비스로 연계된 어린이들을 만났다). 두 기관에서 우리는 초기 애착 관계—생후 첫 주에서 몇 개월 동안 아이가 부모와 맺는 관계—가 아이의 사회성을 키우는 데 그리고 훗날 아동기와 청소년기에 정서적 어려움에 대처하는 데 끼치는 영향과 영향력에 관심을 가졌다. 우리는 우리에게 온 아이들이 지닌 문제행동을 살펴보는 것만으로는 절대 충분하다고 느끼지 않았다. 대신 부모가 아이들과의 관계를 개선하도록 돕고 아이의 마음속에서 무슨 일이 일어나는지 생각해 보도록 돕는 것이, 아이의 행동에 긍정적인 변화를 만들고 더 조화로운 관계를 맺을 수 있도록 돕는다고 확신했다. 이 책을 뒷받침하는 이론 또한 부모가 아이의 안정감을 높이고 회복탄력성을 키울 수 있도록 돕는다. 회복탄력성과 안정감은 아이들의 전반적인 발달과 아이들이 이 세상에서 성공적으로 자립하는 데 필수적이다. 반영적인 방법을 통해 양육된 아이들은 인생을 살아가며 인간관계에서 마주하는 기쁨과 어려움을 경험하면서 자신의 인생을 조화롭게 살아나갈 수 있다. 당신이 아이와 상호작용하는 방법은 아이가 자라서 어떻게 다른 사람과 상호작용할지를 결정한다. 다음의 두 가지 중요한 질문을 살펴보자.

1. 아이의 마음을 읽어주는 부모 되기는 정확히 무엇일까?
2. 부모가 아이를 양육할 때 어떻게 아이의 마음을 읽어줄 수 있도록 할 수 있을까?

이 책의 핵심 목적은 이 두 질문에 대답하는 것이다. 우리는 이 분야의 심리학 연구와 아이디어들을 부모에게 설명할 것이다. 그렇게 하여 이와 같은 양육의 핵심이 무엇인지 그리고 이것이 어떻게 아이들이 정서적으로 발달하고 그들의 잠재력에 도달하도록 돕는지를 이해할 수 있도록 할 것이다. 아이의 마음을 읽어주는 부모 되기, 즉 반영적 양육(Reflective Parent)이라는 용어는 부모 자녀 관계 연구 분야에서 널리 알려진 반영적인 기능과 밀접한 관련이 있다(이 장 마지막에 있는 이론 부분 참조). 반영적인 기능이라는 개념은 피터 포나기, 미리엄 스틸(Miriam Steele), 하워드 스틸(Howard Steele), 메리 타깃(Mary Target)이 소개했다.[1-3] 임상심리학자이자 정신분석가인 피터 포나기는 연구를 통해 '반영적인 기능'을 잘하는 부모, 즉 자신의 생각과 감정을 알고 있으면서 동시에 아이의 마음에서 무슨 일이 일어나는지를 고려할 수 있는 부모들이 아이에게 긍정적인 많은 영향을 준다는 것을 발견했다. 긍정적인 많은 영향이란 안정 애착, 좋은 사회적 기술, 다른 사람의 마음을 '읽는' 능력, 때때로 어렵거나 도전적인 상황이나 상호작용에서 자신의 정서를 다루거나 조절하는 능력 등을 향상시키는 것을 포함한다. 따라서 '아이의 마음을 읽어주는 부모 되기'라는 용어의 사용은 반영적인 기능을 잘하는 부모들이 아이와 관계를 맺고 반응하는 방식을 의미한다. 우리는 모든 부모들이 아이의 마음을 읽어주는 부모 되기에 관한 연구를 통해 도움을 받는 것이 중요하다고 믿으며, 이런 믿음으로 이 책을 썼다.

반영적인 부모들은 아이의 외현적인 행동 하나에만 집중하지 않고, 아이를 마음이 있는 한 인간으로 보는 데 집중한다. "그 아이는 자기 주관이 분명하지"라는 표현은 종종 고의적으로 나쁜 행동을 하며 반항적인 성향을 보이는 아이를 묘사하기 위해 조금은 비판적인 방식으로 사용된다. 그러나 반영적인 부모들은 자신의 아이가 정말로 생각, 아이디어, 동기들로 짜인 풍부한 자기 마음을 가지고 있음을 자주 느끼고, 이런 마음이 어떻게 영향을 미치는지 이해하고 싶어 한다. 동시에 반영적인 부모들은 아이가 겪은 경험이 자신들의 경험과 굉장히 다를 수 있다는 것을 안다—즉, 한 사건에 대한 자녀의 경험과 부모의 해석은 많이 다를 수 있다. 반영적인 부모는 아이가 어떻게 생각하고 느꼈기 때문에 어떤 행동을 한다는 것을 대체적으로 안다. 속 이야기가 있다는 것을 볼 수 있는 것이다. 아이의 마음을 읽었을 때 부모는 행동보다 생각과 감정이라는 아이의 내면에 대해 반응할 수 있다. 반영적인 부모는 또한 아이와 상호작용을 할 때 자신의 감정과 생각을 알아차리는 경향이 있고, 자신의 감정이 상호작용하는 데 어떻게 영향을 줄지 그리고 나타날 결과는 어떠할지에 대해 어느 정도 이해하고 있다.

캐런은 12살인 딸 매디와 동네 슈퍼마켓에 있다. 캐런은 매대를 지나며 매디에게 어떤 물품을 찾아보라고 했으나 매디는 불만이 가득한 표정으로 휴대폰만 보며 엄마를 무시했다. 캐런은 딸에게 "휴대폰 그만 보고 엄마 좀 도와줄래?"라고 잔소리를 했다. 매디는 엄마를 돕기는커녕 오히려 화를 내고 자리를 떠나 계산대로 갔다.

무슨 일이 일어난 건지 잠깐 생각해 보자. 매디는 아마 그 시간에 다양한 이유로 엄마의 장 보는 일을 돕지 못했을 것이다. 어쩌면 매디는 단순히 슈퍼마켓에서 쇼핑하는 게 지루해서 엄마를 도와주지 않았을 수도 있다. 아니면 남동생들은 집에 있는데 자기만 슈퍼마켓에 와서 엄마를 돕는 것이 불공평하다고 느꼈을 수도 있다. 캐런이 만약 매디의 감정을 누그러지게 하는 방법으로 매디에게 반응할 수 있었다면 매디의 행동을 바꾸기는 쉬웠을 것이다. 예를 들어, 만약 캐런이 매디가 문자 메시지를 확인한 것을 알아차렸다면, 캐런은 아마 멈춰 서서 매디에게 무슨 일인지 묻고 매디를 굉장히 언짢게 한 일을 생각했을 것이다. 사실 매디는 방금 한 친구에게서, 친구 여럿이서 아이스스케이트를 타러 갈 거지만 매디는 끼지 못했다는 문자를 받았다. 캐런은 아마 그 메시지에 대해 물어볼 수 있었을 것이고, 매디한테 소외당해서 분명 굉장히 기분 나쁘겠다고 말했을 것이다. 이는 매디가 엄마에게 친밀한 감정을 느끼도록 하는 방법일 것이고, 기꺼이 엄마의 쇼핑을 돕도록 했을 것이다. 그러나 만약 캐런이 피곤하거나 아이의 행동에 불만스럽다면, 그 상황에 다른 방식으로 반응했을 것이다. 예를 들어, 캐런은 매디가 불합리하게 행동한다고 여길 수 있다. 그러면 캐런은 매디의 나쁜 기분을 알아차리지 못한 채로, 매디의 감정이 상하도록 반응할 것이고, 이는 다시 매디가 곤란한 행동을 하도록 만들 것이다. 예를 들어 캐런은 "네 남동생들은 같이 오면 이런 행동을 하지 않아. 좀 협조적이면서, 변덕스러운 행동을 멈출수는 없겠니?"라고 말하는 것이다.

이 책 전체에서 우리는 아이들의 행동에는 나름의 의미와 생각이 있다고 주장한다―그렇지 않은 경우는 매우 드물다. 우리는 어떻게 아이의 마음을 읽어주는 부모 되기가 아이와 당신의 속마음을 생각해 볼 수 있도록 돕는지 살펴볼 것이다. 이를 인식하고 아이가 왜 지금과 같은 행동을 하는지에 관심을 갖는 것이 아이의 마음을 읽어주는 부모 되기의 핵심이다. 어떤 부모들은 아이가 특정한 방식으로 행동하는 것에 대해서 직감적으로 추측하기도 한다. 우리는 부모들이 종종 '왜'라는 부분―행동 이면에 있는 감정이나 생각―에 집중하기 어렵다는 것을 발견한다. 우리 모두는 아이들이 왜 특정한 방식으로 행동하는지를 섣부르게 판단하고, 그 결과 아이의 마음에 무엇이 발생하는지를 살펴보기보다는 우리의 마음속에서 무엇이 일어나는지에 초점을 둔다.

현실에서 모든 부모들은 내부와 외부 영향에 따라 반영적인 방식으로 아이들과 관계를 맺는 능력이 달라진다.

우리는 당신이 아이와의 관계를 향상시키고 아이의 자신감과 자존감을 키우는 기술을 어떻게 키워나갈지를 알려줄 것이며, 동시에 자녀 양육에서 잘하고 있다는 느낌을 갖도록 도울 것이다. 근본적으로 우리는 당신이 스스로를 외부에서 관찰하도록 그리고 당신이 아이를 어떻게 이해할지 상상해 보도록 초대할 것이며, 또한 아이의 깊은 내면을 보

생각에 몰두해 있으면, 심지어 아이가 곁에 있어도 그 존재를 알아채지 못한다.

도록, 특정한 상황 속에서 아이의 경험과 생각, 감정들(아이의 심리 상태)을 고려할 수 있도록 격려할 것이다—이 두 가지는 굉장히 중요한 개념이다.

이런 목적들을 성취할 수 있게, 우리는 당신이 부모로서 자기 자신의 감정을 먼저 생각해 보도록 도울 것이다. 자신의 감정을 생각해 보는 능력은 아이를 생각하기 전에 필수적이기 때문이다.

물론 언제나 이렇게 하기는 불가능하기 때문에 이 책의 각 장에서는 공통적인 것에 집중한다. 아이의 마음을 읽어주는 부모 되기에 대한 자각 및 이를 연습하는 능력을 키우고 향상시키는 것이다. 우리는 이 책이 주로 우리 모두가 거의 매일 마주하는 힘든 양육의 경험들을 잘 헤쳐 나갈 수 있도록 돕는 안내서로 사용되기를 바란다. 당신이 아이와의 관계 속에서 서로 잘 이해하기를 희망하며, 아이의 행동 문제가 더 수월하게 해결되길 바란다.

아이의 마음을 읽어주는 부모 되기
: 반영적 양육과 관련된 이론

우리가 알고 있는 많은 유명한 학자들이 아이의 마음을 읽어주는 부모 되기에 대한 아이디어를 제공했으며, 이 책에 나오는 간단하고 실질적인 양육 전략에 대한 토대를 마련해 주었다. 우리의 양육 전략은 그 실행에 있어서 어떤 특정한 부모도 배제하지 않는다는 점에서 매우 중요하다―이 전략은 문화적·사회경제적인 배경과 상관없이 부모들이 이와 같은 양육을 시도하여 혜택을 얻을 수 있고, 양육 전략을 수행하는 과정에서 아이와 더 나은 연결감을 쌓을 수 있도록 돕는다. 심지어 당신이 아동 시절에 행복하지 않았다고 해도 아이를 다르게 대할 수 있는 새로운 행동을 선택할 수 있도록 해준다. 당신이 새로운 것을 해보려고 노력할 때, 새로운 양육 방법의 시도가 새로운 모험을 시작한다는 점에서 흥분되는 경험일 수 있다. 여기서 논의하는 과학적으로 연구된, 믿을 수 있다고 검증된 이론은 당신을 지지해 주고, 때로 정말 힘겹다고 느껴질 때 기댈 수도 있고, 안도감을 줄 수도 있을 것이다.

애착 이론

애착 이론(Attachment Theory)은 존 볼비(John Bowlby)[4]가 처음으로 제안했으며, 볼비의 연구는 우리가 부모 유아 관계를 이해하는 데 강력한 영향을 끼쳤다. 그는 모든 유아들이 주 양육자와―대개 엄마이지만―최대한 근접한 거리를 추구하도록 하는 선천적인 동기와 행동 시스템을 가지고 있다고 가정했다. 진화론적인 맥락에서, 엄마와 가깝게 있으려는 이런 욕구들은 위험에 처하거나 위험에 대한 위협을 받을 때 아이를 보호해 줄 것이다. 부모 자녀 관계를 이해하는 것과 관련하여 애착 이론에서 가장 중요한 측면은 모든 유아들은 사회성과 정서 발달을 위해 중요한 주 양육자와의 관계를 발달시킬 필요가 있다는 것이며, 더 구체적으로 자신의 정서를 어떻게 조절하거나 통제할지 배우기 위해 주 양육자와의 관계를 발달시킬 필요가 있다고 강조한다. 다시 말하면, 유아가 생애 초기에 좋은 애착 관계를 경험하면 이와 같은 좋은 관계는 세상을 탐험할 수 있는 안정감을 제공하고, 미래의 성공적인 관계에 대한 본보기로 작용한다. 메리 에인스워스(Mary Ainsworth)[5]는 런던의 타비스톡 병원에서 볼비가 진행한, 신생아가 엄마와 떨어지는 것이 아이의 발달에 미치는 영향에 대한 연구에 참여했고, 애착의 네 가지 유형을 밝힐 수 있는 유명한 실험을 고안했다. 에인스워스는 대부분의 사람이 아기일 때 '안정(secure)' 애착을 경험하며, 부모에게 반응적이고 친밀한 애착을 느끼며 즐기는 것을 발견했다. 그녀의 실험은 이런 안정 애착 집단의 아이들이 주 양육자에게서 떨어져 있을 때는 고통스러워하지만 주 양육자와 다시 만나면 빠르게 편안해진다는 것을 발견했다. 애착의 유형은 유아와 그 유아의 주 양육자 간 관계에 기반하여 만들어진다. 대부분 주 양육자는 엄마이지만 모든 문화에서 꼭 그런 것은 아니다. 안정 애착된 유아는 자신의 주 양육자를 세상을 탐험하기 위한 '안전기지'로 사용한다. 일관되게(혹은 적어도 대부분의 시간에) 아이의 욕구에 민감하게 반응하는 부모는 안정 애착된 아이를 기를 수 있다. 이런 아이들은 자신이 고통받을 때 부모가 자신을 편안하게 해주고 위안해 줄 것을 배우며, 이를 바탕으로 다른 사람들도 자신을 도와주고 지지해 줄 수 있다는 기대를 하며 자란다. 이런 아이들은 자기 자신이 가치가 있으며 사랑과 위안을 받을 수 있다는 등 자신에 대한 상호보완적인 모델을 발달시킨다. 안정 애착은 '정신화'가 잘 발달되는 데 토대가 된다(다음 글 참조).

애착 이론은 앞으로 소개할 이론 모두를 있게 한 풍족한 토양이라고 생각할 수 있다—본질적으로, 이런 이론들은 모두 공통점이 있다. 앞으로 소개할 이론들은 미묘한 차이는 있겠지만, 서로 밀접하게 관련되어 있다.

정신화

피터 포나기가 1989년에 처음으로 사용한 정신화(mentalization)라는 용어[6]는 다른 사람의 생각과 감정 같은 정신 상태를 반영할 수 있는 능력을 설명한다. 다른 사람의 정신 상태를 이해할 수 있는 능력은 유아 시절 주 양육자와 안정 애착되었는지 여부와 관련된다. (애착 이론에서) 한 중요한 연구는 임산부 자신이 유아 때 형성한 애착이 자기 아이의 안정 애착을 예측할 수 있는 변인이 되는지, 친정 부모와 자신의 관계를 정신화하는 것이 아이와의 애착 경험을 예측하는 가장 강력한 요인인지를 알아보는 것이었다. 이는 임산부가 자기 부모의 행동과 감정, 마음 상태를 생각해 보고 반영할 수 있는지 여부와 관련된 것이었다. 이를 할 수 있는 부모들은 반영적인 기능(다음 글 참조) 수준이 높다고 말할 수 있다.

'정신화'한다는 의미는 다른 이들의 감정을 알아차린다는 의미일 뿐만 아니라, 이런 감정들을 이해하고 이에 반응한다는 뜻이다. 정신화하는 능력은 삶의 초기 관계와 관련되며, 주 양육자가 아이의 생각과 감정을 정확하게 반영할 수 있는지 그리고 주 양육자가 아이의 정신 상태를 이해하고 해석할 수 있는 행동을 하고 말을 하는지와 밀접하게 관련된다. 부모들이 아이의 정신 상태(내적 생각 및 감정)를 반영할 수 있을 때, 아이는 자신의 감정을 잘 조절할 수 있다. 이런 과정들은 아이가 어떻게 느끼는지를 부모가 (말하고, 살펴보며, 아이에게 행동하는 방식을 통해서) 아이에게 '거울처럼' 되돌려 주었을 때 가능하며, 이를 통해 아이는 자신의 감정을 이해하고 결국에는 감정을 조절하기 시작한다. 반영해 줄 수 있는 부모가 없으면 유아들은 자기가 느끼는 것을 어떻게 해석할지 알 길이 없다. 부모들은 유아가 자신의 감정을 이해할 수 있도록 가르치는 훈련사가 된다.

반영적인 기능

반영적인 기능(Reflective Functioning: RF) 또한 피터 포나기와 그 동료들이 만든 용어로, 이 개념은 사실상 행동을 통해 관찰된다. 반영적 기능은 자신과 다른 사람의 행동에 대해 정신 상태나 의도를 알아차리거나 이해하는 능력이다. 앞서 설명했지만 정신 상태란 개인이 생각하고 느끼는 방식을 말한다. 따라서 반영적 기능은 자신과 타인의 내면에 있는 정신 상태나 감정에 대해 이야기할 때 드러난다. 예를 들면, 아이는 "우리 엄마는 내가 숙제를 하지 않으면 학교에서 선생님에게 혼날 것이기 때문에, 그리고 내가 게으르다고 여겨 짜증을 내요"라고 말할 수 있다. 혹은 부모의 경우 "우리 아이는 아기였을 때 자주 울었어. 내가 아이를 달랠 수 없을 때 나는 부모로서 충분하지 못하다고 느꼈고, 그럴 때 아이도 힘들어한다고 생각했어"라고 말할 수 있다. 부모가 이러한 방식으로 아이의 마음을 알아차리고 예민하게 반응할 수 있는 것이 반영적 기능을 보여주는 것이다. [이는 어머니의 마음 읽어내기(maternal mind-mindedness)라고 부르며, 다음에서 설명한다). 반영적 기능은 안정 애착과 밀접한 관련이 있다.

마음 읽어내기

엘리자베스 마인스(Elizabeth Meins)[7]는 어머니 혹은 양육자가 아이에게 말하는 방식과 가족 내에서 사용되는 언어의 중요성에 대해 연구했다. 그녀는 아이와 의사소통하는 방식이 아이의 타인의 관점 이해 능력을 예측하는 데 안정 애착보다 더 중요하다는 것을 발견했다. 마음 읽어내기(mind-mindedness) 개념은 부모(연구에서는 엄마가 대상이었다)가 자녀와 자녀의 마음에서 어떤 일이 일어나는지에 대해 이야기할 때 가족 안에서 영향을 미친다. 마인스는 엄마가 자녀뿐만 아니라 자녀의 생각과 감정—정신 상태—에 대해 이야기하는 것이 이후 자녀가 타인의 생각, 감정, 소망과 욕구를 이해할 수 있는지를 예측하는 변수가 된다고 했다. 그리고 이때 엄마가 정확하게 자녀의 마음을 이야기하는 것은 자녀가 자신과 타인을 이해하는 능력을 갖는 데 중요한 변수라고 지적했다.

마음 이론

1978년 미국의 유명한 심리학자인 데이비드 프레맥(David Premack)과 가이 우드러프(Guy Woodruff)[8]는 마음 이론(Theory of Mine: ToM)을 정립했다. '마음 이론'이 발달하면 한 개인은 타인이 자신과 동일하지 않은 생각과 욕구, 의도를 지니며 이러한 정신 상태가 타인의 행동을 예측하거나 설명할 수 있음을 알게 된다. 마음 이론은 타인의 정신 상태가 행동의 원인이 될 수 있다는 것과, 타인과 그들의 동기 등 많은 것을 이해할 수 있게 해준다. 정상적인 성장 과정에서 아이들은 3.5~4세 정도가 되면 이와 같은 마음 이론이 발달한다고 알려져 있다. 그러나 갓난아이도 타인이 자신과는 다른 마음임을 인식할 수 있기 때문에 마음 이론은 아주 어릴 때부터 시작되는 것으로 보인다. 마음 이론의 많은 연구들은 자폐아와 그 가족이 이러한 능력을 발달시킬 수 있는지에 관심이 있다. 자폐아들은 타인의 관점을 이해할 수 없어 친구 사귀기뿐만 아니라 타인과의 관계 맺기가 매우 어렵기 때문이다. 아이들 대상 마음 이론 연구에서 타인의 관점 이해하기는 아이의 사회적 역량과 관련이 있는 것으로 밝혀졌다. 아이들의 마음 이론 기술은 사회적 역량, 공감과 관점 취하기 기술과 관련되는데, 특히 공감과 관점 취하기 기술은 사회관계를 맺는 중요한 요소가 된다. 마음 이론 기술은 아이의 안정 애착과 관련된다.[9]

우리의 치료적 개입은 주로 애착 이론을 근거로 하지만 우리가 유용하다고 생각한 마음 이론과 연구 결과 역시 적용했다.

비디오 상호작용 가이던스

비디오 상호작용 가이던스(Video Interaction Guidance: VIG)는 본래 네덜란드에서 해리 비맨스(Harrie Biemans)[10]가 개발했고, 콜윈 트레바던(Colwyn Trevarthen)이 스코틀랜드에 도입하여 힐러리 케네디(Hilary Kennedy)가 적용했다. 비디오 상호작용 가이던스는 부모 자녀 간 '조율' 기능을 향상시킬 수 있는 상호작용을 기록하는 증거 기반 방법이다. 원래의 방식은 네덜란드에서 유행한 비디오 홈 트레이닝(Video Home Training: VHT)이며, 트레바던의 연구를 통해 부모와 갓난아이 간 '살아 있는 순간'을 이해하는 용어로 변화했다. 트레바던[11]은 부모와 갓난아이 사이에서 발생하는 '의사소통 댄스'를 관찰했다. 그는 거기서 마치 리듬 있는 춤을 추듯 부모가 아이에게 이어 반응하고, 아이가 다시 부모에게 반응하고 있음을 발견했다. 그리고 이러한 방식으로 부모와 아이가 서로의 동반자가 되어 타인을 위한 '마음의 공간'을 발달시키고 있음을 알게 되었다. 그는 이러한 방식으로 부모와 자녀가 관계 속에서 자신들을 바라보기 시작한다고 했다. 자녀가 부모에게 먼저 반응을 보이면ㅡ부모에게 미소를 짓거나 자신의 장난감을 들어 올리면서 부모에게 보여주는 것과 같은ㅡ부모는 그것을 '받는다'ㅡ같이 미소를 보이거나 아이가 쥔 장난감에 대해 말하는 식. 이것이 부모와 자녀를 서로 연결하고 긍정적인 감정을 공유하게 되는 '예스 사이클(yes cycle)'을 만든다. 이는 부모와 자녀 간 관계에도 강력한 영향을 미친다. 예를 들면, 부모는 아이가 자기 장난감을 쥐어 부모에게 보여줄 때 얼마나 즐거운지, 그리고 아이가 보인 장난감에 흥미를 보이면서 부모가 아이와 아이의 생각과 감정에 집중하고 있음을 보여줄 수 있다. 이러한 일들이 반복될 때 부모와 아이는 서로 조율되어 보다 가까워진 관계를 가질 수 있으며, 이를 통해 조율하기 이전에 있었던 긴장을 낮출 수 있다. 아이가 보여주는 '시작'을 부모가 놓치면 아이 역시 순서를 놓치며(예를 들면, 부모는 아이가 보이는 상호작용의 초대의 순간을 놓치게 된다), 시작이 없기 때문에 '노 사이클(no cycle)'이 시작된다. 이런 상황은 자주 일어나며, 이때 가족들은 빠르게 스트레스 상황에 놓인다. 비디오 상호작용 가이던스는 부모에게 아이와 함께한 긍정적인 순간의 비디오 클립을 보여주어, 부모가 아이와의 상호작용에 관심을 가지고 상호작용을 더 잘할 수 있는 방법을 가르친다. 부모가 자녀에게 더 많은 관심을 가지면 좀 더 조율된 자녀와의 상호작용이 시작된다ㅡ부모가 아이의 말을 경청하고 반응하면서 아이와 긍정적인 반응을 주고받을 수 있다. 부모는 힘겨웠던 상호작용을 점차 줄여나가는 방법을 알게 되고 자녀와의 관계도 변화된다. 부모는 자녀와의 상호작용을 더 잘하기 위해 필요한 행동을 배워야 한다. 부모가 아이를 흥미롭게 바라보는 것, 예를 들어 아이에게 몸을 향하고, 아이에게 시간과 공간을 여유 있게 주고(아이에게 서둘러서 무엇을 하라고 개입하거나 서둘러 말하지 않는 등), 아이가 무엇을 하고 생각하고 느끼는지 궁금해하고, 아이에게 먼저 반응할 거리를 찾아보고, 아이에 대해 부모가 보고 듣고 생각하고 느낀 것들에 긍정적으로 이름을 붙이는 것 등이다. 정신화 이론과 함께 비디오 상호작용 가이던스의 원리를 사용하면 아이와의 관계에서 아이의 마음속에서 무슨 일이 일어나는지를 살펴볼 수 있다. 그리고 아이에게 어떻게 다가갈지 그 행동 계획을 세우는 데 정말 도움이 될 수 있다.

이 책에서 우리의 목적은 당신이 아이와 자신을 위해 이런 이론들을 모두 적용해 볼 수 있는 실질적인 양육 방법을 제공하는 것이다. 이런 이론들을 행동으로 잘 변환했는지는 당신이 아이와의 관계에서 그리고 아이의 행동에서 어떠한 변화를 알아차리고 느끼기 시작했는지 그리고 반영적 양육을 통해 아이의 내면의 이야기를 이해하기 시작하는지를 통해 알 수 있을 것이다.

아이의 마음을 읽어주는 부모 되기

반영적 양육의 시작

이 장에서는 아이의 마음을 읽어주는 부모 되기의 주요 개념들을 자세히 살펴보고, 이런 개념들이 당신과 자녀가(영아든 청소년기 아이든) 긍정적이고 조화로운 관계를 즐길 수 있도록 돕는 데 얼마나 중요한지를 알아볼 것이다. 또한 이런 접근 방법을 이해하도록 돕기 위해 관련된 연구를 간단히 소개할 것이다. 반영적인 양육은 아이들에게 많은 혜택을 준다. 안정 애착을 토대로, 아이의 마음을 읽어주는 부모 되기는 아이를 더 행복하고 자신감 있게 그리고 회복탄력성을 갖추도록 도우며, 또한 다른 사람의 생각과 감정을 더 잘 이해할 수 있게 만든다.[1]

책의 이후 부분에서는 아이의 마음을 읽어주는 부모가 되기 위해 필요한 기법들을 차근차근 소개하며, 필요한 기술들을 향상시키는 방법과, 더불어 이해하기 어렵다고 느껴지는 아이의 문제들을 살펴볼 것이다. 우리는 몇 가지 도구 및 전략과 '부모 APP(Parent APP)' 개념을 소개할 것이다. 부모 APP은 반영적인 양육을 위해서 필요한 자질들을 알려준다. 4장에서 자세히 설명하고 있으며, 자녀와의 관계를 다룰 방법을 찾기 힘들 때 혹은 아이의 곤란한 행동을 다루기 위해 많은 시도를 해봤지만 새로운 접근법이 필요하다고 느낄 때 해볼 수 있다. 먼저 아이의 마음을 읽어주는 부모 되기인 반영적 양육이 어디서 비롯되었는지 그리고 이런 접근법이 어떻게 당신과 아이의 관계에 도움을 줄 수 있는지 살펴보자.

영유아와 어린이에 대한 연구를 살펴보면 우리 인간은 다른 사람의 행동이 무엇을 의미하는지 이해하도록 동기화되어 있다. 그리고 이런 동기는 우리가 태어날 때부터 존재하는 것처럼 보인다. 태어나는 순간부터 아기는 자신의 주 양육자와 관계를 맺으려는 본능이 있다. 아기들은 뭐랄까, 상호작용을 위해 프로그램화되어 있다. 더 중요한 것은 아기들은 자신에게 관심을 보이며 자신의 정서 상태에 맞는 방식으로 행동하는 어른에게 굉장히 민감하다는 것이다 ─ 어떤 면에서 이런 어른들은 아기들이 어떻게 느끼는지 그리고 아기들이 무엇을 하는지를 대변해 준다. 아이에게 이렇게 민감한 방식으로 반응하면 아기는 상호작용하기 위해 그 사람에게 관심을 가진다. 아기는 이후 유년기 동안에 계속되는 '대화'에 참여할 수 있고, 만약 모든 것이 순조롭게 흘러간다면 아이가 성장하는 동안 지속된다. 이런 방식으로 의도적으로 당신과 상호작용을 하면서 아기는 마음이 형성되고 그 모양을 잡아가기 시작한다.

아기는 태어나는 순간부터 당신에게 완전히 의존한다. 먹고, 몸 위치를 바꾸고, 따뜻하게 체온을 유지하고, 보호받고, 만져지고, 안전한 느낌을 받는 모든 것에서 말이다. 당신과의 관계 그리고 당신이 반응하는 방식을 통해서 아이는 아동기, 청소년기, 성인기 모든 과정에서 역경을 헤쳐 나가는 기술이 발달되기 때문에 당신과의 관계는 굉장히 중요하다. 당신과의 관계 속에서 아이는 인생을 연습하는 기회를 갖는다고 생각하라. 당신과 함께, 아기는 관계가 어떤 것인지를 연습하고 경험할 수 있으며, 이런 훈련은 아기가 가족을 넘어 세상 사람들과 상호작용할 수 있는 준비를 시켜준다. 매일 상호작용을 통해 다른 사람과 어떻게 상호작용하는지를 가르쳐주는 것은 아이 삶에서 가장 중요한 수업 중 하나일 것이다. 당신은 아기가 어떻게 생각하는지, 어떻게 느끼는지 그리고 왜 그런 행동을 하는지에 관심을 가짐으로써 아기가 정서적으로 발달하도록 도울 수 있다. 그리고 이런 모든 것들을 아이와 이야기하면서 아기가 자신에 대해 배우고 또한 사람들이 자신과 어떻게 상호작용하는지 배우도록 도울 수 있다. 당신이 아이와의 관계에 대해 생각하는 것을 배우고 아이가 자신의 감정과 당신이 어떻게 느끼는지를 이해하도록 도울수록, 아이와 당신의 관계는 더욱 행복해질 것이다.

아기들이 어떻게 주위에 있는 사람들과 상호작용하는 것을 배우는지, 주로 부모와 어떻게 상호작용하는 것을 배우는지에 대한 이야기를 시작해 보자. 일생을 통한 '훈련 프로그램'은 당신, 즉 부모와 어릴 때부터 시작된다―사실, 태어나자마자 시작된다.

아기가 세상에 나왔을 때, 보고 행동하고 상호작용하는 방식 등은 유전과 기질에 영향을 받는다. 이와 관련된 중요한 연구들이 매우 많다. 이런 내용들에 대해서도 간략하게 설명하겠지만, 우리는 아기가 태어나는 순간부터 부모인 당신과 맺는 관계와 이 관계에서 부모가 어떤 역할을 하는지에 대해 초점을 맞출 것이다.

아기가 갖고 태어나는 고유한 정서에 영향을 주는 요소들이 많이 있다. 모든 아이들은 선천적인 기질이 있으며, 이는 중요한 사람들과 가지는 경험과, 아이의 세계에서 일어나는 사건들에 영향을 미친다. 이런 선천적인 기질 중에는 타인의 보살핌이나 비판, 무시에 예민한 기질도 있다. 기질을 테니스 라켓의 팽팽함 정도로 생각해 보자. 장력이 셀수록, 테니스 라켓은 부딪히는 테니스공에 더 강하게 반응할 것이다. 같은 방식으로, 어떤 아기들은 자신의 환경 속에서 특정한 경험에(그것이 어떤 경험이든) 더 반응한다.

엄마의 호르몬은 자궁 속에서 아기의 발달에 영향을 주며, 그 호르몬은 임신 기간 동안 여성이 느끼는 감정에 영향을 받는다. 따라서 엄마의 감정은 아기의 발달에 큰 영향을 주며, 특히 뇌 발달에 영향을 준다. 태아에게 가장 강력하게 영향을 주는 것이 엄마의 스트레스다. 스트레스 상황에서 방출되는 호르몬인 코르티솔(cortisol)은 특히 그 영향력이 큰데, 연구 결과 엄마가 스트레스를 많이 받으면 아기가 더 까다롭고 과민한 경향이 있다고 알려져 있다. 이는 임신 기간 동안 코르티솔이 '과잉'되어 부정적인 영향을 준 결과로, 이런 과도한 코르티솔은 아기의 뇌에 영향을 끼친다고 여겨진다. 다른 한편으로, 아기가 태어났을 때 애정과 사랑의 영향은 엄청난 긍정적인 효과를 가져오는데[2] 그중에서도 '사회적 뇌'의 발달을 돕는다.[3, 4] 우리는 이제 뇌과학 연구를 통해 아기의 뇌는 아기가 마주하는 환경의 영향을 받도록 고안되었다는 것을 안다.[5] 이런 방식으로 뇌는 다른 사람의 생각과 감정, 의도를 이해한다. 이 능력이 '정신화(mentalizing)'[6]라고 알려진 능력으로 이 책에서 꽤 많이 언급될 것이다. 근본적으로 정신화는 믿음, 욕망, 감정들을 참고하여 우리 자신의 행동을 이해하고, 또한 다른 사람을 이해하는 능력을 의미한다. 부모와의 관계는 아이가 경험하는 세상의 일들을 순조롭게 해결하는 데 도움을 준다. 우리는 이 책을 통해 정신화 기술의 중요성뿐만 아니라 일상적인 상호작용에서 정신화 기술의 사용이 꽤 간단하다는 것을 보여줄 것이다. 어쩌면 당신은 깨닫지 못한 채로 이미 많은 것을 하고 있을지도 모른다.

어떤 아기들은 반응적이고 민감한 방식의 상호작용이 어려운 발달적인 요소가 있을 수도 있다. 예를 들어 시각 장애를 갖고 태어나거나 자폐 스펙트럼 경향이 있는 아기들은 발달의 어려움이 없는 아기들과는 다른 종류의 신호를 부모에게 보낼 것이다. 따라서 이 경우 부모와의 관계에서 친밀감을 극대화하고 안정감을 느끼게 하기 위해서는 부모에게 다른 수준의 민감성이 필요할 것이며 때로 다른 단서들을 아이에게 줄 필요가 있다.

아이의 마음을 읽어주는 부모의 반영적 양육은 발달 초기에 있을 수 있는 부정적인 영향으로부터 아이를 보호해 준다. 반영적인 부모를 둔 아기들은 자신의 감정을 이해할 수 있는 도구를 발달시키고, 자신의 감정을 더 잘 조절하며(자기 조절), 관계를 맺고 유지하는 데 필요한 기술들을 발달시키며 자란다고 많은 연구들은 설명한다.

아이들은 어디서 감정 조절을 배울까?

아이가 감정을 다루고 조절할 수 있는지의 여부는 부모와 상호작용이 시작되는 첫 몇 주부터 몇 달에 따라 달라진다. 아기의 뇌는 감정과 경험이 무엇인지를 이해하기도 전에 반응하고 있다. 아기는 냄새, 소음 그리고 부모에게서 떨어지는 것 같은 낯선 환경에서 낯선 것들에 쉽게 압도당할 수 있다. 예를 들어, 아기인 잭이 침대에 누워 꿈틀거리면서 칭얼대고 있다고 하자. 잭은 점차 더 불편해져 울기 시작한다. 잭의 뇌와 신경계는 이런 불쾌한 감정을 잭의 마음과 몸에서 다루려고 노력한다. 엄마 레이철이 오기 전까지 잭은 밖에서 무슨 일이 일어나는지 느낄 수 없다. 잭 내부에는 앞의 상황에 대해 참고할 만한 어떠한 포인트도 없기 때문이다. 이는 마치 잭 안에서 일어나는 감정이 외부의 연결될 만한 사건도 없이 단순히 무작위로 일어나는 것 같다. 그러면 잭이 이런 감정을 다룰 수 있도록 도움을 줄 수 있는 것은 무엇일까? 다행히 잭은 감정의 외부 관리자에게 많이 의존할 수 있는데, 이는 바로 엄마라는 존재다.

아기의 정서 발달은 복잡한 과정이지만, 거의 전적으로 부모인 당신과, 혹은 아기와 가까운 이에게 달려 있다. 다행히도 당신은 별 인식 없이 자연스럽게 이런 발달 과정을 대부분 지원해 준다. 그러나 이와 같은 발달 과정을 부모인 당신은 먼저 알아차릴 필요가 있다. 그리고 그 다음에 아기의 정서 상태(아기의 마음속에 무엇이 있는지)를 이해해야 하며, 아기의 마음속 감정을 외부의 촉발된 사건이나 행동(아기의 마음 밖에 있는 것)에 연결시킬 필요가 있다. 잭의 경우 축축한 기저귀에서 불편한 감정이 비롯되었다. 잭이 울 때 "오, 기저귀 갈아달라고? 지금 되게 불편하지?"와 같이 엄마가 아이의 불편한 감정과 고통을 젖은 기저귀와 연결 짓도록 돕는, 마음을 읽어내는 반응은 일상적인 것일 수 있다. 이런 간단한 문장으로 잭의 엄마는 아기의 생각과 감정을 이해한다고 아기에게 말할 수 있으며, 이를 통해 잭의 마음은 엄마의 마음과 구분된다. 아기가 물질적인 세계에서 무엇을 느끼는지 당신이 연결 지을 때마다, 아기는 이런 것들이 어떻게 연결되어 작동하는지 이해하기 시작한다. 아기의 마음속에서 무슨 일이 일어나고 있는지 당신이 소리 내어 말함으로써, 아기가 자기 자신과 당신 그리고 바깥 세계를 이해할 수 있도록 도울 수 있다. 그리고 이 모든 것은 전형적인 일상의 상호작용에서 일어날 수 있다.

당신이 언제 이런 행동을 하는지 알아차렸는가? 스스로 질문해 보라. "지금 이 순간, 아이의 마음속에서 무슨 일이 일어나고 있지?"라고 말이다.

이런 종류의 마음 읽어내기 발언은 당신의 '아이에게(to)' 직접 말하거나, 배우자나 가족 구성원에게 '아이에 대해(about)' 말하면서 이루어질 수 있다. 관련 연구는 당신의 아기가 무슨 생각을 하고 어떤 감정을 느끼는지에 '조율이 되면'—다른 말로, 마음을 더 잘 읽어내는 상태가 되면—, 아이는 더 안정 애착이 되고, 만 2살에 언어를 보다 잘 구사하고 더 잘 놀 수 있으며, 학교에 들어갈 때 다른 사람의 생각과 감정을 더 잘 이해할 수 있다고 알려준다.[7] 아이가 어릴 때 마음을 읽어주면 아이는 유치원에서 문제행동을 덜 보이며 적응할 수 있다. 연령에 관계없이 마음을 읽어내는 말은 아이가 다른 사람들을 이해하고 감정을 조절하고 당신과 친밀한 관계를 갖는 데 많은 도움이 된다.

아이의 마음을 읽어줄 때 당신은 아이의 감정을 이해하면서 자연스럽게 아이의 감정과 동일하게 당신의 얼굴 표정을 바꿀 것이다. 이는 뚜렷한 거울 반응(marked mirroring)으로 알려져 있다. 아이는 당신의 얼굴이나 목소리 톤에서 자신에게 되돌아오는 자기 감정을 볼 수 있을 것이다.

아이는 자신의 감정에 대한 반응으로 당신이 보여준 얼굴 표정을 볼 때, 감정을 연결하고 관련짓고, 당신의 반응을 이해하기 시작한다. 중요한 점은 당신이 아이를 바라보는 것이 아기가 자신의 마음을 느끼도록 알려준다는 점이다. 이때가 아이가 스스로 '어떻게(how)' 느끼는지

뚜렷한 거울 반응

를 배우는 시작점이고, 자신의 감정을 조절하여 압도당하지 않도록 배우는 지점이다. 당신은 기본적으로 아이가 어떻게 느끼는지 이해하고 이에 대해 무엇이든 할 수 있다는 것을 아이에게 보여주면서 아이의 감정에 반응하면 된다. 예를 들어, 잭의 엄마는 따뜻하고 편안한 표정을 지으며 "널 위해 젖은 기저귀를 따뜻하고 뽀송한 기저귀로 갈아줄게"라고 말할 수 있다. 잭은 엄마를 자신이 느끼는 것을 조절해 주는 사람으로 본다. 다시 말해, 자기에게 맞춰 자신을 이해해 주는 엄마의 존재를 통해 아이는 고통스러운 감정을 조절하는 방법을 배우며, 성장하는 과정에서 감정이 조절될 수 있다는 것을 알게 된다. 이런 능력이 엄마에게서 아이에게 전달되는 것처럼, 아이는 성장하면서 점차 자신을 위해 이를 행할 수 있게 된다. 만약 일상의 어떤 일 때문에 당신이 언짢아 있다고 해보자. 아이가 계속해서 울고 있을 때 당신은 일부러 자신의 목소리 톤과 표현 방식을 조절하기 위해 노력해야 하며, 자신의 마음과 아이의 마음을 분리하면서 아이와 상호작용해야 한다. 이는 일상적인 일이지만, 대개 당신의 도움이 필요한 아기에게는 자신이 어떻게 느끼는지 조절하는 데 오랜 시간이 걸린다는 뜻이기도 하다. 이런 상황에서는 당신 스스로 감정을 조절하도록 잠시 시간을 갖는 것이 필요하며, 그러면 아이가 어떻게 느끼는지를 반영해 주는 좋은 마음의 틀을 갖게 될 것이다.

아이가 고집이 세지고 분주하게 기어 다니는 나이가 되고 점차 독립성을 갖게 될수록 아이가 무슨 생각을 하고 무엇을 느끼는지에 대해 계속 민감하게 주의를 기울이는 것이 중요하다. 아이의 마음을 읽어주는 부모 되기—부모 자신의 감정을 더 많이 자각하고, 그다음에 아이의 마음속에서 무슨 일이 일어나는지 생각하는 것—는 아이의 정서 발달에 중요한 영향을 미친다. 당신이 아이와의 상호작용에서 자주 반영적일수록, 아이가 자신의 감정을 이해하도록 도울 수 있다. 아이들은 곤란한 행동에서 스스로 벗어나지 않는다. 아이는 곤란한 행동에 대해 당신이 어떻게 느끼고 해결하는지 알고 싶어 하면서 오히려 잘못된 행동을 지속하기도 한다. 성장하는 동안 아이가 삶에서 느끼는 감정은 더 강렬해지고, 당신의 도움이 아이에게 더 필요하다는 것을 발견할 것이다. 이는 아이의 신체적 성장처럼 자연스러운 아동기 성장의 한 부분이다. 만약 아이가 당신에게 이런 도움을 못 받는다면, 당신에게 원하는 반응을 얻고자 한층 더 애쓸 것이고 이때 감정들은 점차 더 과장될 수 있다.

아이들은 관계 기술을 가지고 있을까?

레이철의 이전 배우자인 맷이 9개월 된 잭과 놀이터에 있을 때, 어떤 아버지 두 명이 자기 아이들이 한 살이었을 때 이야기를 했다. 그들은 아이들이 아기였을 때 흥미로운 일이 얼마나 자주 일어났는지에 대해 이견이 있었다. 한 아버지는 어린 아기의 아버지가 되는 것은 함께할 수 있는 게 많이 없어서 약간 지루한데, 약 1년이 지나면 눈에 띄게 괜찮아진다고 생각했다. 다른 아버지는 약간 벅차긴 하지만 생후 1년까지가 제일 흥미로웠다고 생각했다. 엄마, 아빠마다 아기에 대한 경험은 굉장히 다를 수 있다. 남성과 여성 심리학자이자 각자 아버지와 어머니로서 이 책을 공동 집필한 우리는 이 책을 통해 이런 색다른 경험을 전할 수 있기를 희망한다. 그래서 당신이 아버지이든 어머니이든, 아기에게서 흥미로운 점을 찾고 부모와 아기 모두에게 이 경험이 더 재미있을 수 있도록 아기와의 관계에 대해 알아보기를 권한다.

당신은 아이가 태어났을 때 기분이 어땠는가? 아이를 보았을 때 그 머릿속에서 무슨 일이 일어나고 있을 것이라고 상상했는가? 심지어 이를 생각해 보기는 했는가? 그리고 당신의 마음속에서는 어떤 일이 일어나고 있었는가? 아기가 무엇을 할 수 있을 것이라고 상상했는가? 그리고 당신이 어떠한 직접적인 영향을 준다고 생각했는가? 당신은 갓 태어난 아이가 빛과 소음, 냄새의 혼돈 속에서 보내는 경이로운 눈빛과 당신을 바라보는 눈빛을 기억하고 있는가? 아기는 부모인 당신에 대한 선호가 있었을 것이고, 다른 어떤 것보다 당신의 냄새, 당신의 모습, 당신의 목소리를 선호했을 것이다—아기는 당신과 상호작용하려는 선천적인 욕구를 가지고 태어난다. 당신은 어린 생명이 살아가도록 애쓰지만, 아이 마음속에서 실질적으로 무슨 일이 일어나는지에 대해서는 아주 잠깐 생각하거나 전혀 생각하지 않았을 수도 있다.

세상에 대해 아무것도 모르는 갓 태어난 아기에게 세상은 어떤 모습일까? 아기가 자기 마음속이나 바깥 세상의 어떤 것도 이해하기 힘들 것이라고 다음처럼 예측하기 쉽다. '아기는 세상에 완전히 백지 상태로 나온다.' 참으로, 20세기 초반까지 많은 연구자들은 갓 태어난 아기는 자기 자신이나 주변 사람들에 대한 인식이 없다고 믿었다. 삶의 첫 며칠이나 몇 주를 돌이켜 생각해 볼 때 당신의 주요 관심사는 무엇이었는가? 아기에게 무슨 일이 일어나는지, 아이가 어떤 사람이 될지 궁금해했는가? 혹은 밤 시간에 아기의 체온이 적당한지, 아기가 기저귀 때문에 발진이 생기지는 않는지, 아기가 잘 먹는지를 확인했는가?

아기가 제한된 능력을 가지고 있다고 생각하는 관점은 오늘날까지 여전히 존재한다. 어떤 양육 책들은 부모 자녀 간 관계보다, 아이를 먹이고 재우고 배변시키는 일과들을 다루는 방법과 프로그램에만 초점을 두고 있다. 이들 모두 아기의 생존에 중요하고 필수적이지만, 우리는 생애 초기 아기의 마음속에서 무슨 일이 일어나는지에 대해 생각하는 것이 참으로 중요하다고 믿는다. 새 생명을 어떻게 먹이고 따뜻하게 하여 키울까에 몰두하느라 아이의 마음에 주의를 기울이는 것이 당연히 힘들 수 있다. 그러나 이를 통해 나중에 아이의 곤란한 행동을 더 잘 다루고, 아이와 당신의 관계에서 생기는 어려움들을 원활하게 풀 수 있다. 연구자들은 아기가 자신의 감정을 느끼고 조절하도록 돕는 좋은 방법은 바로 아기의 마음속에서 일어나는 일을 생각해 보고, 그리고 무엇보다 이를 아기와의 상호작용을 통해 보여주는 것이라고 말한다.

1970년대 트레바던(Trevarthen)[8]과 같은 발달심리학자가 오랜 시간 유아와 그 부모를 관찰하면서 생각이 변하기 시작했다. 그는 아기들이 차분함과 편안함을 느낄 때 목적을 가지고 움직이는 것처럼 보인다는 것을 발견했다. 마치 아기가 움직이기 전에 무엇을 하길 원하는지를 생각하고 있는 것처럼 말이다. 그의 연구는 아기가 늘 부모를 인식하지 않은 채로 무작위로 발을 차고 움직이거나 소리를 내는 것은 아니며, 대개 부모와의 상호작용 속에서 움직이고 소리를 낸다는 것을 보여주었다. 신생아 연구[9]는 태어난 지 몇 시간 된 신생아들이 다른 사람의 움직이는 손가락을 보았을 때 자신의 손가락을 움직일 수 있다는 것을 보여주었다. 아기는 시간이 지날수록 모방을 더 잘하며, 자신의 행동을 조화롭게 조정하고 향상시킬 수 있는 잠재력이 있다는 것도 확인되었다. 이를 통해 아기는 태어나는 순간부터 이미 '타인'에 대해 생각하고 타인과 상호작용하려는 강력한 성향이 있다는 것을 알 수 있다. 그리고 아이에게 가장 중요한 타인은 부모인 당신이다.

아기들은 점차 타인과 의사소통을 하는 데 능숙해지며, 많은 노력을 기울인다. 아기는 자라면서 다른 사람이 자신을 어떻게 볼지에 점차 큰 관심을 갖는다. 다른 사람이 보게끔 장난감을 집어 드는 9개월 된 아기를 생각해 보라. 새로운 것을 발견하는 것은 어린 아기에게 재미있는 일이지만, 다른 사람과 이 기쁜 일을 나눌 수 있다는 것을 알게 되는 순간, 훨씬 더 재미있어진다. 다른 사람이 물건에 관심을 갖는 것을 알게 될 때 아기는 그런 물건들에 더욱 흥미를 보일 것이다. 아기와의 놀이에서 아기가 주의를 기울인 것에 당신이 관심을 보이면 아기는 즉각적으로 거기에 더 매력을 느끼고 흥미로워한다는 사실을 기억해야 한다. 인식하지 못할 수도 있지만 이는 매우 유용한 도구가 될 수 있다. 상상해 보라. 슈퍼마켓 계산대 줄에 당신이 서 있고 아기는 당신이 끄는 카트에 앉아 눈을 동그랗게 뜨고 웃으면서 당신을 바라볼 때 당신은 본능적으로 눈을 동그랗게 뜨고 웃음을 되돌려 줄 것이다. 아기는 자동적으로 다른 사람에게 긍정적이고 풍부한 의사소통을 구하고 응답받는다.

또한 아기들은 자신에게 흥미를 보이고 관심을 기울이는 어른들을 시간이 지남에 따라 거의 의례적인 형식을 갖는 상호작용과 대화에 끌어들일 수 있다. 아기들의 표정이 얼마나 풍부한지 생각해 보라. 인상을 쓰고, 입을 뿌루퉁하게 내밀고, 얼굴을 찡그리거나 이맛살을 찌푸리는 등의 표정이나, 고개를 돌리고 발을 차는 등의 행동을 당신이 알아차리고 즐길 때 아이는 이런 행동을 반복하도록 동기화된다. 아기는 표정이나 행동을 사용하면서 자신을 둘러싼 어른들에게 반응을 불러일으킬 수 있다는 것을 배우며, 당신은 이러한 상호작용을 통해 아기가 의사소통에 참여할 수 있도록 돕는다. 아기는 부모의 반응을 기대하고 부모로부터 즐거움을 느끼기 시작하며, 자신이 다른 사람에게 영향을 줄 수 있다는 것을 배운다.

아이와 상호작용하는 친구나 친척에게 "아기가 너한테 관심이 많네" 또는 "네가 이렇게 하는 걸 좋아하는데?"라고 말해본 적이 있는가? 만약 그랬다면, 당신은 아기의 마음을 정확하게 추측하고 있고, 이미 아기가 무엇을 좋아하고 싫어하는지를 알기 시작한 것이다. 당신은 또한 아기가 다른 사람과 상호작용하는 것을 흥미로워한다는 것을 알고 있는 것이다. 아기는 단지 신체 욕구만 충족되면 되고, 일관성과 틀에 박힌 일과만이 필요한 존재가 아니다. 아기들도 타인과 관계를 맺고 함께하고자 한다. 이는 꽤 당연한 것처럼 보이지만, 놀랍게도 많은 이들이 아기의 신체 욕구를 보살피는 데 몰두해서 아이의 머릿속에서 실제로 무슨 일이 일어나는지 살펴보는 것은 잊어버린다.

아기는 자신과 상호작용하는 사람에게 더 관심이 있다

아기는 대부분의 사람에게 관심을 가지지만, 이런 관심에 응답해 주는 사람과 상호작용하는 것을 더 좋아한다. 자신에게 민감한 사람에게 자연스럽게 더 반응한다. 아기들은 사람들이 자신에게 눈맞춤을 잘해 줄 때, 자신을 향해 눈썹을 치켜올리며 관심을 표시할 때 교대로 반응하면서 그 반응을 기다리는 것을 좋아하고, 사람들의 목소리 톤이나 얼굴 표정을 보면서 자신이 어떻게 느끼는지를 연결 지을 수 있다. 아기들은 흥미로운 언어적·비언어적 신호를 보여주는 사람들을 무척 좋아한다. 표현이 풍부한 흥미로운 얼굴은 표정이 없거나 굳은 얼굴보다 당연히 훨씬 더 매력적이며 즉각적으로 아이의 관심을 불러일으킨다. 이는 성인인 우리도 마찬가지다. 만약 영업사원이 우리와 관계를 맺으려고 우리가 원하는 것을 알려고 노력한다면, 우리에게 물건을 팔 기회는 많아질 것이다. 그러나 물건을 팔기 위한 권유는 지나치면 안 된다 — 영업사원의 의도는 소비자인 우리의 감정과 조율되어야 한다. 과도하게 열성적인 영업사원은 거의 무관심한 영업사원만큼이나 안 좋다. 연구자들[10]은, 14개월 된 아기들은 연구자가 관심을 보인 물건을 잡으려고 하며, 처음에 연구자가 그 물건을 가지고 놀아주었다면 그것을 연구자에게 주려고 한다는 것을 보았다. 아기들은 자신과 상호작용하는 성인이 자신과 진정으로 접촉하고 대화를 나눈 경우 다른 어떤 것보다 그 물건에 연결되고자 동기를 갖는 것처럼 보인다. 아기들은 '이게 나에게 어떤 것인지에 대해 당신이 알아차리고 이해한다'는 것을 감지하면 세상에 대해 더 배우고 세상을 더 탐색할 수 있다. 아기들은 사람들이 자신을 경청한다고 느끼고, 이는 신뢰를 구축한다.

"제가 지겨운가요?" 상대의 마음에 관심 갖기

아이와의 관계에서 우리는 어떤 기술이 필요할까? 이상적인 세계에서 우리가 아이들과 상호작용하는 모습은 두 연주자들이 즉흥 연주를 하는 모습과 비슷할 것이다. 즉흥 연주는 마치 연주자들이 오래된 악보나 음악적 패턴에 제약을 받지 않고 서로에게 응답하는 것처럼 그 순간에 일어나는 것을 기반으로 이루어진다. 시간이 흐르면서 좋은 선율이 연주되기 시작하고 연주자들은 서로에게 맞춰가며 연주를 할 것이다. 이와 비슷하게 이상적인 상황에서 아이를 양육하는 모습을 생각하면, 다른 영향을 받지 않으며 아이의 생각을 살필 것이고 아이도 우리의 생각을 살필 것이다. 이렇게 되면 우리는 아이의 행동이나 말에 온전히 집중할 수 있고 아이가 이끄는 대로 따라갈 수 있을 것이다. 이는 확실히 반영적인 양육의 한 모습이다. 그러나 아쉽게도 타인과 상호작용할 때 이런 일은 잘 일어나지 않는다.

사람들과 함께 저녁을 먹는데 모인 사람들이 당신에게 흥미를 보이지 않은 적이 있는가? 당신은 나름 재미있다고 생각되는 이야기를 하고 있지만, 함께 있는 사람들이 시계를 쳐다보고 심지어 핸드폰으로 문자를 보내기 시작하는 등 산만한 것을 느끼면, 기분이 어떻겠는가? 이런 상황에서 당신은 주의를 끌기 위해 더 열심히 이야기하고 싶은가? 더 재미있는 이야기를 말할 것인가? 심지어 좀 더 이야기를 하겠는가, 아니면 그만두겠는가? 그 상황을 불편하게 느끼고 조용하게 있지만, 앞으로 이런 무관심한 반응에도 혼자 잘해 낼 거라면서 다음번 저녁 모임에 신경 쓰지 않겠다고 다짐하겠는가? 어쩌면, 내가 약간 지루한 사람인가 궁금할 수도 있다. 이제 당신을, 엄마나 아빠가 흥미롭게 여기는 어린 아이라고 상상해 보자. 당신은 아마 한 명 혹은 모두에게 앞에서 설명한 '주의를 구하는 전략'을 차례로 사용했을 것이다―아니, 어쩌면 간단하게 물러났을 수도 있다.

저녁식사 상황으로 다시 돌아와서, 이번에는 당신과 함께 있는 사람들이 당신이 말하는 모든 것을 흥미로워하고, 얼굴 표정, 질문, 경청을 통해 당신에게 온전히 주의를 기울이고 있다는 것을 보여준다고 하자. 당신은 이들과 가까운 느낌이 들 뿐만 아니라, 어떤 면에서는 스스로에 대해 기분이 좋아지고, 대화는 잘 흘러갈 것이다. 아이들도 똑같은데, 아이들은 가까운 사람이 자신들이 말하고 느끼는 것을 경청하고 자신들이 느끼는 것을 지지하는 것을 흥미 있어 하고 의미 있다고 느낀다. 그리고 아이는 당신이 자신을 위해 존재한다고 느낄 때 그리고 자신의 생각과 감정을 흥미로워한다고 느낄 때, 마음을 크게 열어 자신뿐만 아니라 당신의 마음에 대해서도 배울 것이다. 만약 친구들이 당신에게 관심을 기울이고 흥미를 보였다면 함께한 저녁이 더 즐거웠을 것처럼, 당신이 아이 안에 중요한 것이 무엇인지를 알아줄 때 아이도 자신이 가치 있음을 느낀다.

여기서 중요한 것은, 당신의 마음을 알아차렸을 뿐만 아니라 당신이 느끼는 것과 일치하는 방식으로 반응할 수 있고, 더 나아가 당신의 마음이 어떤지 궁금해하는 사람과 그렇지 않은 사람의 차이점이다. 당신의 마음속에서 무슨 일이 일어나는지 관심도 없고, 감정의 존재조차 인식하지 못하는 사람과 함께 있는 상황을 비교해 보라.

이제 레이철이 아기 잭과 함께 비가 내리는 버스 정류장에서 버스를 기다리고 있다고 상상해 보자. 이런 일상적인 상황에 대처하는 여러 방법이 있겠지만, 레이철이 이 상황을 다루는 아주 작은 차이에 따라 두 사람은 전혀 다른 기분으로 집으로 돌아갈 수 있다. 만약 레이철이 잭에게 관심을 가지고 잭 주변의 세계를 보여주며 잭의 관심을 끌며 상호작용한다면, 아기와 부모 모두에게 색다른 경험이 될 것이다. 예를 들어, 레이철이 시간을 보내기 위해 익살스러운 표정을 짓거나 빗방울이 손바닥에 떨어지는 모습에 미소를 지으며 비에 젖은 자기 손을 잭에게 보여주면서 빗방울에 흥미를 보여주었다고 상상해 보자. 잭은 엄마의 관심 어린 풍부한 표정을 보며 같이 관심을 가질 수 있고, 흥미와 즐거움을 가지고 반응할 수 있다. 그러나 레이철이 지루해하며 돈과 전남편에 대한 걱정에 빠져 빗속 버스 정류장에서 버스를 기다리는 데 짜증만 내고 있다면, 그녀는 잭과 놀아줄 생각조차도 안 했을 것이다. 레이철은 오지 않는 버스에 짜증이 나고 잭을 무시하고, 잭은 심심해지기 시작하고 엄마의 관심 부족에 좌절해 울기 시작할 것이다. 엄마와 아기는 피곤한 상태로 버스에 올라 서로 상호작용하지 않을 것이며, 여기서 최악의 시나리오는 집으로 돌아가는 만원 버스에서 아기는 소리를 지르고 울고 엄마는 굉장히 짜증 나거나 화가 나 있는 것이다. 앞의 경우와 같은, 관심 있는 엄마의 행동이 불가능하다고 느껴질 수 있지만, 이를 아는 것이 무엇보다 중요하다. 이 예시는 부모의 행동과 정서 상태가 아이의 행동과 정서 상태에 어떻게 영향을 주는지를 설명한다.

당신의 무엇이 아이와의 관계에 영향을 미칠까?

아이와 함께하는 매일매일의 상호작용에서, 당신은 뒤늦은 깨달음과 함께, 해야 한다고 생각한 것을 정확히 행동하지 못한 순간들을 여러 번 생각하게 된다. 이때 당신은 자신의 행동에 수치심이나 실망감을 느끼는가? 상호작용에 휩쓸려 지나치게 혹은 과도하게 부정적인 반응을 보였는가? 예를 들어 아이가 하는 간단한 질문에 날카롭게 대꾸하고 극도로 과민해졌을 때, 이런 일이 왜 일어났는지 궁금했던 적이 있는가? 아이에게 반응하고 대응하는 당신의 태도에 영향을 미치는 요소는 많다. 그러나 아이와 많은 시간 동안 자유롭고 거침없는 즉흥 연주를 즐기는 것을 어렵게 하는 두 가지 요소가 있다. 바로 당신이 아이로서 받은 양육 경험과, 당신이 아이와의 관계에서 느끼는 강렬한 감정이다.

당신이 아이일 때 받은 양육의 영향

모든 사람은 상황을 다르게 본다. 각 개인은 어떤 특정한 상황에는 더 반응하면서 어떤 때는 알아차리지 못하는 경우도 있다. 예를 들어, 캐런은 물건을 사려고 상점에 가서 직원에게 문의하던 중 직원의 한숨 소리를 들었다. 캐런은 이에 굉장히 과민하게 반응했는데, 직원의 한숨을 개인적인 모욕이라 인식하고 자기를 무례히 대했다고 생각해, 화내며 상점 밖으로 나갔다. 같은 상황에서 어떤 사람은 그 한숨을 인식하지 못할 수도 있고, 또 어떤 사람은 그 한숨이 상점 직원의 굉장히 길고 고단한 하루 때문이며 자신과는 관련이 없을 것이라고 생각할 수 있다. 그러나 만약 캐런에 대해 더 알게 되고 캐런이 부모에게 비판받고 거부당한 경험이 많다는 사실을 안다면, 왜 그렇게 거절에 대해 굉장히 과민하게 반응을 하는지 이해하기 쉬울 것이다. 과거 경험들은 현재에 매우 강력하게 영향을 줄 수 있다. 이는 꽤 극단적인 예이지만 당신의 삶에서도 예를 들어, 비판에 민감하게 상처받는 자신을 발견할 수도 있을 것이다. 직장이나 학부모 모임에서 자신의 의견을 경청하지 않는다고 느낄 때 어렸을 때 무시당하거나 아무도 귀 기울여 주지 않던 느낌과 연결 지을 수 있다. 이런 영향들을 알아차리고 과거의 영향을 받은 렌즈를 통해 당신이 세상과 인간관계들을 본다는 것을 아는 것이 도움이 된다.

우리가 아이들의 행동을 어떻게 인식하고 해석하는지도 유사하다—우리는 모두 다르게 해석한다. 우리가 아이들을 바라보고 상호작용하는 방식은 어렸을 때 우리가 겪은 부모와의 경험에 영향을 받는다. 당신의 부모와 집안 환경은, 삶에서 외부의 영향을 쉽게 받는 취약한 시기인 어린 시절에 당신이 알던 모든 것이다. 당신이 아기였을 때 울었든지 학교에 가는 것을 불안해했든지 간에, 당신의 부모는 당신의 모든 행동에 특정한 방식으로 반응했다. 아이일 때 길러진 방식은 당신의 이후 삶에 영향을 미친다. 심지어 당신이 이를 인식하지 못하더라도, 부모가 했던 반응은 당신의 기억 속에 남아 아이를 기르는 데 영향을 준다. 그리고 부모가 당신을 양육했던 방식은 생각하는 것보다 당신 아이와의 관계에서 중요할 수 있다. 생애 초기 경험은 세상을 보는 관점을 형성하고 양육 방법에 영향을 미칠 수 있다. 한 연구[11]는 어린 시절 양육받은 경험에 대해 산모들을 인터뷰했는데, 흥미롭게도 그들이 어린 시절 자신이 경험한 것으로부터 미래에 아이와 맺을 관계의 유형을 예측한다는 점을 발견했다. 자신의 부모와 안정 애착을 경험한 부모는 아이와 안정 애착 관계를 맺는다. 어린 시절 무엇을 경험했는지보다 과거 경험에 대해 일관되게 말하며 이런 경험을 어떻게 생각하는지가 현재 아이를 기르는 양육에 영향을 미친다. 아이를 기르는 데 당신이 어떻게 하면 더 반영적일 수 있는지를 이해하는 것이 중요하다. 다음 두 장에서 특히 이것을 집중해서 설명할 것이다.

어린 시절 당신의 부모 혹은 양육자가 아기인 당신에게 당신 마음속에서 무슨 일이 일어나는지 인식하고 말해주었다면 당신은 그 관계에서 안정감을 느끼고 이해받는 경험을 했을 가능성이 매우 크다. 아이를 이해하는 것은 어렵게 들리지만, 기저귀를 간다거나 음식을 먹이거나 잠을 재우는 일과 같은 매일의 일상 속 상호작용에서 일어나기 때문에 실제로는 아주 쉽다. 이는 다음과 같은 일일 수 있다. 아기의 기저귀를 갈아주려고 몸을 기울이면서 "오~ 불쌍한 아가, 축축하고 차가웠어요? 엄마가 깨끗하고 포근한 기저귀로 갈아줄까요?"라고 말하는 것이다. 그리고 기저귀를 갈면서 당신은 아기의 불편한 상대를 반영하는 표현을 할 것이고, 그런 다음 아기를 편안하게 달래는 표현을 할 것이다. 따라서 부모의 반영은 아기에게 안정감을 증가시킨다. 그러나 만약 당신이 어린 시절에 이런 애착을 경험하지는 않았지만 지금 아기와 함께 시도하고 싶다면 어떻게 해야 할까? 이렇게 될 수는 있을까? 우리는 당신이 아동기에 굉장히 힘거운 경험을 했더라도 반영적인 태도를 취하고 아기와 안정적 관계를 발달시킬 수 있도록 이 책을 통해 도울 것이다.

아이와의 모든 상호작용에서는 세부적인 내용보다 전반적인 인상이 중요하다는 것을 반드시 알아야 한다. 완전히 옳은 사실에 기반하여 상호작용하기보다, 상황을 해석하고 이해해야 한다. 우리 모두는 상황을 이해하고 해석하는 데 있어 다르게 행동하며, 모든 상황과 상황에 대한 해석은 우리에게 현실이다. 중요한 것은 당신 자신의 경험과 지금 아이에게 느끼는 것을 어떻게 분리할 수 있는지를 아는 것이다.

예를 들어, 캐런의 2살 된 딸 몰리가 침대로 가서 자라는 말에 "싫어!"라고 대꾸했을 때 캐런은 강렬한 거절의 감정을 경험했는데, 이는 부모에게 빈번히 거절당한 그녀의 경험과 관련된다. 현재 상호작용에서, 캐런은 딸 또한 자신을 거부하고 있다는 강렬한 감정을 느끼며 자신의 부모에게서 그랬듯이 몰리로부터 마지못해 물러나야 할 것처럼 느낀다. 이런 반응이 계속된다면 캐런은 2살 된 딸의 행동에 부정적인 반응을 보이고, 결과적으로 몰리에게 거절과 불안한 감정을 일으킬 수 있다. 거절의 부정적인 순환 속에서 몰리가 엄마를 더 거절하도록 만들 수 있어 걱정스러운 일이다.

따라서 당신이 아이의 마음을 읽어주는 반영적인 부모가 되는 방법을 배우는 데 있어 중요한 과제 중 하나는 아이와의 관계에서 당신이 살아온 과정들을 인식하는 것이다. 이 예시에서 만약 캐런이 자신의 과거 아동기 경험을 구분해서 생각할 수 있다면, 캐런은 호기심과 흥미를 가지고 아이의 행동을 더 반영할 수 있었을 것이다. 캐런은 또한 몰리의 반응을 아이 연령에 비추어 받아들이거나, 어쩌면 엄마가 목욕 시간을 놓친 것 때문에 딸이 기분이 좋지 않아서 그런 반응을 보였을 수 있다고 인식했을 것이다. 캐런이 이해한 바는 아이에게 안정감을 키워주었을 것이고, 또한 아이는 자신의 마음을 읽어줄 수 있는 엄마를 경험하면서 긍정적인 상호작용이 발달되었을 것이다. 이는 마음 읽어내기의 또 다른 예다. 이는 아이의 마음속에서 일어나는 일들에 대해 어떻게 생각하는지 말할 수 있는 부모의 능력이다. 부모가 아이의 마음속에서 무슨 일이 일어나고 있는지 정확히 언급해 줄 때 아이가 다른 사람들을 더 잘 이해할 수 있다는 것은 매우 흥미롭다. 아마도 몰리에 대해 캐런은 "엄마 생각에, 엄마가 집에 제때 오지 않아서 오늘 잠들기 전에 너와 놀아줄 시간이 충분하지 못했고, 그래서 네가 약간 짜증이 난 거 같다, 그치?"라고 이해할 수 있을 것이다.

아이와 있을 때 강렬한 감정이 주는 영향

당신은 아이와 관계하는 모든 상황에서 강렬한 감정에 영향을 받을 수 있다. 최근에 아이와 가장 힘들었던 순간을 떠올려 보고, 당신의 정서적 반응 수준이 그 상황과 맞았는지 스스로에게 물어보라. 당신의 반응이 적절하지 않았는가? 그러면 당신이 생각하기에 무엇이 그렇게 반응하게 했는가? 그 상황에 있는 당신을 당신 친구는 어떻게 경험하며, 그들 눈에 당신은 어떻게 보이겠는가? 이 상황에서 당신의 반응을 이전 상황들과 연결 지을 수 있는가?

다음 예시를 살펴보자.

리사는 오늘 밖에서 일어난 사건들 때문에 스트레스를 받은 채로 집으로 돌아왔다. 그녀는 자신이 어떻게 느끼는지 알지 못했지만 해야 할 일과 다른 사람의 필요를 충족해 주어야 할 일이 굉장히 많다는 사실에 짜증이 나고 화가 났다. 그래서 딸 엘라가 케첩과 음료를 달라고 하면서 오빠 찰리가 자신이 식탁에 앉기도 전에 자기보다 더 많이 감자 칩을 먹었다고 불평했을 때, 리사는 과민반응을 보였고 화가 나서 자신의 접시를 식탁에 내던지고 거친 말을 내뱉으며 부엌을 나갔다.

이런 순간들은 모든 가족에게서 일어날 수 있다. 이럴 때는 사건 전에 무슨 일이 일어났는지를 거슬러 올라가며 점검해 보는 것이 도움이 될 수 있다. 그러면 힘겨운 순간을 만드는 사건이 어떻게 영향을 주었는지 자각할 수 있다. 부모와 아이의 관계 속에서 강렬한 정서적인 경험을 알아차리는 것이 중요하다. 예를 들어, 스트레스로 지쳐 있을 때 소리를 지르는 아이의 행동에 대한 당신의 반응은 달라질 것이다. 당신이 혼자 있고 싶을 때, 편안하게 해달라고 칭얼대거나 배고프다고 하는 아이의 행동은 당신을 괴롭히려고 하는 의도로 해석될 수도 있다. 리사와 4살 된 딸 엘라의 잠자리 일과를 살펴보자.

리사가 엘라를 데리고 계단을 오르면서 잠자리 일과는 순조롭게 일어났다. 침대에서 이야기 두 개를 들려주고 굿나잇 키스를 하고 즐겁게 시간을 보낸 후에 엄마는 계단을 내려갔다. 리사와 엘라 두 사람 다 사랑받는 기분과 안정감을 느끼면서 친밀감을 즐길 수 있어 행복했다.

리사가 계단을 절반 정도 내려갔을 때, 갑자기 엘라가 "엄마, 나 배고파! 간식 줘요"라고 소리쳤다. 리사는 "지금 간식 먹기엔 너무 늦었고, 또 저녁을 먹었잖니. 얼른 자라, 내 사랑"이라고 대답했다. 엘라는 "내 방에 있기 싫어. 엄마 침대에 잠깐 누워 있으면 안 돼요?"라고 다시 물었다. 리사는 "이제 잠잘 시간이야, 엄마는 매우 피곤하구나"라고 약간 경쾌하게 대답했다. 엘라는 계속 칭얼거렸고, 리사는 화가 나면서 '오늘 하루는 진짜 길었는데, 나는 언제 앉아 잠깐이라도 평화를 맛볼 수 있을까'라는 생각이 자꾸 들었다. 리사와 엘라는 양쪽 다 기분이 나빠졌고, 게다가 엘라는 금방이라도 울 것 같았다.

두 사람의 친밀한 감정이 어떻게 부정적 감정으로 바뀌었는가? 리사는 누가 보아도 다른 사람을 배려할 수 있는 여유가 없는 지점에까지 이르렀다. 아이의 기분을 상하게 했으며, 아이에게 어떤 영향을 미칠지 생각하지 않았고, 두 사람 모두 서로에 대해 걱정하고 친밀하게 느끼는 능력을 잃었다. 당신은 이런 상황을 어떻게 다룰 수 있을까?

오해를 받는 것은 상당히 기분 상하는 일이다. 부모와 아이가 서로 오해받는다고 동시에 느낄 때는 모두 간절히 도망치고 싶은 해로운 관계가 된다. 리사는 4살 된 딸이 자신을 오해한다고 느꼈다. 그녀는 마음속으로 '아이는 왜 내가 정말로 힘든 하루를 보냈다는 것을 이해해 주지 않는 걸까, 그리고 왜 다른 사람들한테 하는 것처럼 나를 대하지 않는 걸까?'라고 생각했다. 4살 된 딸은 아마 이런 생각을 했을 것이다. '나는 엄마가 일하는 동안 엄마를 하루 종일 보지 못했어. 난 단지 엄마랑 같이 있으면서 이야기하고 싶어.' 이 예시에서 보면 엄마는 자신이 느끼는 정서의 강도 때문에 아이의 요구에 응답하는 것이 어렵다. 강렬한 정서는 리사가 딸의 행동에 어떻게 반응하고 해석할지를 방해한다. 우리가 상황을 오해했을 때 우리는 잘못된 가정에 기반하여 행동하는 경향이 있다. 리사는 엘라가 '계속 자신의 심기를 건드린다'거나, 심지어는 의도적으로 자신을 자극한다고 느끼기 시작했을 수 있다. 엘라 쪽에서는 아마 버림받은 느낌을 받을 것이고, 무시당하고 심지어는 사랑받지 못한다거나 자신을 무가치하다고 느낄 수도 있다.

아이는 부모의 반영적인 양육을 어떻게 느낄까?

당신의 1살 된 아기가 첫 번째 생일 파티에서 작은 입에 비해 엄청나게 큰 초콜릿 케이크 조각을 입에 넣으며 너무 좋아 눈을 동그랗게 뜨고 당신을 향해 미소 지었을 때, 당신의 다음과 같은 세 가지 반응이 아기에게 미치는 영향을 상상해 보자.

A. 당신은 눈을 크게 뜨고 아기에게 미소를 지으며, "우와! 이 초콜릿 케이

크 정말 맛있지? 케이크가 네 입보다 큰데도 계속 집어넣으려고 하는구
나"라고 말하며 웃는다.

B. 실눈으로 아기를 노려보면서, "네 얼굴 전체에다 큰 말썽을 피우고 있구
나. 그렇게 큰 초콜릿 케이크를 먹으면 병원에 갈 수 있어. 그리고 내가
이걸 다 치워야 한다고!"라고 말한다.

C. 잠시 동안 아기를 바라보지만 웃지도 노려보지도 않으며 표정이 없다.
당신은 어렸을 적 자신의 생일에 케이크를 먹긴 했는지 기억하려고 애쓰
고 있으며, 갑자기 부모님이 말다툼하는 장면에 꽂힌다. 그 당시 몇 살이
었는지는 기억할 수 없다.

이런 세 가지 다른 반응은 당신의 1살 난 아기에게 다음과 같은 다른
영향을 준다. 물론 아이는 이를 의식적으로 느끼지 않지만 경험하고 있
는 것이다.

A. 엄마는 내가 케이크를 좋아하고 내가 생일 파티에서 행복하다고 느끼는
것을 알고 있어. 엄마는 내가 행복할 때 행복하고 내가 어떻게 느끼는지
관심이 있어.

B. 이 케이크는 정말 맛있지만 내가 이것을 즐기는지는 확실치 않아. 엄마
는 화가 난 것처럼 보여. 나는 기분이 약간 나쁘지만 왜 그런지는 잘 모
르겠어. 케이크를 먹는 것은 좋은 일은 아닌가 봐.

C. 내가 지금 어떻게 느껴야 하는지를 모르겠어. 나는 심지어 마음이 있는
지, 누구인지, 내가 무엇인지도 모르겠어.

예시 A에서 1살짜리 아이는 맛있는 초콜릿 케이크를 먹는 경험에 부

모가 정말로 함께 참여했다는 경험을 한다. 이 예시에서 엄마는 아이의 마음 상태를 수용하고 어린아이의 경험에 자신의 마음을 완전히 열었다. 초콜릿 케이크가 "맛있다"라는 엄마의 반응과 "케이크가 네 입보다 큰데도 계속 집어넣으려고 하는구나"라는 말은 "난 네가 케이크에 대해 느끼는 감정과 생각 그리고 이런 경험을 모두 알고 있어"라고 말하는 것이다. 이에 뒤따른 엄마의 웃음은 이 경험에서 기쁨을 공유한다. 엄마는 물론 1살짜리 아기가 즐거운 시간을 갖는 것을 보면서 미소 짓는 것이지만 이 미소는 어린아이의 마음 상태를 반영하는 것이기도 하다. 서로 같은 감정을 느끼는 공유의 순간은 찰나이지만 강렬하며 엄마와 아이 모두 즐거움을 공유한다.

어떤 것에 대해 큰 즐거움을 경험하고 부모의 얼굴과 목소리를 통해 이런 즐거움이 다시 아기에게 반영되는 것보다 더 좋은 일은 없다. 이런 기분은 단순히 나(아기)에게만 좋을 뿐 아니라 당신(엄마)에게도 얼마나 기분 좋은 일인지 보여주는 것이며, 아기에게 흑백사진 같을 수 있는 초콜릿 생일 케이크를 먹는 경험을 밝은 총천연색 사진으로 만들어준다. 어떤 것도 이만큼 기분 좋을 수는 없다.

결론

당신이 아이의 마음을 읽고 반영해 줄 때, 아이는 자신의 마음이 엄마의 마음과 분리되어 해석 가능하고 이해된다는 것을 배운다. 아이의 마음을 읽어주는 부모 되기는 아이의 마음에 대한 뚜렷한 거울 반응을 통해서 작동한다. 당신은 자신의 생각과 감정을 되돌아봄으로써 아이가 다른 사람들도 생각과 의도가 있다는 것을 이해하도록 도울 수 있다. 아이의 마음에 무엇이 일어나고 있는지에 관해 부모가 이야기해 줄 때 정신화가 시작된다. 정신화는 당신이 다른 사람의 생각, 감정, 소망을 이해하고 있다는 것을 아이가 알게 도와주며, 당신이 이해한 것을 아이에게 반영해 줄 수 있다는 것을 보여준다. 아이는 당신이 가르치지 않으면 이러한 점을 배울 수 없다. 놀랍게도 아이에게 생각과 감정을 가르치는 것은 매우 쉬운 일이며, 당신과 아이는 알아차리지 못했지만 매일 이야기를 주고받으면서 이미 하고 있다. 당신은 이를 잘하는 때 (당신이 정신화하는 때)와 이를 굉장히 하기 어려운 순간들을 알아차리기 시작할 것이다. 우리 모두 정신화를 잘하는 순간도 있지만(전체 시간의 약 30퍼센트 정도밖에 안 된다), 생각보다 잘하지 못하는 때가 더 많다. 아이의 마음을 읽어주는 부모 되기의 반영적인 양육은 당신이 아이의 마음에 대해 조금 더 많은 시간 동안 반영해 줄 수 있도록 돕는다. 이러한 정신화를 통해 아이의 행동의 변화와 당신과의 상호작용의 변화를 보게 될 것이다.

02

부모 지도

이 장에서는 아이와 관련하여 당신 자신에 대해 생각해 보는 것―자기반성을 하는 것―의 중요성을 보여주고자 한다. 무엇이 당신을 특정한 방식으로 느끼도록 하는지, 당신이 어떻게 반응하며 당신의 반응에서 특정한 패턴이 있는지, 당신은 특정 상황에서 어떤 것을 생각하는지 등을 포함하여 당신 자신에 대해 생각해 보도록 질문할 것이다. 이를 통해 당신은 부모로서 자신의 강점과 약점을 찾아볼 수 있을 것이다―우리 모두에게는 강점과 약점이 있다. 아마 양육과 관련하여 특정한 분야 및 역할은 꽤나 자연스럽게 이루어지시지만 부모로서 자신을 살펴보는 것은 조금 힘겨울 수 있다.

만약 아이의 마음속에 들어갈 수 있다면 그리고 아이가 부모로서 당신을 어떻게 생각하는지 알 수 있다면, 아이가 어떤 것을 보길 원하는가? 아이는 당신의 강점이 무엇이라고 말할 것 같은가? 아이에게 특별히 강조하고 싶은 특성이 있는가?

부모가 되는 것은 많은 기술이 필요하고, 때로 상황에 따라서 아이와 관련하여 다른 역할을 수행해야 할 때도 있다. 부모는 때로는 가르치고 지지해 주는 사람이며, 사랑과 안락함을 제공하고, 언짢음이나 분노에도 불구하고 확실한 선을 지키며 규율을 유지하는 사람이며, 습관을 길러주고, 또한 아이의 관점을 이해하려고 애쓰는 사람이다. 이런 부모의 다양한 역할에 대해 당신은 편안한 편인가? 이 중 특별히 더 자연스러운 역할이 있는가? 이런 질문에 대해 생각해 보는 한 가지 방법은 특정한 상황 속에서 당신의 정서적인 반응을 생각해 보는 것이다. 당신이 보이는 정서적인 반응들을 통해 문제가 있다고 지각하는 양육의 영역을 알아낼 수 있다. 이와 같은 자기반성의 과정 그리고 무엇이 지금 당신이라는 유형의 부모를 만드는지를 생각해 보는 과정을 돕고자 우리는 '부모 지도(Parent Map)'라는 개념을 고안해 냈다.

부모가 되는 것은 마치 미지의 영역을 탐험해 나가는 것과 같다. 목적지가 어떨지 모르며, 그 목적지에 어떻게 도달하는지 혹은 그 탐험이 당신에게 어떤 영향을 미칠지를 모른다. 미리 준비된 지도가 있다면 부모로서 당신이 생각하고 느끼고 행동하는 방법을 보여주고, 미지의 영역을 지나는 데 굉장한 도움을 줄 것이다. 그러나 모든 사람의 경험과 탐험은 고유하며 다양한 영향을 받기 때문에 미리 준비된 지도는 없다. 대신, 당신은 자신에 대한 개인적인 부모 지도의 초안을 준비할 수 있다. 이는 부모로서 자신에 대해 그림을 그리는 것으로, 아이의 아동기 동안, 때로는 아동기를 훨씬 넘어서까지 계속되는 과정이다. 당신이 부모가 되는 지도에 대해 생각하고 작업하는 과정은 최종 그림을 완성하는 것보다 더 중요하다. 부모 지도는 계속 변하는데, 당신의 아이가 자라며 세상과 상호작용하면서 생각하고 느끼는 것이 변하기 때문이다. 또한 당신 삶의 측면들이 변함에 따라 지도 또한 변할 필요가 있다. 이 장에서는 당신이 지도를 구성해 볼 수 있도록 하고, 당신 자신의 내적 이야기들을 자기반성을 통해 함께 맞춰 그림으로써 다른 각도에서 당신을 볼 수 있도록 도울 것이다. 그리고 이후 3장에서 강렬한 감정을 알아차리고 이를 다루는 방법, 이 두 가지 모두에 대한 전략들을 가르쳐 줄 것이다.

부모 지도 만들어가기: 자신의 마음 알아차리기

부모 지도를 만들어가는 것은 부모인 당신이 아이와 상호작용하는 방식에 미치는 영향을 잘 알아차릴 수 있도록 한다. 당신이 만드는 지도의 일관성을 창조해 내는 것은 평생에 걸친 도전이다. 한번 지도에 대해 고민하기 시작하면 당신은 아이에 대해 생각하게 되고, 아이와의 상호작용을 통해 성장하게 된다. 당신은 이전에 곤란을 겪었던 행동에서 긍정적이면서도 지속되는 변화를 만들 수 있다.

당신의 지도를 구축하는 데 '자기인식'을 키우도록 돕는 세 가지 중요한 사항이 있다. 이 내용을 주의 깊게 살펴볼 때 부모로서 당신이 성장하고 분명히 변화할 수 있다.

첫 번째 고려할 점: 현재의 마음 상태

부모 지도를 만드는 데 첫 번째 중요한 단계는 '자신'을 아는 것이고, 자신의 마음 상태에 대해 호기심을 갖는 것이다. 다음과 같은 질문에 답하려고 노력해 보라. "내가 지금 어떻게 느끼지? 무엇이 내가 이렇게 느끼도록 만들지?", "내가 무슨 생각을 하고 있지?" 외부에서부터 당신의 생각과 감정을 관찰하기 시작하라. 물론 우리는 자신을 끊임없이 알아차리지는 않기 때문에 이러한 것은 계속되는 과정이다. 우리는 종종 왜 그런지 온전히 알지 못한 채로 생각 없이 반응하며 행동한다. 물론 나를 온전히 알지 못한 채로 행동해도 문제가 되는 것은 아니다. 그러나 당신이 어떻게 느끼는지에 대한 자각이 높아지고 당신 내면에 무슨 일이 일어나는지 집중하게 되면, 당신은 아이와 더 좋은 상호작용을 즐길 수 있는 방법을 알게 될 것이다. 당신의 기분이 아이가 어떻게 느끼고 행동하는지 그리고 당신이 상호작용을 어떻게 다루는지에 많은 영향을 주기 때문이다.

우리는 왜 느껴야 할까?

당신의 마음에 무슨 일이 일어나는지 알아차리는 것은 당신의 감정과 느낌을 이해할 수 있는지와 관련된다. 그러나 왜 우리가 느껴야 할까? 우리 삶에서 이것들이 지닌 기능이나 쓰임새가 있을까? 우리는 종종 감정적인 삶에 대한 선택권이 없기도 하다—우리의 감정은 그냥 거기에 있다. 몇 세기 동안 우리의 뇌는 진화하고 변해왔지만 변하지 않고 유지되는 뇌의 한 부분이 우리 감정을 책임지는 영역이다. 이는 감정을 경험하는 우리의 능력이 먼저 만들어졌고, 그다음에 추론하고 이성적인 생각을 하는 등의 다른 기능이 훨씬 나중에 발달했다는 의미이며, 감정이 어떤 측면에서 우리의 생존에 필수적이라는 것을 암시한다.

뇌의 그러한 구조 때문에, 감정 중추는 뇌의 다른 영역에 더 많은 영향력이 있으며 우리의 생각을 장악한다. 이는 정서적인 뇌가 이성적인 뇌를 꽤 쉽게 통제할 수 있다는 의미다. 우리는 항상 왜 이런 것이 일어나는지 알지 못하거나 왜 그랬는지 이해하지 못한 채로 강렬한 감정에 휩싸이고 폭발적으로 감정을 분출하곤 한다. 우리의 행동은 종종 생각보다 감정의 책임이 클 때가 많다.

다음과 같은 상황을 생각해 보자. 당신이 혼잡한 퇴근 시간에 지하철을 타고 집으로 돌아오고 있는데 근처에 서 있던 남성이 다른 사람들에게 떠밀리면서 점차 흥분했다고 상상해 보자. 그 남성은 자신이 빈자리에 앉으려고 할 때 갑자기 어떤 사람이 의도적으로 밀쳤다는 사실에 굉장히 화가 났다. 아드레날린의 분비로 갑자기 솟구친 분노가 그 남자를 압도했고, 그 후 그는 (심지어는 의도적으로 민 것이 아님에도 불구하고) 자신을 민 남성에게 소리치기 시작했고 실제로 싸움이 벌어졌다. 이 예에서 강렬한 감정은 이 상황에서 무엇을 할지 혹은 다른 사람의 실제 의도나 생각이 무엇이었을지를 추측하는 이성적인 생각을 압도하고 있다.

감정은 우리가 인지하거나 인지하지 못하는 삶에 즉각 반응하고 행동하게 하는 최고의 충동이라 할 수 있다. 때문에 우리가 이를 알거나 의식적으로 조절하지 못한 채로 행동하려는 경향이 존재하게 된다. 만약 앞의 예시에서처럼 감정이 행동이나 인간관계에 상당히 부정적으로 영향을 미치고 있다면 우리에게 감정은 왜 있을까?

다른 동물과 비교해 보았을 때 인간은 상황에 대해 훨씬 더 복잡하고 다양한 범위의 정서 반응을 보인다. 인간의 사회적 삶도 이처럼 복잡하며 우리의 정서는 이런 사회적인 삶을 다루도록 도와줄 수 있다. 우리는 태어나는 순간부터 온기와 음식 그리고 엄마의 안락함(우리의 신체적인 본능이다)을 찾을 뿐만 아니라, 다른 사람과 유대를 맺고 관계를 가지려는 욕구(우리의 정서적인 본능이다)를 선천적으로 가지고 있다. 이런 정서적인 연결감을 통해서 우리는 타인에 대해 배울 뿐만 아니라 우리 자신에 대해서도 배운다. 뇌 속에 있는 정서적인 중추를 뇌 수술 중에 제거했을 때 환자들이 사람에 대한 모든 관심을 잃는다는 것을 보면 정서는 매우 중요한 것이다. 이들은 감정이 없다고 느끼고 타인의 감정을 자각하지 못한다. 이들은 주변에 있는 사람들과 대화를 할 수는 있지만 혼자 시간을 보내는 것을 더 선호하는 것처럼 보인다. 따라서 정서는 관계 속에서 '신호'로서 기능하며 우리가 타인과 연결되도록 돕는다. 비록 우리는 정서가 일어나는 과정에 대해 의식하지 않지만, 정서는 우리에게 외부 세계에 대해 말해주며 어떻게 반응했는지 알려준다.

알아차리는 것의 중요성을 설명하고자 하는 이유는 우리가 어떻게 느끼는지를 알 때, 심지어 우리가 왜 특정한 방식으로 느끼는지 이해할 때, 우리는 삶에서 좋은 결정을 내리는 데 감정을 사용할 수 있고 우리의 충동을 조절하는 법을 배울 수 있기 때문이다. 만약 우리가 아이에게 잔소리한다는 것을 알아차리면, 정말로 우리 자신이나 삶에 대해 느끼는 것 때문에 잔소리를 하는 것은 아닌지 더 잘 이해할 수 있을 것이다. 이런 감정들을 이해함에 따라 우리는 경험하는 감정들에 단순히 반응하는 대신에 우리의 감정을 조절할 수 있고, 이런 감정들을 보다 적절하게 표현할 수 있을 것이다.

다시 혼잡한 퇴근 시간의 지하철로 돌아가 보자. 당신 근처에 있던 남성이 자신이 어떻게 느끼고 생각하는지 그리고 어떻게 이런 생각과 감정들이 자신을 점차 흥분하게 만들었는지를 알아차렸더라면, 그렇게 충동적이거나 공격적으로 반응하지 않았을 것이다. 자신이 어떻게 느끼는지를 알아차리면, 반응을 할 것인지 혹은 어떻게 반응할 것인지 고민하는 기회를 얻을 수 있다.

반영적 양육에 어떻게 적용되는가?

따라서 우리는 주변의 사회적인 세계 속에서 인간관계 및 타인과의 의사소통에 감정이 필수적이라는 것을 알며, 감정을 자각하는 것이 아이와 관련하여 일어나는 일에 우리가 더 반영적이 되도록 도울 수 있다는 것을 깨닫는다. 당신의 지도에서 이를 인지하는 것이 반영적인 양육에 어떻게 적용되고 자신을 자각하도록 도울 수 있을까? 그리고 어떻게 아이와의 관계가 나아지도록 도움을 줄까? 감정에 대해 생각하는 것이 도움이 되는 다음의 예시를 살펴보자.

춥고 습한 토요일 오후였다. 존은 집에서 아이들을 돌보고 있었다. 존은 저녁에 친구들을 보려고 했지만 친구들이 약속을 취소했다. 대신 아내 리사가 친구들을 만나러 나갔다. 그동안에 아이들은 존에게 들러붙어 떨어지지 않거나 버릇없이 반항해 존의 신경을 한껏 긁었다. 어느 순간 존의 4살 된 딸 엘라가 눈물을 머금고 존을 바라보면서 "아빠는 오늘 나랑 놀고 싶지 않아"라고 말했다. 존은 딸의 기분을 안 좋게 만든 것에 미안했고, 자신이 왜 아이들과 놀아주지 않았는지 궁금했다. 존은 자신이 지루함을 느끼고 짜증나 있었음을 인식했다. 친구들을 만나 놀지 못한다는 것에 화나며, 나가 놀 것이라 기대했으나 실상은 집에서 아이들과 있어 화가 났다는 것을 점차 이해했다. 자신의 감정을 깨닫기 시작하면서, 특히 아이들의 행동에 좌절감을 느꼈음을 알기 시작하면서, 존은 자신이 아이들에게 어떻게 행동했는지를 크게 깨달았다. 존의 마음 상태와 이런 마음 상태가 존 자신에게 어떤 영향을 미쳤는지를 자각하자 존은 자신이 아이들에게 어떻게 영향을 주었는지를 자각할 수 있었다. 죄책감이 존의 마음에 찾아왔다. 존은 아이들에게 너희끼리 잘 놀라고 말하고 있었고 아이들이 그렇게 안 하겠다고 하자 좌절했다. 왜 이렇게 되었을까 궁금해하면서 존은 자신에 대해 생각하고 자신의 행동을 바꾸어야겠다고 생각하기 시작했다.

앞의 예시에서 제시한 마지막 부분이 첫 번째로 고려해야 하는 가장 중요한 부분이다. 존은 아이들이 왜 버릇없이 구는지 궁금해지기 시작했고, 좌절하고 실망한 자신의 감정과 연결 지어 보았다. 우리는 자신에게 호기심을 가지는 중요한 첫걸음을 일상에서 종종 놓치거나 잃어버린다. 당신이 어떻게 느끼는지에 관심을 갖는 것은 반영적인 양육에서 중요하다. 이를 통해 자신의 감정 상태가 아이들에게 어떻게 영향을 주는지 이해할 수 있고, 또한 스스로 더 반성할 수 있으며 당신의 감정과 당신 세계에서 무슨 일이 일어나는지를 함께 연결할 수 있기 때문이다. 가장 중요한 것은 아이들이 받는 메시지이며, 우리가 준다고 여기는 메시지가 아니다.[1] 따라서 우리가 어떻게 하려고 '의도'했는지와 우리가 실제로 어떻게 했는지 사이에 존재하는 차이를 이해하는 것이 아이들이 부모를 어떻게 인식하는지를 이해하는 데 매우 중요하다. 자신에게 호기심을 갖고 어떤 것이 당신에게 부정적인 감정을 느끼도록 하는지를 이해한다면 앞으로 아이와 상호작용하는 데 도움이 될 것이다.

아이에게 강하게 쏘아붙인 적이 있는가? 그리고 이후에, 이 일이 아이가 어떤 행동을 했기 때문이 아니라 당신에게 일어난 다른 일 때문에 화가 난 탓임을 알게 된 적이 있는가?

    자신에 대한 호기심의 첫 단계로 당신의 감정에 관심을 가지고, 그다음에 아이와의 상호작용에서 보이는 당신의 정서적인 '어조(tone)'를 관찰하는 것이 포함된다. 그리고 아이의 세계에 대해 호기심을 갖기 시작하면, 당신은 아이가 특정한 방식으로 행동하는 이유를 다른 각도에서 생각하는 능력을 키우기 시작할 것이다—단순히 알아차릴 뿐만 아니라 아이의 행동을 해석하기 시작할 것이다. 만약 당신의 정서 상태를 점차 더 자각할 수 있으면, 아이의 행동에 덜 충동적으로 반응하게 되는데, 이는 아주 좋은 일이다. 다시 예시로 돌아가자.

    존은 자신이 처음에 아이들의 행동을 징징거리고 들러붙고 저항한다고 해석했음을 깨달았다. 엘라가 우는 반응을 본 뒤에 존은 아이들이 자신에게서 무시당한다고 느꼈기 때문에 버릇없이 굴었다는 것을 알았다. 아이들은 아마 아빠가 자신들에게 관심이 없고 환영받지 못한다고 느꼈을 것이고, 아마도 버릇없이 구는 행동은 자신들에게 주목해 주고 놀아달라는 표현 방식이었을 것이라고 존은 생각하기 시작했다. 자신의 마음 상태를 이해하기 시작하면서 존은 자신의 기분이 아이들에게 영향을 미치고 아이들이 자신과 시간을 보내고 싶어 한다는 것을 알아차리게 되었다. 존은 이제 아이들과 연결되고, 아이들을 이해하고 함께 더 좋은 시간을 보내는 방법을 찾게 되었다.

아이의 마음속에 무슨 일이 일어나는지 이해하려는 노력은 당신의 마음속에서 무슨 일이 일어나는지 이해하려는 시도에서부터 시작된다. 마음의 끈을 놓을 때 당신은 때로 아이의 속마음 이야기를 듣기 더 어려울 것이다. 따라서 반영적인 양육은, 당신이 어떻게 느끼는지 그리고 당신 마음속에서 무슨 일이 일어나는지를 생각하며 당신의 마음속에서 자각을 하고 공간을 창조하라고 격려한다. 반영적이 되는 것은 당신 마음에 주목하여 현재 어떻게 생각하고 느끼고 있는지가 얼마나 중요한지를 알게 도우며, 이를 통해 아이 마음속에서 무슨 일이 일어나는지 생각할 수 있는 마음의 공간을 창조하게 만든다. 이렇게 되면 당신은 지금까지와는 다른 방식으로, 예를 들어 더욱 사려 깊은 방식으로 아이와 상호작용하기 시작한다. 다르게 상호작용하기 시작할 때, 아이가 어떻게 행동하는지에 대해 느끼는 것뿐만이 아니라 아이와 서로에 대해 느끼는 것도 의미 있게 변화됨을 알게 된다. 그러나 이런 새로운 방식에 적응하는 것은 쉽지 않아 연습이 필요하다. 따라서 처음부터 자연스럽게 되지 않는다고 해서 너무 걱정하지 마라. 자주 지속적으로 연습하는 것이 부모로서 아이와 상호작용하여 이야기를 만드는 데 도움이 된다.

두 번째 고려할 점: 과거 경험과 관계
우리는 공통적으로 우리 부모들이 우리에게 한 것을 기준으로, 현재 느끼고 행하는 것에 대해 부모를 탓하기도 하고 때로는 존경을 표하기

당신이 구성하는 부모 지도는 당신이 어떻게 양육되었는지를 반영하고 있다.

도 한다. "그 사람은 딱 자기 아버지 같아"라는 말은 그 속에 악의가 없을지도 모르지만 우리가 이전 세대의 영향을 생각해 보는 경향이 있다는 증거다. 분명히 이런 초기 관계는 우리의 안정감과 성격 및 발달에 커다란 영향을 준다. 심리학에서는 초기 아동 경험이 현재 우리의 감정에 미치는 영향력과, 우리의 정서를 다스리며 건강한 관계를 즐기는 능력에 미치는 영향력을 책 한 권의 주제로 다루기도 한다. 그러나 우리는 이 책에서 그 내용을 모두 다룰 수는 없다. 우리가 당신에게 바라는 것은 당신 자신과 정서를 알아차리는 것과 관련하여, 과거 경험이 현재의 정서와 혹은 아이와의 일상적인 상호작용에 미치는 영향력을 생각해 보라는 것이다. 과거 인간관계에서 생겨난 목소리는 우리를 제자리에 멈춰 세우고 우리 부모가 행동한 방식과 똑같거나 혹은 정반대로 행동하게 할 수도 있으며, 도움이 되고 친숙한 기억에 미소 짓게 만들 수도 있다. 부모로서 당신의 반응이 어떻든, 당신의 부모나 당신을 돌보왔던 사람에 대한 각인은 머릿속에 남아 그 경험의 특성에 의존하게 만든다. 다만, 우리 몇몇은 초기 경험에 굉장히 빠져 있다고 느낄 수도 있지만 또한 자신들의 과거에서 떨어져 있을 수도 있다. 확실한 것은 자신의 과거 영향을 다루는 방법이 아이와의 관계를 다루는 데 훨씬 더 중요할 수 있다는 것이다. 이런 영향을 깨닫고 당신의 현재 감정 상태의 중요성을 알게 되면 아이와 상호작용을 하는 데 굉장히 많은 도움을 얻을 수 있다.

우리는 어떤 것을 말하고 행동하고 있는 자신의 모습에서 나를 키운 어머니나 아버지의 흔적 혹은 메아리를 들을 때가 있다. 우리는 우리 부모에게서 작은 버릇들을 물려받았다. 어떤 엄마는 열쇠를 찾으려고 종이쪽지와 립스틱, 휴대폰 등이 뒤섞여 있는 핸드백을 샅샅이 뒤질 때, 과거 건망증이 있는 친정엄마가 가게에서 지갑을 찾는 모습을 다소 어색하게 지켜보며 난처함을 느꼈던 기억을 떠올렸다. 떠오른 기억은 굉장히 평이하지만, 어쩐지 무의식적으로 '물려받은' 행동을 하는 자기 자신에 대해 강렬한 감정을 느꼈다. 아이가 자신을 쿡 찌르면서 "엄마, 서둘러요!"라고 말할 때 특히 더 그랬다. 친정엄마가 엄마인 나에게, 그리고 내 아이에게까지 영향을 미치고 있다고 생각하면 난감해진다.

우리 대부분은 생애 초기에 충분히 좋은 경험을 했고 이는 아이와의 관계에서 안정감을 전달해 줄 수 있다는 의미다. 중요한 점은 아기들이 원하는 것은 부모가 정서적 안정을 주는 것이다. 그리고 현재 부모가 그들의 욕구를 아는 것이다.[2] 우리는 아기들에게는 자신의 마음속에서 무엇이 일어나는지 인식하고 이에 대해 어떻게 느끼는지를 이해할 수 있도록 반응하며, 어떤 것을 생각하고 있는지를 반응해 줄 수 있는 부모가 정말로 필요하다는 것을 강조하고 싶다.

반영적 양육에 어떻게 적용되는가?

때때로 과거 부모와의 경험은 현재 내가 통제할 수 없는 행동 패턴을 하게 만든다. 부모가 되었을 때 당신은 어린 시절 경험에서 가져온 소유물들로 채워진 배낭을 자신이 메고 다니는 것을 발견할 수 있을 것이다—이는 여행을 떠날 때 내 것이 아닌 것 같고 또 그렇게 느껴지는, 다른 사람의 장비로 가득 찬 배낭을 들고 가는 것과 비슷하다. 그 배낭의 가장 밑바닥에서 당신은 유용한 무언가를 발견할 수도 있다. 또는 그 배낭은 매일 하루를 시작할 때 당신을 끌어내리는 것 같고 아이를 돌보아야 하는 책임감으로 인해 굉장히 무거운 것처럼 느껴질 수도 있다. 당신이 반영적인 부모가 되는 한 가지 방법은 아이와의 관계에서 당신이 살아온 삶이 어떤 영향을 미치는지를 이해하는 것이다. 그러나 이는 항상 편안한 경험은 아니다. 한 예시를 살펴보자.

캐런의 부모는 캐런이 기억하기 오래전부터 말싸움을 해왔다. 가족, 친구들과 함께하는 식사 시간은 부모님이 친구들을 앞에 두고 빈번하게 싸우면서 엉망이 되곤 했다. 캐런은 서로의 의견이 일치하지 않을 때 쉽게 갈등으로 악화될 수 있다는 것을 알게 되면서, 논쟁이 될 만한 주제는 어떠한 것이라도 피할 수 있기를 바라곤 했다. 캐런과 톰이 부모가 되었을 때, 그들은 아이들이 서로 의견이 일치하지 않을 때 얼마나 개입해야 하는지에 대해 생각이 자주 달랐는데, 캐런은 주로 아이들을 진정시키고 긴장을 재빨리 완화하기를 강하게 원한 반면에, 톰은 아이들이 자신들의 힘으로 이를 해결하는 방법을 배워야 한다고 생각했다.

앞의 예시에서 캐런은 의견이 서로 일치하지 않을 때 개입하고 싶지 않은 자신의 욕구가 무엇인지 그리고 무엇이 연결되어 있는지를 반영해 보기 시작할 것이다. 캐런이 자신의 어린 시절 경험과 현재 상황을 처리하는 방법 사이의 연결 고리를 이해한다면, 자신의 개입이 잘못된 것이 아니라 그 행동이 과거에서 비롯된 강렬한 감정이 일으킨 것임을 이해하고 알아차리는 데 도움이 될 것이다. 이렇게 되면 캐런은 자신의 불안한 감정이나 걱정들을 아이들과의 상호작용으로부터 더 잘 구분할 수 있을 것이다.

과거 경험이 현재 감정에 분명히 영향을 줄 수 있지만, 과거의 역사가 반드시 당신의 운명이 되는 것은 아니라는 사실을 알아야 한다. 당신이 부모가 되었을 때, '나는 우리 부모가 했던 것처럼 하지 않을 거야'라고 결심했을 수도 있다. 심지어 당신이 경험했던 것과는 다른 유대감과 관계를 당신의 아기와 형성하려고 적극적으로 노력했을 수 있다. 그러나 어떤 사람들에게는 이것이 쉽지 않다. 자신의 초기 경험이 이상적이지 않다면, 당신은 어떻게 아기가 요구하는 모든 음식과 안락함, 관심, 사랑, 상호관계 등에 온 마음을 다해 노력을 기울이겠는가? 혹은 어린아이의 욕구가 너무 많다고 느껴지거나, 필요로 하는 모든 것을 줄 준비가 되어 있지 않다면 어떻게 할 것인가? 스스로에 대해 자기반성을 하며 부모가 되는 지도를 완성해 가는 것은 현재 관계에 강력하게 영향을 미치고 과거에서 비롯된 부정적인 경험의 영향을 막는 데 도움이 될 수 있다. 다소 이상하고 믿기 힘들겠지만, 이는 자신에 대해 생각하면서 의미 있는 변화를 발견하는 적극적인 과정이다. 당신의 반응, 감정, 기억 및 과거 관계의 영향을 연결 짓는 것 그리고 이것들이 어떻게 행동과 상호작용 패턴에 영향을 주는지를 알아보는 것이 아이와의 상호작용에 영향을 주는 과거의 부정적인 경험을 막을 수 있다. 알아차리는 것, 곧 자각이 가장 중요한 단계다. 우리는 때로 좋아하지 않는 행동 패턴에 빠지는 자신을 발견하는데 이는 과거 경험 때문이기도 하다—그러나 이는 대부분의 사람이 보이는 행동이므로 이를 두고 자신을 비난할 필요는 없다.

세 번째 고려할 점: 현재의 영향

과거 관계가 당신의 마음 상태에 영향을 줄 수 있듯이 현재 관계와 믿음, 상황들 또한 당신의 마음 상태에 중요한 영향을 미칠 수 있다. 우리 모두, 아이와는 관계없이 개인적인 욕구가 있다. 누군가가 우리를 지지해 주고 공감해 주고 경청해 주길 원하며, 이를 현재 관계(예를 들어 배우자와 친구들)에서 얻을 수 있으면 아이와 당신의 관계에 정말로 도움이 된다. 이런 것을 반드시 배우자에게서 얻을 필요는 없다. 아이를 기르는 친한 친구에게서 얻을 수도 있다. 예를 들어, 당신의 욕구를 이해하고 감정을 공감하고 인정해 주는 배우자, 친구 혹은 친척과의 지지적인 관계는 당신을 차분하고 안정되게 하며 당신의 현재 마음 상태에 긍정적인 영향을 준다. 다른 사람을 돕기 위해서는 당신 자신을 먼저 돌볼 필요가 있다. 이는 비행기 안에서 긴급 상황이 발생해 산소마스크가 내려오는 상황과 비슷하다—이때는 당신이 먼저 마스크를 써야 아이가 마스크를 쓸 수 있도록 도울 수 있다. 얼마나 많은 부모가 실제 상황에서 마스크를 먼저 쓸지 의문이지만 여기서 주는 메시지는 명확하다. 당신의 현재 관계가 아이를 잘 돌볼 수 있게 한다는 점이다.

이와는 다르게 당신을 깎아내리고 비난하는 관계에서는 무가치함과 분노, 무력감으로 인해 긴장감을 느끼기 쉽다. 물론 배우자의 비난뿐만이 아니다. 때로는 친구나 직장 동료, 가족과 친지들에게서도 힘든 느낌으로 인해 화가 나기도 할 것이다. 부모가 되는 지도에서 세 번째로 고려할 점은 당신이 맺고 있는 현재 관계에서 당신에게 영향을 주는 감정이다. 부정적인 정서들은 강렬하면서도 자신과 타인 모두에 대해 명료하게 생각하는 것을 방해할 수 있으며, 당신이 생각하고 느끼는 방식에 많은 영향을 끼칠 수 있다.

부모 지도에서 현재의 관계들을 생각해 보는 것이 가장 중요한 열쇠는 아닐 수 있다. 많은 이들에게 종교적이거나 문화적인 믿음 또한 자녀 양육에 지대한 영향을 주고 있을 수도 있다. 강조하고 싶은 것은, 자신을 충분히 잘 이해해 부모로서 정체성을 형성하는 데 지금 현재 당신을 둘러싼 영향들을 알아차리는 것이다. 사회적인 기대와 문화적인 규범에도 우리는 많은 영향을 받는다. 예를 들어, 최근에는 자녀 양육에서 엄마의 책임뿐만 아니라 아빠의 능동적인 역할을 중요시하고 있다. 육아 및 먹이는 것까지 포함해서 말이다. 이런 종류의 사회적인 기대는 당신의 양육 방식과 맞을 수도 있고 맞지 않을 수도 있다. 현재 당신에게 영향을 미치는 현재 관계들뿐만 아니라 사회적인 기대들 또한 살펴보는 것이 중요하다.

반영적 양육에 어떻게 적용되는가?

내가 어떻게 느끼는지를 이해해 주는 사람과 함께 있을 때, 당신은 자신의 감정을 쉽게 자각할 수 있다. 돌이켜 생각해 볼 수 있는 시간과 공간을 제공해 주는 사람과 관계를 맺거나 자기 자신에게 반성할 시간과 공간을 주는 것은 스스로 느끼고 생각하는 것을 자각할 수 있도록 도와준다. 반면, 자신의 강렬한 감정을 당신과 있는 상황에 가져오거나 당신에게 단순히 요구하는 사람들이 있는데, 그들과 있으면 당신의 현재 생각과 감정을 깨닫기가 어렵다. 당신의 종교적 믿음, 오늘날의 양육에 대한 사회적 기대, 사회문화적인 환경에 대한 인식 등 당신의 현재 삶에 미치는 영향을 알아차리는 것은 부모 지도에서 반영적 양육에 긍정적인 영향을 미칠 수 있다. 당신 자신을 살펴보는 것, 그리고 자신에게 영향을 미친 과거와 현재 관계, 사회문화적 영향에 주의를 기울이는 것이 당신의 양육에 대한 자각을 높이는 데 도움을 줄 수 있다.

과정

지금까지 지각하고 주의를 기울여야 할 정서적인 삶의 특징들을 살펴보았다. 어떻게 이들이 서로 잘 어울리도록 할 수 있을까? 당신은 자신에 대한 사고 과정이 정서와 생각 모두를 포함한다는 것을 알게 될 것이며, 이런 사고의 과정은 마음속에 있는 상황의 속도를 서서히 늦추면서 자신을 이해하도록 도울 것이다.

첫 번째로, 당신에게 어떤 특정한 강렬한 감정을 경험하도록 하는 촉발 요인에 대해 알아보자. 촉발 요인은 다양한 형태로 나타날 수 있으며, 다음과 같은 것을 포함할 수 있다.

1. 특정한 상황이나 상호작용
2. 특정한 때 나타나는 아이의 어조
3. 누군가가 전하는 말 한마디
4. 당신이 가진 생각
5. 강력한 믿음 체계

이런 촉발 요인들은 아이와의 일상적인 상황 속에서 나타나는 강렬한 정서적 반응에 대한 단서를 준다. 무엇이 부모인 나에게 정서를 촉발시키는지를 생각해 볼 때, 비슷한 경험들을 연결 지어서 반복되는 패턴을 발견할 수 있다. 촉발 요인을 규명해 내는 유용한 전략은 강렬한 감정을 일으킨 상황을 되돌아보고 무엇이 그런 감정을 불러일으켰는지 분석하는 것이다. 예를 들어 존의 예시로 돌아가 보자. 존은 친구들과 놀며 가족과 떨어져 있는 시간을 가질 수 없다고 느꼈을 때 아이들에게 퉁명스럽게 대했고 아이들의 욕구를 채워주고자 하는 마음이 적었다는 것을 자각했다. 존은 좌절감을 느꼈을 수 있으며, 아이들이 일부러 이것저것을 요구하며 자신을 귀찮게 한다고만 생각했다. 존의 촉발 요인은 친구로 인해 자신의 계획이 취소되어, 가족에게서 벗어나 자신만의 시간을 가질 수 없게 되었다는 점이었다.

존은 이를 자각하면서, 자신의 굴레에서 한 발자국 떨어져 나와 새로운 이해와 의미를 얻을 수 있었다. 존은 내적으로 다음과 같은 새로운 대화를 할 수 있다. '친구들에게서 떨어져 고립되었다고 느낄 때 나는 집에서 쉽게 좌절감을 느낄 수 있고, 아이들이 무언가를 요구할 때 종종 억지를 부린다고 느껴.' 다음번에 이런 일이 일어나면, 존은 아이들의 행동이 문제를 일으킨다고 보는 것이 아니라 자신의 감정이 아이들의 행동을 어떻게 생각하는지에 강력한 영향을 끼친다고 생각할 수 있다. 존은 이후 상호작용에서도 이를 기억할 수 있고, 그때 아이들의 행동이 진정으로 의미하는 바를 '아빠, 우리한테 관심 좀 가져줘요'라고 해석할 수 있을 것이다. 존은 앞으로도 친구들과의 관계에서 실망할 수 있기에, 이렇게 자신의 반응을 바로 바꾸는 것은 굉장히 어려울 수 있다. 그러나 이런 촉발 요인을 알아차리게 되면 특정한 상황과 시점에서 어떻게 느낄지를 예측하는 것은 훨씬 더 쉬워질 것이다. 어느 시점에서 존은 감정을 느끼는 시간 동안 '오, 안 돼, 또 그랬네. 내 실망을 아이들에게 퍼부었어'라고 생각할 것이며, 이는 아이들에게 영향을 주기 전에 자신에게 더 도움이 될 수 있는 마음 상태로 옮겨가게 할 것이다. 이런 촉발 요인은 존의 부모 지도의 일부가 되며, 아이들과의 훗날 시간을 위해 기억해야 할 것들이다.

강렬한 감정을 느낄 때 '이런 기분은 무엇 때문이지?'라고 스스로에게 물어보라.

당신이 어떤 상황에서 자신의 감정을 되돌아볼 수 있으면 앞으로는 이에 대해 더 잘 생각해 볼 수 있을 것이다. 따라서 '어떤 상황이 이런 어려운 감정들을 불러일으켰을까?'와 같은 질문을 스스로에게 해보는 것이 도움이 될 수 있다. 특히 자신이 다루기 어렵다고 느꼈던 때를 생각해 보는 것이 매우 유용하다. 한 엄마의 이야기를 살펴보고 이것이 어떻게 도움이 되는지 생각해 보자.

리사는 지난주에 아들 찰리(6살)가 신발 신기를 거부했을 때 점점 화가 나 결국 찰리에게 심하게 소리를 질렀다. 리사가 느끼기에 이런 모습은 평소 자신의 모습이 아니었고, 리사는 이 일에 대해 죄책감을 느끼고 기분이 매우 나빠져서 무엇이 자신을 그렇게까지 만들었는지 생각해 보기로 했다. 리사는 찰리가 왜 비협조적으로 행동했는지 생각하면서 그 일이 일어난 상황과 그때 자신의 감정과 생각 모두에 집중했다.

리사는 아이의 등교 준비를 시키면서 자신이 평소답지 않게 늦었다는 것을 기억했고, 굉장히 성급해져 정신을 못 차리고 허둥댔다. 정시에 집을 나서고자 하는 그녀의 마음을 찰리가 헤아리지 못한다고 생각되자, 리사는 찰리가 의도적으로 자신을 짜증 나게 만들려고 늑장을 부리고 있다고 믿었다.

당신에게 있는 촉발 요인들을 생각해 볼 때, 그 촉발 요인 뒤에 있는 당신의 반응과 의미에 대해 생각해 보는 것이 중요하다. 예를 들어, 특정한 상황과 관련된 당신의 믿음은 무엇인지, 왜 이런 상황들이 당신에게 중요한지 같은 것 말이다. 앞의 예시에서 리사의 촉발 요인은 강력한 신념 체계였을 것이다. 리사는 시간을 지키는 것을 좋아했고, 그래서 아이가 학교에 늦는 것이 정말로 싫었다. 리사는 지각에 대해 불안함이 있음을 알아낼 수 있었다.

리사에게 있어 지각과 관련된 감정은 부모가 되는 지도에서 중요한 포인트가 된다. 리사가 생각할 수 있는 가장 명백한 것은 준비를 좀 더 빨리 시작하는 것이며, 예를 들어 집을 떠나기 25분 전부터 텔레비전을 끄고 아침 시간을 더 효과적으로 사용하도록 구조화하는 것이다. 리사는 그 상황을 찰리에게 설명한 다음에, 찰리가 스스로 빨리 준비할 수 있도록 몇 가지 선택사항으로 구체적인 칭찬과 학교 놀이터에서 5분 동안 함께 놀기 등과 같은 강화물을 생각했다.

어떤 감정들은 꽤 분명하지만, 다른 사람과의 관계에서 느끼는 정서는 이보다 복잡할 수 있다. 수많은 요인들이 우리가 특정한 순간에 다른 사람이나 여러 가지에 관해 어떻게 느끼는지에 영향을 줄 수 있다. 과거 및 현재 경험 모두가 어떻게 사람들의 감정, 사람과의 관계에 영향을 미치며, 또 얼마나 복잡해질 수 있는지 다음 시나리오에서 찾아보자.

캐런은 가족을 위해 일요일 점심을 준비하고 있었다. 캐런의 친정어머니는 그 주 내내 함께 지내고 있었고, 아이들은 캐런이 요리하는 동안 부엌을

왔다 갔다 하며, 간식을 먹어도 되는지, 캐런의 태블릿을 가지고 놀아도 되는지 물었다. 친정어머니도 여기에 보태, 언제쯤 점심을 먹을 수 있냐고 물었고, 자신은 소고기를 안 좋아하는데 지금 요리하고 있는 것이 소고기 아니냐고 물었다. 곧이어 아들 샘이 부엌으로 들어와, 배가 고프니 비스킷을 먹어도 되는지 물었다. 캐런은 갑자기 샘에게 소리를 질렀고, 모두 캐런의 화가 난 모습에 깜짝 놀라 행동을 멈췄다. 친정어머니는 "진정해 캐런, 그냥 비스킷이야!"라고 말했다.

무엇이 이런 감정들을 촉발시켰을까? 우리는 먼저 캐런이 바쁜 와중에 모든 사람의 욕구를 한 번에 충족시키려고 애를 썼다는 것과 친정어머니한테서 나무라는 소리를 들었다는 것을 알 수 있다. 그러나 여기서는 캐런의 과거와 현재 경험이 어우러져 자신이 알아차릴 수 있는 수준을 넘어 상호작용해 영향을 주고 있다. 캐런의 감정을 촉발한 진짜 요인은 캐런이 요리하고 있는 소고기를 어머니가 싫어한다고 한 이야기라고 할 수 있다. 만약 캐런이 어머니와 자신의 관계에 대한 감정을 곰곰이 살펴본다면, 과거에 자신이 원했던 것보다 어머니를 더 돌보아야 한다는 것과, 어머니의 요구를 충족시키지 못할 뿐 아니라 심지어 어머니를 실망시킬 수 있다는 불안 섞인 어머니의 비판을 그녀가 느꼈다는 것을 아마 알 수 있을 것이다. 캐런은 점차 자신이 항상 어머니의 감정을 먼저 배려해 왔다는 것을 알아차리기 시작했다. 어머니에 대한 감정은 캐런의 생각과 감정을 방해해 왔다. 자신이 다른 사람의 욕구를 충족시켜 주는 책임을 홀로 지닌 사람이라는 현재의 기분과 합쳐져서, 비스킷을 먹어도 되냐는 아들의 질문은 캐런이 소리를 지르게 되는 결정타가 되었다. 캐런이 이런 상황을 다른 방식으로 다루려면 어떻게 행동해야 할까? 그리고 어떻게 캐런은 자신의 마음을 조금 더 알아차리는 첫걸음을 내딛을 수 있을까?

먼저, 캐런이 이런 상호작용에서 한 발자국 물러나 자신에 대해 살펴 보면서 부모 지도를 개발하는 것이 중요하다. 이는 캐런이 자신의 마음 상태와 더불어 자신의 행동 패턴을 인식하는 데 도움이 될 것이다. 예를 들어, 친정어머니가 자신을 비판할 때마다 자신 역시 다른 사람을 비난하는지 돌아보는 것이다. 자신의 이런 경향을 인식하는 것은 캐런이 특정한 상황에서 아들에게 무슨 일이 일어나는지를 더 생각해 보도록 하거나 아들에게 차분히 응답할 수 있도록 도와줄 것이다. 비판이나 요구처럼 들리는 어머니의 반응은 그녀에게 매우 강렬한 감정을 촉발시키며, 캐런은 이를 조절할 필요가 있다는 것을 깨닫기 시작할 것이다. 캐런은 아이들의 작은 요구에도 굉장히 민감하게 반응하는 경향이 있으며, 이를 인지하는 것은 어머니에 대한 자신의 생각과 감정을 아이들에 대한 생각과 감정에서 구분하도록 돕는다. 샘이 비스킷을 먹어도 되는지 물었을 때 대답은 여전히 "아니야, 저녁 전에 비스킷을 먹을 수 없어"이겠지만, 이를 더 침착하게 전달하는 태도를 보이게 되면 상황이 불필요하게 악화되지 않을 것이다.

다른 시나리오를 통해 레이철과 아이의 관계를 살펴보자.

레이철은 친구 관계에서 단절된 느낌을 받아왔고 아이들 외에 다른 공간을 찾으려고 애쓰고 있으며, 한편으로 재정 상태에 대한 걱정과 맷과의 힘든 이별 때문에 스트레스가 있다. 레이철은 친구인 스텔라가 집에 들러주기를 고대하고 있었다. 스텔라가 집에 온 날, 레이철은 아이들이 태블릿을 가지고 놀아도 좋겠다고 생각했고, 아이들이 자기들끼리 즐거워하며 사이좋게 잘 놀기 때문에 친구와 이야기하며 자신에게 꼭 필요했던 시간을 보내는 것이 행복했다. 비교적 최근에 사귄 스텔라는 레이철이 아이들과 여유로운 것처럼 자신도 편안해지는 게 소원이라고 말하고 있었고, 레이철은 정말 가치도 없는 조그만 일에 자신이 얼마나 스트레스를 받는지 이야기하고 있었다. 그때 7살 릴리가 리코더를 불며 방으로 들어왔고 레이철은 스텔라에게 말을 하려는 참이었기 때문에 어떤 면에서 굉장히 짜증이 났다. 릴리는 이런 행동을 계속했고, 레이철은 스텔라의 말을 제대로 들을 수 없자 화가 나서 릴리에게 릴리가 엄마를 화나게 만드는 것 같다고 말했다. 레이철은 릴리의 리코더를 빼앗아 릴리가 닿을 수 없는 오븐 위에 던져놓았다. 레이철은 잠시 자리를 떠났고, 릴리는 리코더를 찾기 위해 파스타와 처트니 소스가 들어 있는 유리병들과 레이철이 굉장히 비싸게 주고 산 새 조리기구(유리병도 있는)를 바닥으로 떨어뜨리며 번개처럼 재빠르게 조리대에 올라갔다. 모든 것이 박살 났고 아기인 잭과 스텔라의 아기 조는 부서진 유리가 깔린 바닥에 있게 되었다. 침묵이 돌았고, 레이철은 미안한 기색이 전혀 없는 릴리를 향해 소리를 질렀다. 레이철과 스텔라는 유리를 청소하고 바닥을 닦는 데 거의 한 시간이 걸렸고, 그리고 나서야 레이철은 릴리에게 자신이 왜 그렇게 화가 났는지 설명했다. 릴리의 행동이 레이철에게 있어 릴리가 좋아하는 장난감을 고장 내버린 것과 같으며, 그래서 화가 났다고 설명했다. 릴리는 굉장히 미안해했고 엄마에게 미안하다는 글을 남겼다. 그 후에 레이철은 자신에게 필요하고 고대하던 친구와 함께하는 시간을 빼앗겼다고 느껴 과도하게 반응한 것을 반성했으며, 자신이 평소보다 훨씬 더 강하게 반응했다는 것을 발견했다.

레이철에게 촉발 요인은 현재 상황에서 느끼는 강렬한 감정이었다—

여기에는 혼자 돌봐야 하는 아이 세 명과 함께 집에 처박혀 있는 자신의 신세와, 맷과 헤어진 것에 대한 스트레스 그리고 돈에 대한 걱정이 포함되어 있다. 레이철은 친구와 이야기하고 싶은 강한 욕구를 느꼈고, (아마) 원하는 만큼 주목받지 못한다는 것을 느꼈을지도 모르는 릴리가 사고 친 유리병을 치우느라 귀중한 시간을 허비했고, 레이철과 아이들 모두 기분이 나빠졌다. 레이철은 부모 지도를 구성하면서 현재의 스트레스가 평소보다 더 참을성 없게 만들었고, 아이들의 욕구에 과민하게 반응했다는 것을 알아내려고 노력했다. 레이철은 쌍둥이를 한 시간 정도 봐줄 수 있는지 다른 친구에게 물을 수도 있고, 아이들이 학교에 가 있는 동안 아기 잭과 함께 친구를 만날 수도 있었을 것이다. 이렇게 함으로써 레이철은 방해를 받지 않고 친구한테 말할 시간을 확보해서 자신의 욕구에 편안하게 집중할 수 있었을 것이다.

맷은 그레이스와 릴리를 방금 아이 엄마 집으로 돌려보낸 후, 그 아이들을 돌보면서 엄청나게 힘들었던 지난 일요일을 찬찬히 떠올려보았다. 맷은 아이들과 함께 있는 동안 내내 짜증이 났고 릴리를 거부했는데, 맷이 생각하기에 릴리는 자신에게 들러붙어 과도하게 이것저것을 요구하는 것 같았다. 아이들 도착 후 레이철이 전화해서 릴리가 열이 있고 아파 보인다면서 언짢아하며 화를 냈다.

릴리가 사실은 아팠다는 이야기를 들으면서 맷은 자신이 이를 알아차리지 못했고 자신의 위안과 돌봄이 필요했던 릴리를 더 이해해 주지 못한 것에 눈물이 났고 부모로서 부끄러움과 죄책감을 느꼈다. 맷은 어린 시절 부모님과 함께했던 기억이 떠올랐고, 특히 자신이 10살 때 학교를 마치고 집에 돌아왔던 때가 생각났다. 그때 맷은 울면서 아버지에게 자신이 학교에서 괴롭힘을 당하고 있다고 말했는데, 아버지는 오히려 화를 내며 나무라면서 "아기처럼 굴지 마"라고 말했다. 이때 맷은 이 기억을 처음으로 다른 각도에서 살펴보게 되었다—맷은 릴리가 오늘 그랬던 것처럼 자신도 위로를 받을 자격이 있었고 아버지의 위로와 사랑이 필요했지만 아버지는 이런 위로를 아들에게 해주는 것을 어려워했다는 것을 깨달았다. 맷은 자신이 양육받은 영향 때문에 부모 역할을 하는 것이 어렵다는 것을 알기 시작했다. 그리고 아이들이 자신이 경험했던 아버지보다 아이를 잘 돌보는 아버지를 경험할 수 있도록 아이들에게 자신이 받은 것과는 다른 것을 주도록 노력해 보기로 결심했다.

부모 지도를 구축하고 적용하는 것을 어렵게 하는 것은 무엇일까?

당신의 부모 지도와 관련하여 어떤 점이 중요할까를 생각하기 시작했으면 당신은 이미 반영적 양육을 시작한 것이다. 아이를 양육하는 방식에서 영향을 주는 모든 것을 생각해 보는 시간을 가지는 것은 아이와의 더 좋은 관계를 창조할 수 있도록 돕는 출발점이 된다. 시간과 노력은 들겠지만 말이다. 그러나 부모 지도를 개발하고 아이와의 관계에 적용하는 데에도 방해가 될 수 있는 장애물들이 있다.

피로

우리는 모두 하루 중에 가장 날카로워지는 시간이 있다. 어떤 사람에게는 아침 6시 30분이 그럴 수 있고, 누군가에게는 저녁 10시 30분일 수도 있다. 이렇게 피곤을 느끼는 시간은 다르지만 우리 모두에게 피로는 자신을 자각하는 수준에 영향을 미친다. 밤에 아기 때문에 한두 번 혹은 그 이상 깨는 것은 신체적으로 피곤할 뿐만 아니라 정신적으로도 피로감을 준다―엄마들이 종종 말하는 '아기 뇌(baby brain, 건망증)'는 문자 그대로 기억하고 생각하기 어려운 뇌에 대한 꽤 정확한 표현이다. 피로의 정도가 마음 상태를 자각하는 데 어떻게 영향을 끼치는지 알아차리는 것은 중요하다. 자신의 상태를 자각하는 것은 반영적이 되는 데 핵심적인 부분이며, 당신의 한계를 인식하도록 돕고 이런 힘겨운 시간에 자신에게 공감하도록 돕기 때문이다. 잠이 부족할 때 자신에 대한 자각은 부정확해지는 경향이 있으며, 반영적이지 않게 되기도 한다. 이럴 때는 좀 더 피로가 풀리기까지 기다리라. 그러고 나면 자신의 감정을 명료하게 생각해 보기 훨씬 더 쉬울 것이다. 만약 당신이 몇 달 동안 잠이 부족한 부모라면 하루 중에 당신의 감정을 반성해 볼 수 있는 시간을 만들려고 노력하고 이런 시간을 찾으라. 그리고 할 수 있다면 아기가 잠을 자는 동안에 낮잠을 자도록 시도해 보라. 이를 통해 더 피로를 풀고 자신에 대해 생각해 볼 수 있을 것이다. 한편, 아기와 동일하게 수면 패턴이 불규칙한 부모도 있을 수 있는데, 이미 아기와 이런 단계를 지나온 다른 부모들은 이를 공감하지 않을지도 모른다. 그러나 여기서 중요한 점은 아이와의 관계 속에서 그리고 다른 친밀한 관계 속에서 자신이 느끼는 피로의 영향을 살펴보는 것이다. 피로할 때 당신의 분위기나 어조가 피곤하기 때문이지, 아이를 향해 당신이 느끼는 애정의 정도가 반영된 것은 아니라고 말할 필요가 있다.

약물과 알코올

약물과 알코올을 과도하게 사용하는 것은 자기인식 수준을 방해하는데, 심지어 아주 소량의 약물과 알코올도 마음 상태를 자각하는 능력을 손상시킬 수 있다. 약물과 알코올을 남용하는 것이 자기인식 수준과 생각하는 능력 모두에 중대한 손상을 입힌다는 것을 이해한다면, 당신이 언제 어떻게 자신의 마음을 최고로 잘 알아차릴 수 있을지를 알 수 있다. 약물과 알코올은 종종 피로와 결부되기도 하며, 피로할 때 약물과 알코올을 복용하는 것은 반영적인 자기를 완전히 사라지게 하기도 한다.

신체적 건강

당신의 마음 상태와 몸의 상태는 명확하게 구분된다고 느껴질 수도 있다. 하지만 굉장히 독한 감기약을 먹었을 때 정서적으로 어떻게 느끼는지를 잠시 생각해 보라. 몸이 쑤시고 아파서 괴로워하고 있을 때 긍정적이고 행복한 생각을 하기란 쉽지 않다. 실제로 몸이 나아지는 것 말고는 다른 어떤 것도 생각하기 어려울 수 있다─그리고 특히 다른 사람의 입장이나 필요를 생각하기 힘들다. 더 심각한 고통과 만성적인 질병을 겪는 사람이 정서적인 상태를 생각하는 것은 힘들 것이다. 몸을 자각하는 것은 당신의 마음속 이야기를 살펴보는 데 중요한 부분이고 당신의 활력과 아이와의 관계에 쏟는 에너지 수준에 영향을 준다는 것을 이해하라.

정신건강

정신병리나 조현병 같은 심각한 건강 상태는 당사자와 그를 둘러싼 세계에 혼란을 일으키며 마음 상태에 중대한 영향을 준다. 그러나 불안이나 우울 같은 다른 정신건강 문제도 당신의 마음 상태를 형성하며, 당신이 특정한 렌즈를 통해 세상과 사람을 바라보도록 한다. 당신의 마음이 불안하고 우울하다면 당신의 감정이 세상을 바라보는 관점에 영향을 준다는 점을 기억하는 것이 필요하다. 그러면 당신이 어떻게 느끼는지를 인정하고, 우울하거나 불안해서 나타나는 현재 마음 상태로 인해 그런 일이 생겼다는 것을 이해하게 될 것이다. 심지어 지속되는 우울이 아니라 매일 기분이 처지는 느낌도 당신의 감정과 마음 상태를 돌아보는 능력에 영향을 미칠 수 있다. 물론, 건강한 기분이라면 당신의 마음 상태를 명확하고 솔직하게 반성하기가 훨씬 쉬울 것이다. 만약 당신이 겪고 있는 문제가 더 심각하다고 느껴진다면, 전문적인 도움을 구하는 것이 중요하다. 산소마스크 비유로 다시 돌아가서, 당신 스스로 충분히 건강하다고 느낄 때 아이의 마음속에서 무슨 일이 일어나는지 집중할 수가 있다. 따라서 당신이 겪고 있을지 모르는 정신건강 문제를 살펴보는 것은 당신과 아이 모두에게 도움이 될 것이다.

삶에서 경험하는 사건

사별, 출산, 이혼, 별거, 이사, 실업, 경제적 곤란, 빈곤, 적당치 않은 주거 환경과 같은 삶의 중대한 사건들 모두 우리의 정서적 건강을 방해하고 우리의 마음 상태에 심각한 영향을 준다. 이런 삶의 사건들 속에서 아이를 기르는 것은 의심할 여지없이 힘든 일이고, 이렇게 힘들다는 것을 인식하며 당신이 추가적인 중압감 속에 있다는 것을 수용하는 것이 중요하다. 삶의 중요한 사건들은 우울한 기분을 불러일으킬 수 있지만, 이런 기분은 견딜 수 있는 것이므로 그 존재를 인정해야 한다.[3] 이런 사건으로 인한 영향이나 아직까지 당신에게 미치고 있는 영향을 살펴보는 것은 사건으로 인한 당신의 감정과 생각을 변화시킬 수 있음을 받아들이는 것이기 때문에 중요하다. 이런 사건들이 당신과 아이의 관계 속에 주는 영향을 살펴보는 것도 마찬가지로 중요하다. 예를 들어 부모님을 잃었을 때, 당신은 매우 슬픈 감정이나 상실감을 아이들 앞에서 보일 것이다. 이는 지극히 정상적인 행동이며, 당신이 상실을 경험했기 때문에 슬프다는 것을 아이들이 알면, 아이들은 당신에게 관계가 중요하다는 것을 이해할 수 있을 것이다. 이는 아이들에게는 혼란을 훨씬 덜 일으킬 것이고 실제로 아이들의 정서 발달에 도움을 줄 것이다. 당신이 상실 경험과 맞지 않는 정서를 보여주기보다 이런 감정을 보일 수 있고 이를 받아들이려고 애쓴다는 것을 알게 되면 말이다.

•요약•
부모 지도

💙 부모 지도는 무엇일까?

부모 지도는 당신 자신에 대해 그리고 당신이 아이들을 양육하는 방법에 대해 반성해 보는 방식이다. 이는 현재의 감정, 과거의 경험, 믿음이나 관계같이 당신의 양육에 미치는 영향들을 자세히 그려보고 생각해 보도록 격려한다.

💙 부모 지도는 당신에게 도움을 준다

부모 지도는 아이와 관계 맺는 방식을 더 많이 알아차릴 수 있도록 돕는다. 이는 또한 당신의 감정과 아이의 감정의 차이를 더 잘 알아차리고 구분할 수 있도록 도와준다. 그리고 특정한 상황에서 도움이 되지 않을 수 있는 어떤 강렬한 감정을 느낄 때 그것을 알아차리도록 도와준다.

💙 부모 지도는 아이에게 도움을 준다

부모 지도는 스스로를 더 생각해 보게 하고 알아차리게 하여 당신이 맺는 관계가 더 안정될 수 있도록 하기 때문에 아이에게 도움을 준다. 아이는 더 체계적이고 사려 깊은 방식으로 자신을 돌보는 당신을 경험하게 된다.

💜 부모 지도는 관계에 도움을 준다

부모 지도는 과거와 현재를 연결하고, 아이와 상호작용하는 데 있어서 당신이 과거에 겪은 부정적인 경험이 많은 영향을 미치는 것을 막는 데 도움을 준다. 과거의 경험에서 오는 자동적인 반응을 줄이게 되면서 당신이 맺는 관계가 좋아진다.

💜 다음을 명심하라

1. 자신의 상태를 자각해야 하는 필요성에 대해 생각하라.
2. 당신의 생각, 감정 그리고 과거 경험의 영향 등, 양육에 영향을 미치는 것을 생각하라.
3. 강렬한 감정을 경험할 때 이를 자기반성의 촉발 요인으로 살펴보며, 아이를 기르는 데 어떤 영향을 주는지 연결 고리를 만들라.
4. 현재와 과거 경험이 연결된다고 생각되는 순간을 찾아보고 생각해 보라.
5. 지금 느끼고 생각하는 방식이 어떻게 만들어졌는지에 대한 당신의 이야기를 만들어보라.

   a. 지금 이 상황에서 당신이 보이는 감정 반응의 수준이 적절한가?

   b. 무엇이 당신의 반응에 영향을 미쳤는가?

   c. 이 상황에서 당신을 알고 있는 친구들은 당신을 어떻게 보겠는가?

   d. 이 상황에서 당신의 반응을 이전의 상황과 연결 지을 수 있는가?

6. '촉발 요인'을 알아차리는 것을 이후 상호작용에서 당신을 도와줄 지침으로 사용하라. 언제 어떻게 비슷한 감정과 생각이 올라오는지를 상상하고 예측하며 반성해 보라.

03

자신의 감정 조절하기

레이철은 소파에 앉아 골똘히 생각하면서 친구에게 문자를 보내고 있었다. 레이철은 7살 쌍둥이 딸들이 싸우는 것을 별것 아니라 인식하면서, 늘 하던 대로 그레이스에게 "언니 좀 그만 괴롭혀"라고 말했다. 사실은 아이의 머리를 장난감으로 때린 건 언니였는데, 엄마가 이를 보지 못해서 그레이스는 부당하게 혼난 기분을 느끼며 서럽게 엉엉 울면서 2층으로 올라갔다.

그레이스는 다시 내려와 언니를 계속해서 괴롭혔고, 이를 지켜보던 레이철은 화가 더 났다. 레이철은 갑자기 일어나 싸움의 원인이었던 장난감을 그레이스 손에서 잡아챘고 "이 장난감 갖다 버린다. 착하게 놀지 않으면 앞으로 아예 놀지도 못할 거야!"라고 말했다.

이제 당신의 지도에서 아이를 기르면서 느끼는 감정의 종류에 대해 더 많이 살펴보기를 권한다. 무엇이 당신에게 특정한 감정을 느끼도록 촉발하고 특정한 방식으로 행동하도록 하는지를 아는 것이 정말로 중요하다. 다음으로 우리는 자신의 감정을 아는 것이 아이와의 상호작용에서 당신의 감정을 어떻게 조절해 주어 반응하도록 하는지 이야기하려고 한다. 앞의 예시에서 레이철은 자신을 화나게 만든 모든 것들에 대해 그리고 아이들에게 어떤 일이 일어났는지에 대해 생각해 볼 수 있었다. 더 나아가 레이철은 이런 피곤한 상호작용에 변화를 주기 위해 자신의 짜증을 어떻게 조절할지 생각해 볼 필요가 있다.

감정온도계

"쇠가 달았을 때 두들겨라"+라는 서양 속담은 기회가 왔을 때 단호하게 행동하고 기회를 잡으라는 의미다. 그러나 감정과 관련해서는 좋은 조언이 아니다. 특히 아이들에게 반응할 때는 우리의 기분이 차분하게 가라앉을 때까지 기다리는 것이 낫다—쇠가 뜨거울 때보다 따뜻할 때 두들기는 것이 좋다. 자신의 감정을 조절하는 첫 번째 방법은 언제가 행동하기 가장 좋을 때인지, 언제가 기다리는 게 더 나을 때인지 측정하는 감정온도계를 사용하는 것이다. 우리 대부분은 감정온도계가 끓고 있을 때 갑작스럽게 행동하는 경향이 있다. 이 온도계를 도움이 되는 방식으로 사용할 수 있는지에 대해 알아봄으로써 당신과 아이 사이에 일어난 상황이 감당할 수 없는 수준으로 악화되지 않게 해보자.

온도 변화에 따라 온도계 빨간 기둥이 오르락내리락한다고 상상해보자. 대신 이 온도계는 온도가 아닌, 당신이 정서를 각성하는 정도를

+ "쇠뿔도 단김에 빼라"와 같은 뜻의 서양 속담이다. ─ 옮긴이 주

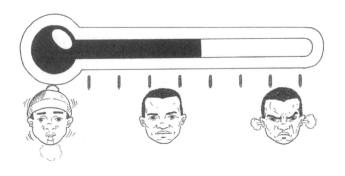

측정한다. 당신이 감정을 얼마나 격렬하게 느끼는지를 측정하는 것이다. 이 온도계에는 '이상적'인 범위가 있으며, 이 범위에서 아이와 상호작용할 때 당신은 자신의 감정을 더 건설적이고 유익한 방식으로 사용할 수 있다. 만약 온도계가 너무 차갑다면 정서적인 강도가 적거나 없다는 것을 가리키며, 이는 곧 자신이 어떻게 느끼는지를 알아내고 자신의 마음에 접촉하여 자신이 경험하는 것을 알아차리기 어렵다는 의미다. 당신의 감정을 인식하지 못한다면 아이와 의미 있는 방식으로 연결되는 것이 점차 어려워질 것이다. 감정온도계가 너무 뜨겁다는 것은 정서적으로 심한 각성 상태임을 가리키며, 이는 레이철의 사례에서 보았듯이 쉽게 감정에 압도될 수 있고 더 충동적으로 행동하게 될 경향이 있다는 의미다.

'따뜻한' 정서의 범위에 있다는 것은 당신이 마음에서 무엇이 일어나는지 알아차릴 수 있음을 의미한다. 그렇게 되면 당신이 아이에게 더 수용적이므로 이상적이다. 그러나 당신은 어떻게 이 범위를 계속 유지할 수 있을까? 이 장에서는 당신의 감정온도계 수준을 변화시키고, 아이와 원활하게 상호작용하고 아이를 이해하도록 이끄는 전략들을 살펴볼 것이다. 우리는 당신이 반영적인 반응을 할 수 있도록 감정온도계를 유지하도록 도울 것이다. 아이와 상호작용하면서 다음 전략들을 사용해 보라.

1. 감정을 인식하고 명명하기―온도계에서 당신은 어디에 있는가?

가장 명확한 것부터 시작해 보자. 지금 당신은 기분이 어떤가? 대부분 우리는 많은 시간 동안 우리가 경험하는 감정들을 알지 못한 채 지낸다. 사실상 모든 일이 순조롭다면 정확히 우리가 무엇을 느끼고 생각하는지에 대한 자각 없이 살아갈 수 있다. 그러나 만약 당신의 양육 방법에서 변화를 조금 주고 싶다면, 한 걸음 물러서서 당신이 어떻게 느끼고 있는지 의식적으로 생각하는 것이 중요하다. 이렇게 함으로써 당신은 이런 자각을 새로운 반영적인 양육 방법에 도입할 수 있다. 이를 매 순간 할 필요는 없다―그러면 어색해 보이고 약간 부자연스러워 보인다. 그러나 이는 도움이 되는 첫 번째 변화이며, 아이의 마음에서 일어나는 것과 당신의 마음에서 일어나는 것을 구분할 수 있도록 도와준다. 처음의 예시에서 레이첼은 자신이 느낀 짜증의 수준을 알아차리기 시작할 수 있을 것이고, 이것은 아마도 친구에게서 받은 문자 메시지와 관련이 있거나 이 사건 전의 일과 관련이 있을 것이다. 이런 감정을 알아차리고, 이를 자신의 것이라고 인정하는 것이 첫 번째 중요한 단계다.

'지금 내가 무엇을 느끼지?' 내부가 아닌 외부에서 객관적으로 자신을 살펴보면서 이런 질문을 하는 당신을 상상해 보라.

비록 우리는 매 순간마다 어떻게 느끼는지를 알지 못할지라도, 자신에게 주의를 집중해야 하는 일들이 벌어질 때 자신의 생각과 감정을 돌아보아야 한다. 다음의 예시를 살펴보자.

당신의 마음속에서 무슨 일이 일어나는지를 반영하는 것이 매우 중요하다.

캐런은 어느 날 출근길에 아무 생각 없이 라디오에서 흘러나오는 음악을 들으며 운전을 하고 있었는데 갑자기 차 바로 앞으로 목줄이 없는 강아지가 뛰어들었다. 캐런은 백미러를 보지 않고 급브레이크를 밟았고, 버스 정류장에 서 있던 사람들이 모두 그녀를 보고 있다는 것을 알아차렸다. 이들은 아마 급제동 소리와 (그녀가 가까스로 피한) 자유롭게 돌아다니는 개를 보고 놀랐을 것이다. 캐런의 심장은 요동치기 시작했고, 다소 분노를 느꼈다. 그 개나 개가 그렇게 돌아다니도록 잃어버린 주인에 대해서가 아니라, 자신이 누군가를 다치게 할 수 있었으며 아마 자기 자신이 다쳤을 수도 있었다는 생각에 화가 났다. 이런 감정은 매우 강렬했지만 짧아서 캐런은 이를 알아차리지는 못했다. 그만 흥분해서 캐런은 자신이 하고 있던 일의 결과나 주위에서 무슨 일이 일어날 수 있을지에 대해 (적어도 반영적이지는 않더라도) 생각할 수가 없었다. 우리는 이 상황에서 캐런이 정서적인 각성 수준이 높았기 때문에 다른 것들을 생각하지 못했다고 말할 수 있다.

때로 캐런의 예시와 같이 강렬한 감정이 일어날 수밖에 없는 상황에서 우리는 아이의 마음속에서 무슨 일이 일어나는지를 잘 생각하지 못하게 된다. 앞의 시나리오에서, 캐런은 아이 셋을 데리고 탔는데, 샘은 숙제가 너무 많다면서 이제는 숙제에 질렸다고 이야기하고 있고, 매디는 몰리가 차에서 나쁜 짓을 한다고 불평하고 있었다는 것을 상상해 보면, 캐런이 아이들이 무슨 생각을 하고 어떤 감정을 느끼는지를 살펴보기 어려울 것임을 이해할 수 있다. 이때 이런 강한 감정의 수위가 다른 사람의 마음에 대해 생각하는 캐런의 능력에 미치는 영향을 알아보기 위해 감정온도계를 사용할 수 있다. 감정온도계는 캐런이 아이들의 생각과 감정을 알아차리려고 노력하면서 아이들과의 관계에서 일어날 수 있는 갈등을 막는 데 도움이 될 것이다.

우리가 한번 생각과 감정을 인식하기 시작하면, 생각과 감정은 날마다 그리고 상황에 따라 필연적으로 달라지기 때문에 자신의 생각과 감정들을 자각하면서 반영적인 부모가 되도록 우리의 능력을 개발할 수 있다. 예시처럼 정서적 각성이 너무 심해서 당신의 감정을 인정할 수밖에 없는 것처럼 자신이 어떻게 느끼는지를 알 수밖에 없는 때도 있다. 그러나 강렬한 정서 상태가 아닌 나머지 시간 동안 자신의 감정을 인식하는 수준은 모두 다르다.

이는 당신의 감정이 어디에서부터 오는지 혹은 감정이 어떤 상황에서 어떻게 영향을 미칠 수 있는지 알지 못할 수도 있음을 의미한다. 자신이 느끼는 것을 명명할 수 있을수록, 당신은 의식 수준에서 감정을 인식할 수 있으며, 필요하다면 감정을 누그러뜨릴 수 있을 것이다. 때로는 단순히 감정을 명명하는 행동 자체로도 감정의 강도를 완화할 수 있다. 일이 끝난 후, 놀이방에 있는 딸을 데리러 가는 리사의 예시를 보자.

리사는 시내에서 떨어진 간선도로의 극심한 교통 체증을 겪지 않고 딸 엘라를 정시에 데리러 갈 수 있을지 골몰하면서 직장에서 급히 나와 차를 탔다. 리사가 주차 공간에서 방향을 확 틀었을 때, 주차장에 있던 회사 동료를 칠 뻔했다. 뒤따라오던 자동차의 경적 소리에 리사는 정신이 번쩍 들었고 무슨 일이 일어나고 있는지를 급히 생각해 보았다. 리사는 '나는 지금 스트레스를 받고 있고, 차분한 상태가 아니야'라고 간신히 생각했다. 그런 다음 리사는 자신이 스트레스를 덜 느끼도록 하는 말을 자신에게 할 수 있었다. "놀이방에 더 빨리 가는 방법은 없어. 사고를 당하고 싶지 않아"라는 말이었다.

리사는 자신이 어떻게 느끼는지를 알아차리면서 자신의 감정에 대한 이유를 설명할 수 있었고 그다음에 감정온도계를 낮출 수 있었다. 한번 자신이 어떻게 느끼는지를 이해하고 나니 리사는 자신이 무엇을 할 필요가 있는지 알 수 있었다. 바로 교통 체증과 관련해서 자신이 아무것도 할 수 없다는 것을 깨닫는 것이고, 차분해지는 것이다. 그리고 자신이 어떻게 느끼는지 알아차리게 되면 자신의 감정을 다른 사람의 감정 및 자신의 주변에서 일어나는 일과 구분할 수 있다. 그러나 많은 다른 사람들처럼 리사도 자신의 감정에 매 순간 집중하는 것은 어려우며, 실제 우리 자신의 감정을 반성해 보기란 쉽지 않다. 자신의 감정을 자각하는 것은 자신의 마음을 다른 사람의 마음과 구분하도록 도와주며, 우리를 더 반영적이게 만들고 다른 사람을 정신화할 수 있는 중요한 첫걸음이 된다.

우리의 감정을 알아차리는 것은 우리 주변에서 무슨 일이 일어나는지 인식하는 데 도움을 주며 우리의 감정을 수용하도록 해준다. 그리고 감정을 자각하는 것이 우리의 감정을 누그러뜨리는 데 도움을 주는 반면, 감정을 자각하지 못하는 것은 때로는 해로운 결과를 초래하기도 한다. 예시에서 리사는 자신이 무엇을 느끼는지 자각하지 못했을 때, 자신이 강렬한 감정으로 가득 찬 로봇처럼 행동했다고 말했다. 물론 매우 강렬한 감정도 우리를 행동하고 상호작용하도록 만들지만, 자신도 모르게 자주 해가 되는 결과를 가져오기도 한다. 리사의 경우, 갑작스러운 자동차 경적 소리가 평소와는 다르게 자신의 감정에 대해 생각해 보고 감정을 자각하도록 했다. 당신은 지난번 어떤 사람과 말다툼한 상황을 떠올려, 당신의 강렬한 감정이 훗날 후회할 말과 행동을 하게 했다는 것을 상기했을지도 모른다. 나중에 다시 생각해 보았을 때 왜 화가 났었는지 그 이유를 생각해 볼 수 있었을 것이고, 말다툼 도중에 당신이 말한 것에 비해 반응과 감정의 강도가 너무 컸다는 것을 알 수 있었을 것이다.

자녀 양육과 관련하여 몇 가지 감정들은 인정하기 어려울 수 있다─ 아마 당신은 아이에게 느끼는 부정적인 감정에 대해 죄책감을 느끼면서 그런 감정을 느끼면 안 된다고 생각할 수 있다. 그러나 부모가 양육과 관련해 지루함과 분노, 무기력함, 우울함을 느끼는 것은 누구에게나 있는 흔한 일이며, 부모가 되는 것이 인생에서 엄청난 변화를 경험하는 것임을 고려할 때 놀라운 일이 아니다. 당신의 생각과 감정을 알아차리는 것은 쉽지 않은 일이다. 그러나 자신의 생각과 감정을 부인하지 않거나 혹은 죄책감을 느끼고 부정적인 감정을 키우지 않는 것이 중요하다. 어떤 사람에게는 부모가 되어 적응하는 시간이 오래 걸릴 수 있음을 인식하는 것 또한 중요하다.

레이철과 맷이 함께 살았을 때, 쌍둥이인 그레이스와 릴리는 어렸고 둘은 굉장히 많이 울었다. 맷은 아이들이 울고 있으면 아이들과 떨어져 다른 장소에 있는 것을 상상했다. 맷은 과거 여행 다니던 것을 생각하기 시작했을 것이고 그런 옛일이 먼 나라 이야기처럼 느껴졌을 것이다. 맷은 아이가 우는 게 무엇을 뜻하는지 이해하고 울음에 어떻게 반응해야 하는지를 아는 데 꼬박 2년이 걸렸다고 말했다. 쌍둥이 딸들이 울음을 멈추지 않을 것처럼 보일 때 차라리 내가 없어졌으면 하고 바라는 자신의 감정을 알아차리면서 맷은 양육의 어려움을 반영해 볼 수 있었다. 그리고 자신의 감정을 살펴보고, 자신의 도움으로 딸들이 안정되었으면 하는 욕구가 있었다는 것을 알아차릴 수 있었다.

어떤 이에게 이런 반응은 훨씬 더 자연스럽고 빨리 나타나기도 하지만 어떤 이는 느린 속도로 배울 수도 있다. 중요한 것은 이러한 감정들을 인식하고 그것들이 무엇을 의미하는지를 생각하는 것이 첫 번째 단계라는 점이다.

2. 보고 듣고 그리고 한 걸음 물러서서 생각하기

아이와 상호작용할 때 자신이 인식하게 된 정서를 조절하는 다른 방법은 감정에서 한 걸음 물러서서 생각하는 것이다. 어떻게 느끼는지를 인식하고 명명하는 것은 감정을 '눈에 보이게' 만든다. 감정은 보여지고, 느껴지며, 생각된다. 이와 같이 감정에 이름을 붙이는 것을 한번 배우면 다음과 같은 기법을 활용할 수 있다.

감정을 자각하게 되면, 무엇을 하기 전에 먼저 기다리라. 그 감정에서 약간 물러나라. 이는 때때로 당신이 즉각 반응하는 것을 막을 수 있다. 아마도 10초 동안만 그 상황에서 한발 물러나서 보고 들은 후 무슨 일이 일어나고 무엇을 알아차렸는지 돌아보라.

톰은 퇴근 후 현관문을 열자마자 아이들의 요구 세례를 받았다. 톰은 집에 들어오기 전 자동차 안에서 오늘 하루 직장에서 스트레스를 받았다는 것을 알아차렸다. 정말로 불편하고 힘겨운 회의와 대화들이 있었다. 자신이 어떻게 느끼는지를 확인했다는 사실은 톰이 아이들에게 반응하기 전에 자기 자신을 점검해 볼 수 있다는 뜻이다. 톰은 멈춰 서서 5초간 눈을 감고 힘겨운 하루를 보내서 스트레스를 받았다고 자기 자신에게 의식적으로 말했다. 톰은 눈을 뜬 뒤 잠시 멈추어 자기 앞에 펼쳐진 장면들을 가만히 보았다 —마치 장면에서 사라진 관찰자처럼 말이다. 이는 톰이 어떠한 판단 없이 자신에게 일어난 일에 이름을 붙일 수 있도록 도와주었다. 톰이 본 것은 자신이 직장에서 벗어나 집에 왔다는 것이다. 톰은 매디, 샘, 몰리가 아빠를 하루 종일 그리워한 후에 자신과 굉장히 놀고 싶어 하는 것을 보았다. 또한 직장에 있지 않다는 사실은 자신이 오늘의 스트레스에서 떨어져 있다는 의미라고 인식했다. 톰의 스트레스는 이전에 일어난 사건에서 나온 것이며, 지금 일어나는 것이 아니다. 톰은 집에 온 자신을 보고 아이들이 흥분하는 모습을 보았다. 이에 톰은 즉시 기분이 좋아졌고 코트를 내려놓고 아이들 모두를 안아주었다. 그리고 혼자만의 하루를 뒤로하고 아이들과 함께하는 세계로 들어갔다.

이 예에서 톰은 자신의 감정에 접근할 수 있었고 그렇게 함으로써 자신의 감정이 집에 도착하기 전에 있었던 일과 관련이 있다는 것을 알았다. 톰은 또한 아빠를 만난 아이들의 흥분을 더 잘 알아차렸는데, 만약 직장에서 일어난 일에 계속 몰두한 채로 있었다면 톰은 이를 놓쳤을 것이다.

당신은 자신의 감정을 살펴보면서 무엇을 배울 수 있는가? 다음번에 당신이 부정적인 감정을 경험하면, 그것을 의식 속에서 온전히 두려고 시도하고, 멈춰서 지켜보라. 무엇이 보이는가? 바라보고 물러서서 생각하며 감정온도계가 따뜻해질 때까지 기다리면, 당신과 아이 사이의 상호작용은 더 긍정적이 될 것이다.

감정온도계가 높은 온도로 치솟으면 이처럼 행하기는 정말 어려울 것이다. 당신이 강렬한 감정을 경험하는 그 순간, 의식 속에서 감정을 바라보고 기다리며 궁금해하는 것은 거의 불가능하다. 가까운 누군가와 말다툼했던 최근의 일을 생각해 본다면, 당신이 무엇을 느끼는지 생각하는 것은 거의 불가능했을 것이다—당신은 그 상황에 휩쓸려 있었을 것이다. 말다툼 속에서 우리는 고전적으로 정신화—다른 사람의 생각과 감정에 대해 생각하는 것—를 잘 할 수 없기 때문에, 감정온도계의 온도가 내려갔을 때가 비로소 논쟁을 했던 상대방의 마음을 돌아볼 수 있는 좋은 시간이 된다.

당신이 어떻게 생각하고 느끼는지 명료하게 판단할 수 없다면, 우리는 그 상황에서 벗어나는 것을 추천한다. 그러면 나중에 당신의 감정을 관찰하는 능력이 돌아왔거나 감정온도계가 내려갔을 때 무슨 일이 일어났는지 반성해 볼 수 있다. 아이들을 뒷자리에 태우고 운전하고 있을 때, 갑자기 사각지대에 있던 자전거를 타던 사람이 차에 치일 뻔했다고 크게 소리치는 상황을 상상해 보자. 그 상황에서 당신은 스스로의 감정을 관찰하고 감정에서 한 발자국 물러나기가 어려울 것이다. 당신은 아마 당황할 것이고 화가 나기까지 할 것이다. 이때는 나중에 당신의 감정온도계가 차가워졌을 때 정신화를 해볼 수 있다.

당신은 심지어 감정온도계의 이미지를 아이들과 공유할 수 있으며, 당신이 지금 이 순간에 명료하게 생각하기에는 약간 과열되었다고 아이들에게 말할 수 있다. 또한 아이들에게도 감정온도계를 적용할 수 있는데, 어린아이들은 이성적으로 생각하고 심지어는 말하는 것조차 불가능할 정도로 감정에 사로잡힐 수 있기 때문이다. 아이들에게 감정이 뜨거운지 따뜻한지 혹은 차가운지 물어보는 것은 아마 아이들이 무엇을 느끼고 왜 그렇게 느끼는지를 묻는 것보다 아이의 마음을 이해하기 쉽게 할 것이다. 예를 들어, 아이가 성질을 가득 부렸던 지난 일이나 아이가 훨씬 더 어렸을 때를 생각해 보자. 아이가 어떻게 느끼는지를 분명히 표현할 수 있었는가? 아니면 바닥에 나뒹굴거나 발을 구르거나 얼굴이 상기된 채로 흥분하거나 소리를 질렀는가? 이럴 때는, 우리 모두 감정온도계가 너무 뜨거워져서 서로에게 우리 마음속에서 무슨 일이 일어나는지 명료하게 설명하기 어려운 순간이 있다고 아이에게 알려주는 것이 도움이 될 수 있다. 그리고 떼를 쓰고 있는 아이들을 다루기 위해서는 뜨거운 순간에 마음속 밑바닥에 닿으려고 노력하기보다 때로는 아이들을 차분히 가라앉히고 나중에 설명하는 것이 좋은 방법이다.

만약 감정이 매우 격렬하다면, 일시적이며 지나갈 것이라고 생각하기 꽤 어렵겠지만, 그래도 감정의 강도나 힘듦과는 상관없이 결국 지나가는 일이라고 인식하는 것이 중요하다. 부정적 감정을 통제할 수 없을 정도로 강력한 경우가 아니라면, 보고 듣고 한 걸음 물러서서 생각하는 기술은 부정적인 감정을 다루는 데 도움을 줄 것이다. 이는 당신이 느끼는 그 순간에 감정을 수용하고 잠시 동안 이를 견딜 수 있도록 격려한다. 이것이 전부다. 다른 것은 없다. 그리고 지나갈 것이다. 정서의 강도가 어떻든 모든 감정은 일시적이다. 우리는 부모와 젊은 사람들이 강렬한, 특히 부정적인 정서를 경험하게 되면 '나는 항상 이렇게 느낄 거야'라고 생각하면서 불안해한다는 것을 안다. 따라서 모든 감정이 일시적이라는 것을 아는 것이 도움이 된다.

3. "나는 어떻게 행동하고 있나?" 외부에서 자신을 바라보기

아이를 기르는 과정에서 당신에게 무슨 일이 일어났는지를 생각해 보는 것은 아이와 함께 열기가 달아오른 순간 그리고 그 순간이 지난 이후 모두 당신의 감정을 조절하는 데 도움을 줄 수 있다.

의식하려고 의도하지 않는 한, 우리는 종종 다른 사람에게 어떻게 행동하는지 모른다. 그러나 우리는 의사소통에서 중대한 비중을 차지하는 몸짓 언어와 어조를 알아차리는 법을 배울 수 있다. 부정적인 감정을 느낄 때 당신이 다른 사람에게 어떻게 행동하는지 의식하는 것은 정말 중요하다. 아이들은 미묘한 의사소통 단서들을 아주 잘 받아들이며 모든 감정에 민감하다. 따라서 당신이 모르는 상태에서 당신 안에 있는 부정적인 감정이 굉장히 빠르고 자동적으로 당신의 아이에게 전달될 것이고 영향을 미칠 것이다. 중요한 점은 당신의 부정적인 감정이 필연적으로 아이에게 해를 입히거나 아이에게 트라우마를 초래할 것이라는 게 아니라, 아이의 감정 상태에 영향을 줄 수 있고 문제행동을 일으킬 수 있다는 것이다. 그리고 다시 아이의 행동은 당신이 어떻게 느끼는지에 영향을 주어 감정의 악순환을 만든다.

리사는 새벽 5시 45분에 다시 일어난 찰리를 따라 아침 일찍 아래층으로 내려왔다. 찰리는 소파에 행복하게 앉아 있었지만 리사는 일찍 깨어 짜증이 났고 불만스러워서 찰리를 노려보았다. 이를 본 찰리는 즉시 기분이 상해서 부루퉁했다. '엄마가 기분이 나쁜 게 내 잘못인가?' 리사의 표정은 찰리가 강한 감정을 느끼도록 영향을 주었고, 찰리는 아마 자책하거나 수치스러운 감정을 느꼈을 것이다―이는 아이들이 다루기 힘든 감정이며, 부모의 표현이 조금만 바뀌어도 쉽게 피할 수 있다.

앞의 예시에서 우리는 리사를 비판하거나 잘못되었다고 판단할 수 없으며, 사실 이와 같은 상황은 대부분 가정에서 매일 일어날 수 있다. 그러나 우리는 리사가 자신이 아이에게 어떻게 보일지 알아차리는 것이 중요하다는 점을 강조하고 싶다. 만약 리사가 찰리에게 어떻게 보일지 상상할 수 있었다면―찰리의 눈을 통해 자기 자신을 볼 수 있었다면―리사는 표정을 바꾸며 아들과의 의사소통에 변화를 줄 수 있었을 것이다. 이는 작은 변화이지만 당신의 관계에는 큰 영향을 줄 수 있다. 리사는 아마 자신이 왜 불만스러운지를 찰리에게 이야기하면서 아이와 의사소통을 할 수 있었을 것이다. 아니면 단순히 아이의 표정을 확인하면서, 이 상황이 아이의 기분을 나쁘게 할 만큼 중요한 건 아니라고 깨달을 수 있었을 것이다. 안타까운 점은 자신의 감정이 찰리에게 어떻게 전달되었는지 알아차리는 데 실패하면서 찰리와의 상호작용이 어려워졌고, 두 사람 모두 속상하게 되었다는 것이다.

당신이 직접 자신의 생활을 촬영한다고 상상해 보라. 아이와 놀거나 저녁 시간에 같이 식탁에 둘러앉은 모습을 촬영할 수 있을 것이다. 당신은 모든 것이 순조롭게 돌아가는 순간 일시정지 버튼을 눌러서, 아이를 잘 이해한다고 느끼는 순간을 인식할 수 있으며, 이 순간을 위해 당신이 무엇을 했는지 볼 수 있을 것이다. 우리는 작업 중에 부모들에게 비디오 상호작용 가이던스(VIG) 기법을 사용한다(전반부 '들어가며' 참조).[1] 이 기법은 실제로 하는 행동을 볼 수 있는 이점이 있다. 일상에서 상호작용하는 부모와 아이를 찍은 다음, 아이의 발달에 도움이 되고 긍정적인 방식으로 관계를 맺고 상호작용하려고 노력하는 모습이 담긴 영상 클립을 부모에게 보여준다. 물론, 우리 중 누구도 매일의 일상 속에서 이렇게 여유로운 사치스러운 순간이 없으며, 오히려 실제로는 정지 버튼보다 빨리 감기 버튼이 자주 눌러져 있다고 느낄 수 있다. 모두를 준비시켜야 하는 아침같이 정신없이 바쁜 시간에는 특히 그렇다. 그러나 자신의 감정을 인식하기 시작할 때 당신은 자신이 어떻게 행동하는지 반성해 볼 수 있으며―당신이 카메라에 찍히고 있다고 상상하며 외부에서 바라보았을 때 당신의 행동이 어떻게 보일지를 생각해 보라―, 이는 굉장히 중요한 변화로 궁극적으로 아이에게 주는 영향을 바꿀 것이다. 비디오 상호작용 가이던스는 아이들을 향한 자신의 몸짓 언어를 바꾸면 무슨 일이 일어나는지를 부모에게 보여주는 데 정말 좋다. 예를 들어, 부모들은 아이에게 흥미를 보이고 눈을 맞추며 친근한 목소리와 포즈를 취하는 것이 어떻게 자녀와의 상호작용을 촉진하는지 실제로 볼 수 있다. 비디오 작업은 특히 아이와의 관계에 부정적인 인식을 가진 부모에게 도움이 된다. 왜냐하면 그들이 긍정적으로 상호작용하고 자신의 감정을 알아차릴 때, 자신의 아이와 아이와의 상호작용 방식에 어떻게 마법 같은 효과를 줄 수 있는지를 알아차리도록 돕기 때문이다. 비록 우리는 부모로서 아이에게 행동하는 우리 자신의 모습을 보진 못하지만, 우리의 반응을 확인하고 아이가 우리를 어떻게 경험하는지 생각해 보기 위해서 시청자를 상상해 볼 수도 있다.

우리는 모두 스마트폰이나 태블릿으로 아이들, 가족, 친구들을 찍지만, 이런 영상에 우리를 중요한 일부로 포함시키지 않는다. 우리는 촬영기사이고 다른 사람의 관찰자다. 그러나 만약 당신이 당신 삶에서 다른 중요한 사람들과 함께 영상 속에 있다고 상상해 보라. 당신은 어떻게 보이는가? 이렇게 자신을 짧은 영상 속에서 생각해 보는 것과 더불어, 자신의 삶을 좀 더 오랜 시간 동안 살펴볼 수도 있으며, 당신의 결정과 행동 패턴이 당신의 관계에 어떻게 영향을 주었는지도 볼 수 있다. 다음 예시를 보자.

엘라가 태어났을 때 리사는 엘라와 찰리 두 아이를 돌보기 위해 전일제 직장을 포기했고, 스스로 좋은 부모라고 느끼기 위해 성취할 여러 목표들을 세웠다. 아이에게 건강한 음식을 매일 먹이는지 확인하기, 실외 활동하기, 텔레비전이나 스마트폰 등을 보는 시간 제한하기, 친구 방문하기, 아이들과 놀기 위한 부모 모임 가기 등 체크리스트를 만들었다. 그리고 이런 체크리스트 목록은 시간제 방문 돌보미가 두 아이를 돌보며 할 법한 업무 내용을 추가하면서 점차 늘어나 버렸다.

리사는 자신이 작성한 목록대로 실천해 나가는 자신이 어떻게 보이는지 체크해 보았는데, 종종 자신이 아이들과 함께하는 시간을 즐기지 않았으며 아이들도 행복해하지 않았다는 것을 알았다. 리사는 공원에 나가는 것이 때때로 즐거웠지만 너무 피곤하다는 불평이 본인에게 있었다는 것을 알게 되었고, 이는 자신의 하루 목표를 달성하기 위해 가득 채운 스케줄의 결과였음을 반성했다. 리사는 자신이 아이들에게서 스트레스를 받았고, 성취해야 하는 목록들에 몰두해 있으며, 자신의 엄청난 노력에 아이들이 감사하지 않

는 것 같아 궁극적으로 아이들에게 보상받지 못한다고 느꼈다는 것을 알았
다. 자신이 창조해 낸 '이상적인' 엄마라는 자기 자신을 외부에서 바라보니,
스트레스받고, 아이들과는 맞지 않게 모든 일을 스케줄 안에 우겨 넣으려고
뛰어다니는 불안한 여성이 보였다. 리사가 외부의 시선에서 검토해 보았을
때, 자신의 하루는 너무 힘들게 빠른 속도로 돌아가는 것처럼 보였다.

리사는 초점을 자기 자신의 목표에서 아이들의 욕구와 흥미로 바꾸기로
결심했다. 아이들이 이끄는 대로 따라가며 리사는 처음으로 하루가 굉장히
느리게 흘러간다는 것을 인식했다. 이전에 베이킹 수업, 공원 나들이, 건강
한 음식 준비하기, 비슷한 또래의 아이가 있는 친구네 방문하기로 채워진
아침이 전혀 다른 무언가로 바뀌었다. 리사가 이런 새로운 '영화' 속에 있는
자신을 바라보니 어떤 사람이 마치 느린 재생 버튼을 누른 것 같았다. 아이
들이 이끄는 대로 따라가니 모든 것이 훨씬 오래 걸리는 것처럼 보였지만
리사와 찰리와 엘라 모두가 참여하는 상호작용은 훨씬 더 즐거웠다.

4. 아이는 단지 아이일 뿐이라는 것을 기억하기

레이철은, 엄마가 집으로 돌아가는 길에 멈춰 서서 다른 엄마들과 수다
떠는 게 싫다고 징징대는 그레이스에게 점점 화가 나기 시작했다. 그레이스
는 말썽을 피우며 꿍하기 시작했고, 레이철은 "철 좀 들고 네 나이에 맞게 행
동해"라고 잔소리했다. 그레이스는 부끄러움에 고개를 떨구었다. 아이는
엄마가 다른 사람 앞에서 자신에게 핀잔을 주어 속상하고 또 그 순간에 자
신이 느끼는 것을 조절할 수 없었다.

아이의 마음을 읽어주는 반영적인 부모가 되는 것은 당신의 아이가
특정한 방식으로 행동하는 이유에 다른 관점이 있을 수 있음을 받아들

이는 것이다. 따라서 아이의 행동 이면에 있는 동기에 고정관념을 갖는 것은 새로운 관점을 받아들이는 데 큰 장애물이 될 수 있다. 앞의 예시에서 레이철은 그레이스가 어른처럼 행동하길 기대했고, 심지어 집에 돌아가는 길에 이루어진 어른들의 대화 속에서 참을성 있게 있으면서 흥미를 갖길 바랐다. 레이철은 7살짜리 아이가 학교가 끝났을 때 피곤하고, 엄마와 시간을 보내길 원하며, 다른 사람 앞에서 (특히 부정적인 내용으로) 주목을 끌었을 때 상처받는다는 것을 잊었다. '철 좀 들어'라는 지시는 그레이스에게 나이에 맞는 행동과 7살에 어울리는 감정 표현이 허락되지 않는다는 의미다. 아이들은 강렬한 감정을 경험하고 있을 때, 그렇게 느끼면 안 되며 어른들에게 더 적합한 다른 종류의 감정을 경험하라는 말을 들을 때 매우 혼란스러워한다.

그렇지만 종종 우리는 우리가 어떤 가정을 가지고 있는지 알지 못하고, 그래서 이런 가정들을 알아내고 도전하기가 힘들다. 더구나 많은 부모들이 아이의 능력에 대해 갖는 가정이 발달적으로 불가능하다는 것을 우리는 발견했다. 당신에게 도움이 될 문구는 '내 아이는 단지 아이다'라는 것이다. 아이는 그 나이만큼의 견해와 능력만 가지고 있다. 이를 기억하는 것은 힘겨운 상호작용을 하고 돌아보면서 부정적인 감정을 없애는 데 정말로 도움이 될 것이다. 예를 들어, 만약 당신이 다른 많은 부모들이 그러는 것처럼, 아이가 자신이 원하는 것을 얻으려고 일부러 당신을 조종한다거나 당신을 속상하게 하고 싶어서 울었다고 가정한다면 정말 짜증 날 수 있다. 그러나 어린아이들이 정말 부모를 이와 같이 고의적으로 조종할 수 있을까? 아이들이 다 알고 있고 의도적으로 그런다고 가정하면서 부모는 아이에게 다 자란 성인의 특성을 부과한다. 종종 부모는 조종당한 것 같다거나 속상하다고 느끼며, 아이들이 자신을 속상하게 하려고 어떤 준비를 했을 것이라고 생각한다. 기억하라. 강렬한 감정은 우리가 다른 사람을 이해하는 방식에 영향을 줄수 있으며, '내가 조종당했다고 느꼈다는 것은 결국 내가 조종당한 것이다'라고 생각하게 한다. 그러나 아이가 할 수 있는 것에 대해 좀 더 현실적인 가정을 하는 것이 중요하다. 아이들은 다른 사람을 이해하는 것을 배우는 중이며 이런 과정은 계속된다. 비록 아이들이 부모가 어떻게 느끼는지에 굉장히 예민하고 부모의 행동에 반응한다고 할지라도, 정확하게 부모를 이해하고 있는지를 가늠해 볼 때 아이들은 아직 멀었다. 당신의 아이는—제한적인 정서 능력을 지닌—단지 아이일 뿐임을 기억한다면 아이에 대한 과도한 반응은 피할 수 있다.

5. 지지자 찾기

당신이 감정을 조절하는 또 다른 중요한 방법은 다른 사람에게 어떻게 도움을 얻을 수 있는지 깊이 생각해 보는 것이다. 아이의 마음을 읽어주는 부모 되기의 반영적인 양육은 타인과의 상호작용 그리고 다른 사람과 사려 깊은 방식으로 관계 맺기가 긍정적인 효과를 불러온다는 원리를 토대로 한다. 양육 문제로 어려움을 겪을 때 친구와 가족에게 지지나 이해를 받는 것은 도움이 되며, 실제로 당신이 반영적인 부모가되는 데 도움이 된다. 타인의 경험으로 도움을 받거나, 단순히 당신이 이야기를 하고 이해받는 것 모두 반영적인 자세가 되도록 지지해 준다.

양육 초기에, 심지어 임신 중에도 다른 사람, 특히 다른 부모나 예비부모에게 생각과 경험을 이야기함으로써 지지를 구할 수 있는데, 이는 아이가 당신 안에서 자라고 있음을 아는 데 도움을 준다. 이 세상에서 자신을 둘러싼 어른들의 지지적이고 이해받는 관계 맺기를 보는 것은 아이에게 다른 사람과 관계 맺기의 이점들을 보여주는 것이다.

당신과 당신이 어떻게 바라보는지에 대해 관심을 가지는 지지적인 성인들과 집단을 만들거나 소통하는 것은 의미가 있다. 임산부를 위한 모임, 양육자를 위한 모임 혹은 지역의 부모 모임과 같은 양육 집단을 조사하는 것, 예약 없이 언제든 들를 수 있는 부모 카페를 찾는 것 또한 필요한 일이다. 만약 이것이 어렵다고 느껴지거나 혼자라고 느껴진다면, 온라인 채팅 커뮤니티나 포럼도 좋은 공간이 될 수 있다. 부모로서 당신의 어려움에 대해 솔직하고 개방적으로 이야기할 수 있는 장소나 공간을 찾는 것은 정말로 중요하다. 자신의 감정에 대해 이야기할 수 있는 관계를 찾기 바란다. 이는 당신의 아이만을 위한 것은 아니다.

6. 아이의 행동을 용서하고 수용하기

부모로서 우리 모두는 자녀와 함께하는 특정한 순간에 우리의 행동과 느끼는 방식에 대해 쉽게 자기비판과 자기의심으로 가득 찰 수 있다. 동시에 힘겨운 상호작용 도중 아이를 향한 비판적인 감정을 느끼고 이런 감정을 흘려보내기 어렵다는 것 또한 발견할 수 있다. 거의 대부분 사람에게 적어도 어느 시간만큼은 양육이 정말 힘들다. 그러나 이때 우리 모두 강렬한 감정을 가지고 행동한다는 것을 기억한다면 도움이 될 것이다. 때때로 후회할 행동이나 말을 할 수밖에 없는 힘든 순간들이 있기 때문이다. 이는 부모로서 당신의 행동에도 적용되며 또한 당신의 아이가 행동하는 방식에도 적용된다. 따라서 자신의 강렬한 감정과 스스로 만족스럽지 않은 행동이지만 자신과 아이에 대해서 똑같이 수용하는 마음을 갖는 것이 필요하다. 아이들은 강렬한 감정을 특히 더 다루기 어려워하고, 이런 강렬한 감정들은 아이들의 행동에 영향을 주어 드러나곤 한다.

트라우마가 있거나 힘겨운 일을 경험한 지 얼마 안 된 부모는 생각과 감정에 압도될 수 있으며, 이때 다른 사람의 마음을 이해하는 것은 더 어렵다. 우리는 당신이 자라온 발달사를 이해하는 것이 다른 사람의 감정과 마음 상태를 생각하는 능력에 얼마나 중요한지를 설명했다. 어린 시절의 초기 경험들은 당신이 다른 사람과 가까워지는 데 있어 얼마나 편안하게 느끼는지에 영향을 미친다. 만약 당신이 부모와 불안정한 초기 경험을 했다면, 아마도 당신 아이와 다른 사람들의 행동이 진정으로 무엇을 뜻하는지 알기 어려울 것이다. 우리 중 누구도 자신의 초기 경험을 변화시킬 수 없지만, 우리의 역사가 운명이 될 필요는 없으며, 과거에서 온 패턴이 현재나 미래에 반복될 필요는 없다. 그리고 복잡하고 어려운 감정일지라도 감정을 자각한다면 아이와의 관계를 다르게-바라건대 안정되게-발전시킬 수 있다. 마찬가지로 자신의 초기 경험에 대해 통합적이고 유연한 관점을 키우는 것이 중요하다. 트라우마나 불안정한 아동기가 있었다고 해도 사랑, 즐거움, 친밀함이 있었을 수 있기 때문이다. 당신이 어린 시절의 경험과 그 경험이 지금의 당신과 감정에 영향을 미쳤음을 받아들이는 것은 아이와 상호작용할 때 감정온도계가 적절한 범위에 있도록 해주는 중요한 전략이다. 자신 안의 이야기와 배경이 되는 관계의 역사를 이해한다면, 당신의 감정온도계는 적당한 온도에 머무를 수 있으며, 아이와 아이의 마음을 더 명료하게 생각할 수 있을 것이다.

당신 자신을 용서하고 자신의 감정을 받아들일 수 있는 것은 감정을 조절하고 반영적인 양육을 하는 데 중요한 과정이다. 특정한 감정이나 특정한 마음 상태를 경험하는 것에 대해 자기 자신을 수용하고 용서하는 것은 유연하고 반영적인 방법으로 생각하는 것과도 같다. 다른 말로, 혼란스럽고 불편할 때에도 당신의 감정을 알아차리는 것은 도움이 된다. 반대로 자주 자신이나 타인의 생각과 감정을 판단하려고 한다면, 이는 당신의 전반적인 정서에 영향을 미치고, 중요한 관계를 다루는 방법에 영향을 줄 것이다.

4장에서는 반영적인 양육에 실제로 적용할 수 있는 도구─부모 APP이라고 알려진 개념─를 소개할 것이다. 이 개념은 반영적 자녀 양육을 위한 세 가지 중요한 요소를 강조한다. 다음 단계인 부모 APP에서는 당신의 기분을 더 나아지게 하는 몇몇 도구를 소개하고 부모 지도에 작성하기 원하는 몇 가지 감정과 관련된 아이디어를 제시할 것이다. 아이와의 매일의 상호작용에 부모 APP을 어떻게 사용하는지 알려줄 것이다. 이것이 당신과 아이의 관계에 도움이 되기를 진심으로 바란다.

• 요약 •

감정온도계

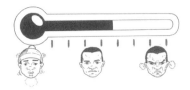

💜 감정온도계는 무엇일까?

감정온도계는 어떤 상황에서든 당신이 얼마나 강렬한 감정을 느끼는지를 기억하도록 하는 방법이다. 이 온도계를, 언제가 행동하기 가장 좋을 때인지 그리고 기다려야 할 때인지를 측정하는 도구로 사용하라.

💜 감정온도계는 당신에게 도움을 준다

감정온도계는 당신이 무엇을 느끼는지, 그 느끼는 감정을 얼마나 강렬히 경험하는지를 더 알아차릴 수 있도록 도와준다. 이런 자각은 감정이 주는 영향력을 줄이고 당신이 좀 더 차분한 마음 상태로 돌아오는 방법을 찾도록 해준다.

💜 감정온도계는 아이에게 도움을 준다

아이와 상호작용할 때 당신은 감정이 잘 정리되면 덜 과민하게 반응하는 경향이 있기 때문에, 감정온도계는 아이에게 도움을 준다. 아이는 당신이 자기 자신의 감정에 책임지는 것을 볼 수 있을 것이다.

💜 감정온도계는 관계에 도움을 준다

감정온도계를 이해하고 아는 것은 상황이 제어할 수 없을 정도로 악화될 가능성을 낮추고, 아이의 기분을 이해하고 당신과 아이가 가까워지는 데 도움이 될 것이다.

💜 다음을 명심하라

1. 감정온도계를 통해 언제가 행동하기 가장 좋은 시점이며 기다리는 게 나은 시점인지를 측정하라.
2. 더 반영적인 부모가 되려는 능력을 개발하기 위해 당신의 생각과 감정을 인식하라.
3. 자신의 감정을 인식하기 시작할 때 어떻게 행동하는지를 생각해 볼 수 있다.
4. 당신을 도울 수 있는 친구나 네트워크를 활용하라.
5. 당신이 느끼는 것 그리고 아이가 느끼는 것을 수용하라.
6. 아이는 당신과 다르며, 자신의 생각과 감정을 가진, 단지 아이일 뿐이라는 것을 기억하라. 아이의 생각과 감정은 아이의 나이와 그 나이의 삶에서 일어나는 것들을 보여준다.

04

부모 APP

매디(12살)는 엄마가 저녁을 먹으라고 세 번이나 부른 후에야 식탁에 왔다.
매디는 핸드폰을 들고 왔으며 엄마 캐런이 매디의 하루에 대해 대화하려고
하는데도 계속해서 친구한테 메시지를 보냈다.

캐런   매디, 오늘 시험 어땠니?

매디는 자세를 바꿔 앉으며 음식을 집었고 친구에게 문자를 보내는 내내
고개를 숙이고 있었다.

캐런   매디! 핸드폰 좀 놓을 수 없겠니? 내가 너한테 질문하고 있잖아.

매디   어, 뭐라고요? 뭐라고 말했어요?

캐런   오늘 시험 어땠는지 물었어.

매디   어, 못 들었어요.

매디는 이렇게 말한 뒤에도 계속해서 문자를 보냈다.

이런 대화를 지켜보던 매디의 아빠 톰이 갑자기 폭발해서 "매디, 핸드폰
끄고, 저녁 먹어! 그리고 엄마한테 성의를 보여라"라고 말했다.

아이가 도대체 어떻게 생각하고 느끼는지 궁금했던 적이 있는가?

매디는 앞에 놓인 접시를 밀쳐내고 자리에서 일어나며 소리쳤다. "내 방으로 갈 거예요. 여기 있는 그 누구도 나한테 무슨 일이 일어나는지 전혀 몰라요!"

캐런   그게 무슨 말이야? 내가 네 머릿속에서 무슨 일이 일어나는지 어떻게 알아?

이제 당신은 양육에 있어 더 반영적이게 되는 몇 가지 기본적인 원리에 친숙해질 것이다. 이러한 원리는 행복하고 안정되고 회복력 있는 아이를 키우는 데 목적을 둔다. 앞에서 당신의 감정을 어떻게 알아차리고, 그런 감정들은 어디서 왔으며, 어떻게 자기인식을 높여 아이와 상호작용할 때 당신의 감정을 조금 더 통제할 수 있는지를 설명했다. 이제 이런 원리들을 따르면 당신 아이의 마음을 읽는 것이 훨씬 쉬워질 것이다.

우리는 아이의 마음속에 무엇이 있는지를 부모가 알게 하고 아이 마음과 연결되도록 돕기 위해 부모 APP이라고 부르는 태도를 개발했다. 부모 APP은 아이의 '겉으로' 보이는 행동에 부모가 단순히 반응하기보다 아이의 '마음속'에서 일어나는 일을 중요시하면서 아이의 경험을 이해하는 데 도움을 줄 것이다. 부모 APP은 아이의 행동에 관해 새롭고 온전한 통찰과 의미를 줄 것이며 당신의 관계에서 분명하고 실질적인 변화를 만들 것이다. 이는 매디와 엄마를 묘사한 것과 같은 힘겨운 상호작용을 피하도록 도우며, 아이의 마음에 관심을 가짐으로써 당신과 아이 모두 더 깊은 유대 관계를 느낄 수 있다는 것을 보여줄 것이다. 우리는 세 가지 구성 요소의 영어 첫 자를 따서 부모 APP이라고 부른다. 부모 APP의 구성 요소는 다음과 같다.

Attention: 관심 가지기
Perspective Taking: 관점 취하기
Providing Empathy: 공감하기

관심 가지기(Attention)

아이를 향한 반영적 태도를 구성하는 첫 번째 요소는 관심이다. 아이를 이해하고 행동 이면에 있는 단서나 메시지를 이해하기 위해서는 무엇보다 아이에게 관심을 기울이는 것이 중요하다. 관심을 가지는 것은 쉬워 보이지만 여기서 이야기하는 것은 아이에게 관심을 기울이는 특별한 방법을 의미한다. 아이와 상호작용을 할 때 아이에게 관심을 갖고, 아이를 지켜보고, 아이를 향해 몸을 향하고, 친근한 자세를 취하는

것이 포함된다. 이러한 상호작용은 당신의 아이에게, 단순히 바라보는 것과는 매우 다르게 보이고 또 다르게 느껴질 것이다. 의미 있는 방식으로 주의를 기울일 때 당신이 아이에게 관심이 있다는 것을 아이가 알도록 하기 때문이다. (비디오 상호작용 가이던스를 이용하여) 부모와 영상을 보며 아이를 더 잘 이해할 수 있도록 도울 때 가장 먼저 하는 일은 관심 가지기가 얼마나 긍정적인 영향을 미치는지를 부모가 자각하도록 돕는 것이다. 부모들은 종종, 이런 방식으로 관심을 보이는 것이 얼마나 더 재미있고 긍정적인 상호작용을 불러일으키는지를 보면서 놀라고 기뻐한다.

관심을 기울인다는 것은 당연히 호기심을 갖는 것을 포함한다. 아이가 무엇을 하는지를 관찰할 때, 당신이 보는 현상보다 항상 더 많은 일이 일어나고 있다. 호기심을 갖는다는 것은 아이가 '무엇'을 하고 있는지와 같이 외부로 보이는 것에만 관심을 기울이는 것이 아닌 '왜' 이런 방식으로 행동하는지와 같이 아이의 내면을 바라보는 데 관심을 두도록 돕는다. 앞의 예시에서 볼 수 있듯이, 아이가 말할 기분이 아닌 상태일 때 '무엇'을 하고 있는지 질문하기보다 아이의 마음 상태에 전반적인 호기심을 보이는 것을 의미한다. 예를 들어, '지금 아이가 말하기를 어렵게 만드는 기분은 무엇이지?'라고 스스로에게 묻는 것이 도움이 될 것이다. 아이의 마음에 호기심을 갖는 것은 당신이 적극적으로 아이의 생각과 감정에 흥미를 가지게 하여, 반영적인 양육에서 매우 중요하다. 당신이 반영적인 부모가 될 때 아이의 움직임과 행동을 발견하는 데 열려 있게 될 것이다. 그리고 아이가 자신의 세계를 어떻게 경험하는지에 관심을 기울일 것이다. 이러한 관심은 아이의 삶의 어느 날이든 일어날 수 있으며 지속될 수 있다.

구급차가 "에엥~" 하고 창밖을 지나가자 9개월 된 아기 잭은 고개를 구급차가 지나간 방향으로 돌렸다. 엄마 레이철은 아기를 관찰하고는 창문을 봤다가 다시 아기를 보며 "오~ 무슨 소리야~? 저 소리를 좋아하는구나?"라고 말했다.

레이철은 아기에 대해 생각했다. '너는 네 자신의 방식으로 사물을 보는 흥미로운 사람이야. 그리고 나는 네가 사물을 생각하는 방식에 관심이 있어.' 레이철은 아기가 인식하는 것을 인식했고, 잭이 어떻게 자신의 세계를 경험할지에 대해 호기심을 가졌으며 주위에서 일어난 일을 바라보는 잭의 관점을 이해하려고 노력했다.

아이에게 어떻게 관심을 기울일지 알고 싶다면, 아이에게 당신이 어떻게 보일지를 상상하는 것이 도움이 된다. 마트의 계산대 앞에서 줄을 서 있는데 카트 앞에 앉은 아기가 미소 짓고 있다고 상상해 보라. 당신은 아이에게 자동적으로 미소를 짓고, 눈썹을 씰룩이는 반응을 보일 것이며, 아마 입을 과장되게 벌렸다가 다물거나 심지어는 노래하듯 '안녕~'이라고 인사를 할 것이다. 이는 우리가 의미하는 종류의 관심으로, 여기에 생동감 있는 표정을 짓는 것, 계속적으로 눈을 마주치는 것, 흥미로워하는 친근한 자세를 취하는 것, 능동적으로 듣고 격려하며 어조를 부드럽게 하는 것 등이 포함된다—아이의 관점에서 볼 때 이 모든 것이 아이에게 주는 당신 관심의 영향력을 키워준다. 이런 요소들은 아이와 하는 상호작용을 더 흥미롭게 할 것이고 당신에게도 즐거운 경험을 줄 것이다. 당신은 아마 자신의 행동을 의식하면서 약간 어색함을 느낄 수도 있다. 그러나 부모가 의사소통하는 방식에서 보이는 긍정적인 변화에 따라 아이에게 나타나는 극적인 효과를 보며 부모의 반응이 얼마나 중요한지를 알게 되면, 이런 어색한 기분은 이겨내 볼 만한 것이 된다.

2살 난 아기가 끈적거리는 손으로 식탁에 오르려고 하는 것을 부모가 알아차리고 "뭐 하는 거니?"라고 말한다고 상상해 보자. 부모는 웃으면서 팔을 쭉 뻗어 아이를 식탁에서 떼어 내려놓으며 부드러운 목소리로 말한다. 이런 방식으로 부모는 자신의 마음 상태가 아기에게 미치는 영향을 자각하면서 그리고 열려 있고 친근한 표정을 지으면서, 아이가 하려는 행동에 주의를 기울이면서도 상황이 갈등으로 치닫거나 아이가 떼를 쓰는 등 악화되지 않도록 아이의 행동을 다룰 수 있다. 예를 들어, 이런 시나리오가 다른 방식으로 이루어진다고 상상해 보자. 부모는 화가 난 목소리로 부엌으로 들어와 "무슨 짓이야!"라고 소리치고 식탁에서 아기를 잡아 내린다. 아마 아이를 바닥에 빨리 내려놓을 수는 있겠지만 아이의 속상한 마음은 부모가 다음에 다루어야 할 문제가 될 것이다. 종종 이런 종류의 권위주의적인 접근을 취할 때 발생하는 행동은 원래 행동 그 자체보다 더 악화될 수 있다.

종종 좀 더 성장한 자녀에게 부모가 묻는 질문에도 이는 똑같이 적용된다. "오늘 학교는 어땠니?", "누구랑 시간을 보냈어?", "점심은 뭘 먹었니?" 이런 종류의 질문은 매우 흔하지만, 이런 질문이 반드시 아이가 정서적으로 이해받는다고 느끼거나 혹은 당신이 아이를 더 친근하게 느끼도록 하는 정서적 연결을 도와주지는 않는다. 대신, 아이의 내면에서 무엇이 일어나는지에 관심을 가지면 아이가 자신의 하루에 대해 말하기 전에 잠시 휴식이 필요하다는 것을 알아차릴 수 있다.

관심 가지기가 아이에게 미치는 영향

한 걸음 물러서서 생각하고 관찰함으로써 아이가 무엇을 하고 있는지 궁금해지기 시작하며, 그런 당신의 관심은 아이의 행동을 이해하도록 도와주고 아이의 속마음을 살펴보게 하는 첫 단계가 될 수 있다. 종종 부모들은 아이와의 상호작용을 주도적으로 이끌어야만 한다고 느끼거나, 자신들이 항상 뭐든 해야 하는 등 매 순간 아이에게 능동적으로 관여해야 한다고 생각한다. 이는 처음에 참신한 생각처럼 느껴진다. 그러나 단지 잠깐 멈춰서 아이가 무엇을 하는지 보라. 아이들이 이끄는 대로 따라가면서 아이가 무엇을 하고 있고 무엇을 생각하며 아이의 동기가 무엇일지 궁금해하며 아이들을 가만히 지켜보는 것을 즐기는 것이 훨씬 더 많은 것을 말해줄 수 있다. 자신의 행동을 관찰한 한 부모는 다음과 같이 말했다.

"저는 굉장히 많은 시간, 아이를 압도하곤 했어요. 저는 매 순간 우리 아이와 즐겨야 하고 뭐든 해야 한다고 생각했고 내가 무엇을 하고 있다는 것을 보여줘야 한다는 압박감을 느꼈어요. 저는 단순하게 바라보고 아이가 무엇을 하는지 관심을 기울이고 있다는 것을 보여주는 게 실제로 어떤 역할을 하는지 배워야 했어요. 제 생각에 그때부터 제가 아이를 따라가기 시작한 거 같아요."

아이가 무엇을 생각하고 어떤 것을 느끼는지에 관심 기울이기는 아무리 강조해도 지나치지 않을 정도로 그 영향이 대단하다. 관심은 당신이 가진 가장 강력한 양육 도구 중 하나이고, 아이에게 관심을 주는 것과 관심을 끊는 것 모두 아이가 어떻게 생각하고 느끼고 행동하는지에 굉장한 영향을 미친다. 우리는 종종 '관심 끌려는 행동'이라는 말을 아이나 성인을 비판할 때 사용하곤 한다. 아마도 아이가 당신의 관심을 끌기 위해 말을 안 듣는 것처럼 보일 때는 한 걸음 물러서서 아이를 더 주의 깊게 대하라는 신호일 수 있다. 관심을 끌려는 행동이 무엇인지 생각해 보기 시작하면, 아이의 마음에 대한 이해가 깊어질 수 있으며, 이는 아이와의 상호작용 속에서 즉각적인 변화를 만들 수 있다. 당신의 아이에게는 부모의 관심을 받는 경험, 부모가 흥미와 호기심을 가지고 자신을 대하는 경험이 정말 기분 좋은 경험이 된다. 그리고 당신이 자신의 감정 상태를 알고 있고 이를 조절할 수 있다면 관심과 호기심을 갖는 것은 더 쉬울 것이다.

레이철은 야단법석을 부리며 먹기를 거부하는 9개월 된 잭에게 음식을 먹이려고 애쓰고 있었다. 레이철은 친구 몇 명과 그들의 아이들과 만나서 놀기로 한 시간에 늦었기 때문에 잭이 서두르는 자신을 따라주기를 바랐다. 레이철은 자기가 아기 잭에게 점점 더 실망하고 있다는 것을 인식했으며, 이것이 적절치 못하고 도움도 되지 않는 생각임을 알았다. 레이철은 결국 잭을 먹이지 못했고 결국 모임에 늦을까 봐 걱정하는 마음을 내려놓고 잭을 먹이면서 잭을 그저 바라보았다. 레이철은 숟가락을 내려놓고 잭에게 "우리가 늦어도 상관없어. 뭐 하고 있는 거니, 아가야?"라고 말했다. 그다음에 레이철은 자신이 실제로 잭이 무엇을 하는지에 더 관심을 기울이기 시작했다는 것을 발견했고, 준비해서 나가야 한다는 생각에서 벗어났다. 레이철은 흥미를 느끼는 것은 물론 실제로 관심을 보였고, 친근한 표정을 지었으며, 잭이 자신을 바라보는 것을 인식했다. 잭은 엄마가 자기를 흥미롭게 바라보고 있다는 것을 알게 되었고, 엄마와 다시 눈을 마주치면서 웃으며, 편안해진 모습을 보였다. 레이철과 잭은 계속해서 서로를 주목했고 웃었다. 레이철은 잭이 숟가락으로 손을 뻗으려는 것을 알아채고 "숟가락을 원하는구나?

아가, 이거 계속 가지고 있고 싶어? 그래, 여기 있다, 여기 숟가락이 있어"라고 말했다. 결론적으로 잭은 준비가 되었을 때, 레이철이 지켜보는 가운데 다소 엉망이고 느리지만 자기 음식을 먹기 시작했다.

친근한 자세와 표현으로 아들에게 관심을 더 가지기 시작했을 때, 레이철은 잭이 숟가락을 들고 싶어 한다는 것을 알 수 있었다. 레이철과 잭은 모두 긍정적인 효과(레이철: 덜 실망스러움/잭: 더 편안하게 느끼고 여유롭게 먹을 수 있음)를 경험했다. 두 사람 모두 결과적으로 서로에게 더 연결되었다고 느꼈다. 단순히 현재에 존재하면서 차분해지는 이런 종류의 마음을 챙기는 접근은 엄마와 아기 모두에게 연결된 기분이 들게 하여 즐겁도록 도와준다.

아이의 행동 이면에 있는 이유에 관심과 호기심을 갖는 것은 아이와 상호작용하는 데 이로운 영향이 있다. 어떻게 호기심이 도움을 줄 수 있는지, 예시를 살펴보자.

존은 두 아이와 공원에서 놀고 있었다. 존이 6살 된 아들 찰리를 들어서 장난스럽게 시냇물에 던지려는 시늉을 하자, 4살 된 딸 엘라가 괴로운 표정으로 "하지 마, 아빠!"라고 소리쳤다. 엘라는 무서운 듯 엄마에게 달려가 와락 안겼다. 존은 딸에게 무슨 일이 일어나고 있고 왜 강렬한 감정을 느끼는지 생각하기 시작했다. 잠시 후에 존은 엘라가 왜 그렇게 속상해하고 걱정했는지에 호기심을 가지고 엘라한테 다가가 "아빠가 진짜 찰리를 시냇물로 던지려고 하는 줄 알았던 거야?"라고 물었다. 엘라는 눈길을 돌리며 얼굴을 엄마 팔에 파묻었다. 10분 정도 흐른 후, 엘라는 아빠한테 걸어와 "무서웠어 아빠, 그치?"라고 말했다. 존은 이에 "그래, 엘라가 무서워한 거 같아. 아빠가 정말 던지는 줄 알았어?"라고 말했고, 엘라는 "응, 아빠가 오빠를 던지려는 줄 알았어"라고 대답했다.

당신은 존처럼 아이와 아이의 마음에 관심이 있으며 아이는 흥미를 가질 만한 사람이라는 것을 아이에게 능동적으로 보여줄 수 있다. 이 예는 엘라의 반응에 대한 존의 호기심과 그 호기심을 엘라와 나누며 이야기할 수 있는 존의 능력을 보여준다. 이런 호기심과 능력은 엘라가 자신이 왜 그렇게 행동했는지 스스로 궁금해하도록 하며, 아이에게 자신의 감정을 더 생각해 보고 그 의미가 무엇인지 생각하도록 가르친다. 시간이 흐르면서는 아이가 자신의 감정을 조절하고 다루는 방법을 배우도록 도와주는 정말 좋은 방법이다. 부모로서 당신은 이런 방식으로 아이에게 호기심의 씨앗을 심어줄 수 있고 시간이 흐르면 아이는 다른 사람에게 호기심을 보이기 시작할 것이며 다른 사람들이 왜 그런 방식으로 행동하는지를 궁금해하기 시작할 것이다.

당신은 또한 아이의 행동에 진심으로 호기심을 갖고, 그 행동에 자연스럽게 덜 비판적이게 되는 자신을 발견할 것이다.

공원에서 톰의 2살 된 딸 몰리는 유모차에서 빠져나오려고 했다. 톰은 유모차 끈을 풀어주었고, 몰리는 풀려나자마자 달아났다. 톰은 몰리에게 멈추라고 소리치면서 안에서 화가 나는 것을 느꼈다(톰은 다행히 자신의 감정을 자각했다). 톰은 이어, 자신의 아들도 기회만 있으면 도망가려고 한다는 다른 아빠의 말을 기억했다. 톰은 왜 어린아이들은 도망치고 싶어 하는지, 몰리의 입장에서 보았을 때 이는 어떤 기분일지 궁금해졌다. 그 상황에 대한 톰의 호기심은, 아이가 도망치는 것이 얼마나 재미있을까(몰리의 관점에서 보았다)를 생각하게 하여 즉시 톰의 화를 잠재웠고, 톰은 몰리를 위해서 주변에 표지물을 만들어 뛰어갔다 돌아오는 재미있는 달리기 운동 시간을 만들어야겠다고 결심했다. 몰리는 엄청 재미있어 했고 톰은 공원에서 함께 보내는 시간을 더 즐기기 시작했다.

아이들은 당신이 진정으로 관심을 가지고 지켜볼 때 그리고 자신이 무엇을 하는지 친근하고 호기심 어린 관심을 가져줄 때 정말 좋아한다. 이런 관심이 아이에게 어떻게 느껴지는지를 이해하기 위해서, 당신이 감정이 격양되어 있는 상태에서 말을 할 때 어떤 사람이 온전한 관심을 주는 경우와 무시하는 경우를 비교해 보면 도움이 될 것이다. 당연히 무시할 때 기분이 좋지 않다. 관심과 호기심은 아이를 향한 당신의 반영적인 태도에 있어서 초석과 다름없다. 이 첫 번째 특성을 가지고 아이의 마음에 진정으로 흥미를 두면, 다음 두 가지 특성인 관점 취하기와 공감하기는 꽤 자연스럽게 따라올 것이다.

관점 취하기(Perspective Taking)

아이와의 상호작용에서 가져야 할 두 번째 특성은 관점 취하기다. 성인이 된 우리는 다른 사람이 머릿속으로 무슨 생각을 하는지 알기 어렵다는 것을 당연하다고 생각한다. 그런데 왜 같은 법칙을 아이들에게 적용하지 않을까? 우리는 아이들이 부모와 같은 렌즈를 통해서 세상을 바라본다거나 부모로서 우리가 아이의 마음속에서 무슨 일이 일어나는지 안다고 짐작하기 쉬운데, 실제로는 그렇지 않다.

대부분의 시간에서 우리는 다른 사람이 어떻게 생각하는지 정확히 알 수 없다고 받아들이고 주변 사람들과 합리적으로 상호작용한다. 가끔은 힘들더라도 우리는 다른 사람이 생각하거나 느끼는 것을 짐작한다. 만약 우리가 지도를 들고 시내를 걸어 다니며 도로 표지판과 지도를 번갈아 보며 확인하는 사람을 본다면, 그 사람이 길을 잃었다고 결론지을 것이다. 당신의 아이가 왜 속상해하거나 버릇없이 구는지 알아내려고 시도하는 것 역시 비슷하다. 당신이 아이의 생각과 감정이 무엇인지 추측할 수 있고 아이가 당신과 다른 생각과 감정이 있다는 것을 기억하는 것이 도움이 될 것이다. 정확한 '관점을 취하는 것' 혹은 다른 사람의 관점을 아는 것, 이해하려고 노력하는 것은 그 자체로 중요하다. 이런 노력은 호기심을 갖고 관심을 기울이는 태도의 일부다. 배우자나 친구들, 가족의 생각과 감정에 대해 틀릴 수 있는 것처럼, 아이들이 생각하고 느끼는 것에 대해 생각할 때 그리고 종종 이상하고 혼란스러운 아이의 행동에 대해 생각할 때 당신은 틀릴 수 있으며 또한 그럴 가능성이 굉장히 높다.

동일한 경험도 관점에 따라 다르게 보일 수 있다. 때로 아이들이 성질을 부리는 도중에는 동일한 경험이 다르게 보일 수 있다는 것을 잊어버리기 쉽다. 당신은 아이가 당신을 화나게 하거나 속상하게 한다는 것을 확실하게 알고 있다고 얼마나 자주 생각하는가? 이런 종류의 가정은 아이가 당신의 마음을 읽을 수 있고 당신이 생각하는 것을 알고 있다는 (잘못된) 믿음에 근거를 두고 있으며, 이런 가정은 아마도 화나거나 속상한 당신의 감정에서 비롯되었을 것이다.

아이들은 적어도 만 3살에서 4살이 되기 전까지는 다른 사람의 관점을 온전히 이해할 수 없다는 것을 명심해야 한다. 부모로서 우리는 종종 아이들이 의도적으로 우리를 특정한 방식으로 느끼고 행동하게 하려고 무언가를 한다고 믿을 수 있다. 한 엄마는 자기 아이가 '단지 약을 올리기 위해서' 같은 질문을 계속해서 반복하는 것 같다고 말했다. 그녀의 친구는 아이가 같은 질문을 계속해서 물을 필요가 있다고 느끼는 다른 이유가 있는 건 아닌지 궁금해했고, 생각해 보니 아이 엄마는 자신이 생각하기에 딸이 아마 '자신이 진짜 원하는 것을 얻지 못할까 봐 불안해서' 그런 거 같다고 대답했다. 이런 경우, 아이의 관점을 취하고 아이의 질문 뒤에 있는 감정을 이해하는 것이 딸이 의도적으로 자신을 화나게 하려고 한다고 보는 관점에서 벗어나게 하며 서로를 이해하는 데 도움이 된다. 18개월 된 아이의 발달 특성을 이해하고 있다면 아기가 우리를 벌주기 원해서 바닥에 누워 소리를 지르는 게 아님을 알 수 있다. 이런 행동이 나타나는 것은 아직 아기가 인지적 기술을 발달시키지 못했기 때문이다. 이는 무엇이 아기를 그렇게 화나게 만들었는지 호기심을 갖도록 하는 데 도움이 된다. 따라서 관점 취하기는 아기가 무엇을 생각하는지를 보려는 시도일 뿐만 아니라, 아이가 어떻게 느끼고 있을지에 대한 호기심을 포함한다. 당신이 어떻게 생각하고 느끼는지와 다른 관점이 항상 있다는 것을 명심하라.

　　맷과 레이철이 처음으로 쌍둥이 그레이스, 릴리와 휴가를 갔을 때, 그들은 차 앞에 서서 5시간에 걸쳐 운전해서 온 별장 열쇠를 누가 가져왔어야 했는지를 두고 말다툼하고 있었고, 그레이스와 릴리는 뒷좌석에 앉아 울고 있었다. 만약 아이들이 이 순간 자신의 기분을 말할 수 있었다면 아마 다음과 같은 내용을 다 담아 말했을 것이다. "우리는 지금 거의 5시간 동안 얌전히 앉아 있었고, 지금은 피곤해서 나가고 싶어요. 그런데 엄마 아빠는 서로 소리를 질러서 우리를 놀라게 만들었어요. 우리는 엄마 아빠가 서로 좋아하는지 어떤지도 모르겠고, 우리한테 화를 낼지 안 낼지도 모르겠어요."

만약 레이철과 맷이 말다툼을 멈추고 그 순간 아이들의 머릿속에서 일어나는 생각에 대해 말한다고 상상해 보라. 이것은 그레이스와 릴리에게 어떤 기분일까? 아이의 경험에 대해 생각해 보는 것이 부모의 감정이 아이에게 미치는 영향을 알게 하고, 모두가 다 차분해지도록 도울 수 있을까? 만약 주요 목적이 목적지에 화목하게 도착하는 것이었다면, 두 어린 아기의 경험을 상상해 보는 것은 도움이 되었을 것이다. 예를 들어, 만약 레이철과 맷이 가는 도중에 멈춰서, 그레이스와 릴리에게 "잠시 쉬면서 맛있는 거 먹자. 너희들도 계속 뒤에 있으려니 정말 지루하고 지겹지?"라고 말하고 또 그전에 쌍둥이들의 상황과 자신들의 필요에 맞게 여행 계획을 세웠다면, 일은 훨씬 더 순조로웠을 것이다. 아이들에게 이렇게 하기 시작할 때, 아이들에게 하는 우리의 행동과, 심지어 목소리 톤까지 눈에 띄게 달라진다. 아이의 마음에 무엇이 일어날지 가정하기보다 아이들이 어떻게 느낄지를 알아차리는 것이 당신이 어떻게 느끼고 행동할지에 즉각적인 영향을 준다. 앞의 시나리오에서, 레이철과 맷이 아기들의 관점에서 이 경험을 생각했다면, 아기들을 위해 길고 피곤한 여정 가운데 서로 논쟁하는 것을 다르게 느꼈을 것이다.

아이가 잘못된 행동을 할 때 그리고 평소보다 더 스트레스를 받고 몹시 곤란스러울 때 당신은 부정적인 감정을 경험할 가능성이 높다. 감정은 관점 취하기 능력에 영향을 주므로, 만약 당신이 스트레스받거나 화나거나 속상하다면 한 발자국 물러서서 아이의 관점을 생각해 보기가 더 어려울 것이다. 이런 경우, 당신은 아이의 행동을 오해하기가 쉽다.

부모 지도에서 당신이 현재 느끼는 강렬한 감정을 고려해야 한다는 것을 기억하면, 아이 양육에서 자신의 감정이 주는 영향들을 알아차리면서 감정을 어떻게 다룰지를 배울 수 있다. 이 모든 것은 아이의 마음과 아이의 특정한 세상 경험을 한 걸음 물러서서 생각해 볼 수 있도록 도와줄 것이다.

우리는 자주 감정이 우리를 이끌도록 하고, 나중에 가서 후회할 아이와의 상호작용과 말다툼을 하도록 내버려 둔다. 아이의 마음 상태를 이해하고 받아들이며 아이의 마음과 당신의 마음이 다르다는 것을 주목하는 것은 아이들의 행동을 수용하는 것과는 다르다. 아이들의 행동을 수용하는 것이 당신에게는 꽤나 도전적이며 받아들일 수 없는 일이라 느낄 수 있다. 여기서 정말로 흥미로운 점은 당신이 아이의 관점에서 사물을 보려고 노력할 때 당신이 도전적이라 느꼈던 행동의 변화가 나타난다는 점이다. 관심 가지기와 이해받는 기분에 대해 다시 생각해 보자. 약간의 이해와 관점 취하기의 결과로 아이와 어른이 자신들이 어떻게 느끼고 행동하는지가 바뀔 수 있다는 것을 보는 것은 정말로 놀랍다. 이 장의 첫 번째 시나리오에서 캐런이 "네가 저녁 먹는 동안 시험에 대해 이야기할 기분인지, 아니면 지금은 그냥 잊고 우리랑 저녁 먹고 싶은지 잘 모르겠다. 난 그냥 여기 앉아서 너랑 저녁 먹어서 기쁘다"라고 말했다고 상상해 보자. 그러면 매디가 엄마한테 자신의 힘들고 지친 하루를 약간 이해받는 기분을 느끼며 학교 시험에 대해 이야기할 가능성도 있을 것이다. 어린아이의 경우, 아침에 서둘러 양치하지 않는다고 아이에게 소리치는 대신에 때때로 아침이 아이한테 얼마나 바쁠지 그리고 이를 닦을 시간이 충분한지를 관찰할 때 아이가 어떻게 다르게 행동하는지 보라.

이런 접근법을 취해보라. 다음번에 아이가 소리치면, 아이의 감정적인 반응에서 물러나서 아이가 자신의 감정을 조절하는 데 문제를 겪고 있기 때문에 소리치는 것이라고 아이의 관점을 취해볼 수 있는지 보라. 아이는 아마 이해되지 않는 방식으로 행동할 수 있지만, 어떤 면에서는 온전히 납득이 된다.

8살 아이가 있는 가정의 예를 살펴보자.

캐런과 톰 그리고 세 아이는 가족 바비큐 파티를 하고 있었는데, 8살 아들 샘은 사촌들과 트램펄린 위에서 방방 뛰며 점점 더 부산스럽게 놀기 시작했다. 캐런은 샘에게 트램펄린에서 내려와서 집 안으로 들어오라고 말했고, 샘은 거부했다. 캐런은 샘을 구슬리려고 했지만 친정 부모님이 끼어들어 캐런에게 "너는 너무 여려서" 아들을 어떻게 훈육하는지 모른다고 말하기 시작했다. 난처한 상황에서 부모님 눈치까지 보면서 캐런은 샘에게만 트램펄린에서 내려오라고 소리쳤고 조카들은 내버려 두었다. 샘은 엄마에게 무례하게 말했고 톰은 이를 보고 웃었다.

만약 다른 사람의 관점을 좀 더 취할 수 있었다면 이 가족의 행동은 어떻게 달라졌을까? 캐런은 샘이 사촌들과 차별 대우 받은 것이 속상했고 그 아이들은 남아 있는데 자기만 내려오라고 해서 더 속상했을 것이라고 생각할 수 있다. 캐런은 자신이 소리친 것도 생각해 볼 수 있고, 아마도 가족 때문에 자신이 평소와는 다른 양육 방식으로 행동해야 한다는 압박을 느꼈다고 결론 내렸을 것이다. 캐런은 이것이 친정 부모의 관점이지 자신의 관점은 아니라는 것을 알았을 것이고, 그러면 아마도 마지못해 소리치지 않았을 것이다. 캐런은 또한 샘이 자신을 향해 무례하게 말하는데 톰이 웃어 자신의 권위를 깎았다고 느꼈을 것이고, 톰은 당혹스러워서 그랬다고 인정할 것이다. 그러면 캐런과 톰은 샘의 마음이 자신들의 마음 상태 및 관점과 어떻게 다른지 생각해 볼 수 있을 것이고, 다음번에 같은 상황이 생기면 다르게 대처할 수 있도록 도와줄 것이다.

몇몇 부모들은 아이가 왜 특정한 방식으로 행동하는지 이해하지 못해 속상하다거나 걱정된다고 말한다. 부모가 아이의 특정한 방식의 반응과 행동에 당황하는 것은 정상적인 일이며, 이것 때문에 당신이 덜 유능한 부모가 되는 것은 아니라는 것을 이해한다면 안심이 될 것이다. 사실, 아이들의 마음에 대해 당황하는 시간이 있는 것은 도움이 된다. 우리는 독심술사가 아니기에, 아이가 무슨 생각을 하는지 알지 못하는 때가 엄청나게 많을 것이다. 이를 아이에게 말하고 당신이 정말 아이가 무슨 생각을 하는지 모르겠다고 알려주는 것은 종종 도움이 된다—호기심과 관심을 보임으로써, 우리는 아이들의 행동에 영향을 미치는 데 도움이 될 통찰력을 얻을 수 있다.

관점 취하기가 아이에게 미치는 영향

다른 사람의 관점 취하기에 따라오는 중요한 결과가 있다. 아이의 마음이 당신과는 구분되며 가치가 있는 생각과 감정으로 가득 차 있어 흥미롭다는 것을 보여줌으로써, 아이가 자신의 마음을 이해하도록 도와줄 뿐만 아니라 다른 사람의 입장이 되는 능력을 연습할 수 있도록 해주며, 또한 이런 능력은 사회성을 기르는 데도 중요한 요소가 된다. 이는 아이의 마음에서 무슨 일이 일어나는지를 생각할 때, 당신과 아이의 관계에만 영향을 주는 것이 아니라, 아이가 인기 있고 많은 아이들이 좋아하는 사회성 좋은 아이가 되도록 돕는다는 의미다. 관점 취하기와 안정 애착 그리고 친구들 간의 인기 사이에는 높은 상관성이 있음을 보여주는 연구가 있다.[1] 형제자매 및 친구 등의 관계에서 관점 취하기의 영향은 8장에서 자세히 살펴볼 것이다.

최근 연구들은 관점 취하기 능력의 부족이 사회불안과 관련되어 있음을 발견했다. 아이들이 사회적 상황을 이해하고 다루기 어려운 것은 아이들이 생각하고 느끼는 여러 가지 다른 것들에 압도되기 때문이다. 이것이 아이에게 불안을 일으키고, 아이의 환경에서 지각된 '위협'에 대해 과민 반응을 유발할 수 있으며, 이러한 요인들의 조합이 불안감을 증폭시킨다.

공감하기(Providing Empathy)

부모 APP의 마지막 특성은 공감하기로, 이는 호기심을 갖고 관점 취하기를 한 이후 아이의 마음과 당신이 상상한 내용이 연결되도록 돕는다. 우리가 공감한다고 말할 때 이는 아이의 감정과 관점을 이해하고 민감해진다는 뜻이다. 관점 취하기와 공감하기의 차이는 미묘하지만 중요하다. 관점 취하기는 사건에 대한 아이들의 관점이 당신과 다르다는 것을 인식하는 것인 반면, 공감하기는 당신이 생각하기에 아이가 그 일을 어떻게 느끼는지에 대한 감정적인 반응과 관련 있다. 즉, 아이가 어떻게 느끼는지 그리고 아이가 느낀 감정을 당신이 알고 있음을 아이에게 알려주는 것이다. 이는 아이와 당신이 연결되도록 해준다. 관계 속에서 공감하는 능력은 우리가 가족, 친구, 이웃, 심지어는 모르는 사람에게까지 더 깊은 애착을 가지게 도와준다. 우리는 길거리에서 돈을 구걸하는 사람을 보고 아무 생각을 하지 않을 수도 있고, 아니면 집이 없고 배고픈 것이 어떤 느낌일지를 자신과 연결해 생각해 볼 수도 있다. 비슷하게, 다른 사람의 고통에 공감하는 경험이 사람들을 자선단체에 기부하도록 만든다. 사람들은 피해자나 어려운 이웃을 불쌍히 여기는데, 이는 자신이나 사랑하는 사람이 자선단체의 영향을 받았거나 지역 사회나 집단에 대한 공동체 의식과 연결되어 있을 때 더 강화된다. 공감은 우리를 다른 방식으로 행동하도록 만든다.

공감은 아이들이 자라면서 배우는 인간의 능력이다. 부모로서 공감할 기회는 매우 많이 있다. 예를 들어 아이가 학교에서 있었던 일, 신났던 순간, 자랑스러웠던 순간을 말할 때 혹은 학교에서 그림을 가지고 온 다소 특별한 일상 속에서 공감을 표현할 수 있다. 공감은 감정이 변화하도록 하는 엄청난 힘이 있기 때문에 아이가 속상해할 때 부모의 공감은 아이가 그런 속상한 감정에서 회복되도록 도울 수 있다. 아이가 속상해할 때 아이에게 공감하기는 쉽지만 아이가 화났을 때 공감하기는 어려울 수 있다. 그러나 아이가 화가 났을 때 공감은 아이에게 정말 도움이 된다. 공감은 아이에게 훈육이 필요할 때도 도움이 될 수 있다. 아이의 행동이 잘못되었다고 말할 필요가 있을 때도 간단한 말, 적절한 포옹이나 눈맞춤으로 공감을 보이며 아이의 감정을 이해한다는 것을 아이와의 상호작용에서 명확히 보여주어야 한다. 공감하기에는 두 가지 중요한 기능이 있다. 부모는 아이의 감정에 연결되고, 아이에게 자신이 어떻게 느끼는지 부모가 알고 있다는 것을 알게 한다. 아이가 느끼는 것을 당신도 느낀다고 아이에게 보여줄 때, 아이가 어떻게 느끼는지를 상상하며 아이의 입장이 된다.

릴리는 학교에서 돌아와 엄마 레이철에게 놀이터에서 있었던 일을 말했다.

"엄마, 수전이랑 제이드가 놀이터에서 놀고 있었는데 내가 가서 같이 놀자고 하니까 나하고는 놀 수 없다고 했어요. 걔네들은 놀이터 저 끝으로 가서 놀았어요."

"오, 릴리, 엄마가 그 이야기를 들으니 안타깝구나. 정말 힘들었겠구나. 상처받고 혼자 남겨진 기분이 들었겠다, 아이구 우리 불쌍한 릴리."

"맞아요, 그랬어요. 정말 슬펐어요. 걔네들이 나랑 놀기 싫어했어요."

이 예에서 릴리의 엄마는 릴리에게 설명하기 위해 자신의 감정을 사용하면서 릴리가 그 상황에서 어떻게 느꼈을지를 상상했다. 레이철은 그 상황에서 릴리에 대한 자신의 감정을 개방하면서, 릴리가 어떻게 느꼈을지 정확하게 묘사할 수 있었다. 아이가 경험하는 것을 정말로 느끼는 것은 힘들 수 있고, 따라서 우리는 아이의 경험에 맞추기 위해 열심히 노력할 필요가 있다. 우리는 아이가 경험하여 느끼는 감정을 실제로 '느낄' 수 없기 때문에 그 감정이 어떨지를 상상하고 이를 언어화하는 시도를 하는 것이 중요하다.

효과적인 공감을 위해서는 아이가 어떻게 느끼는지를 당신이 안다는 것을 아이에게 전달할 필요가 있다. 단순히 아이가 마음속에서 어떻게 느끼는지를 당신이 아는 것만으로는 충분하지 않다. 당신은 아이에게 도움이 되는 방식으로 당신이 이해한 바를 전달해야 한다. 아이에게 진정하게 공감이 전달되기 위해서 진정성 있게 말할 필요가 있으며, 비언어적인 표현들이 당신의 언어와 일치될 필요가 있고, 아이의 감정 수준에 맞추어 의사소통하는 에너지 수준과 생동감을 적합하게 맞출 필요가 있다.

아이는 당신이 자기편에 서서, 사건에 대한 자신의 경험을 느끼고 연결해 줄 때 무척 기분 좋게 느낀다. 아이를 공감한 결과의 영향은 어마어마하다. 공감하기는 아이를 기르는 모든 상황에서 긍정적으로 사용될 수 있다. 아이의 나쁜 행동이 가져온 결과에 대해 부모가 짜증 내거나 분노하기보다는 공감할 때 얼마나 효과적인지 보라. 우리가 센터에서 만나는 몇몇 부모에게 이를 제안할 때 그들은 때때로 이렇게 묻곤한다.

"만약 아이에게 대응하지 않고 공감하여 아이를 안심시키면, 하지 말아야 할 행동의 한계와 나쁜 행동의 결과를 아이에게 약화시키지는 않을까요?"

아이의 감정과 관점을 인정하게 되면 아이의 부정적인 행동이 증가할 것이라는 부모의 두려움으로 인해 부모는 아이의 감정과 관점을 인정하길 꺼려하는 것처럼 보인다. 아이의 감정과 관점을 인정하는 것이 아이가 처벌에서 빠져나갈 구멍을 만드는 건 아닌가 하는 불안이 있다. 그러나 공감하는 것은 아이를 안심시키면서 "미안하다, 모든 것이 다 나아질 거야, 네 행동을 잊자"라고 말하는 것과는 다르다. 대신, 아이에게 당신이 자신을 이해한다는 것을 알게 하여 안심되는 기분을 줄 수 있다. 결국 공감은 당신이 아이가 어떻게 느끼는지를 알고 있다는 것을 전달하는 것이다. 이해받는 기분은 좋고, 아이들은 자신이 이해받고 인정받는다고 느낄 때 잘 자란다. 따라서 아이에게 공감을 해주었을 때 나쁜 행동이 강화되기보다는, 오히려 그 반대다. 아이들은 부모가 자신을 이해하려고 노력한다는 것을 느낄 때 더 협조하려는 경향이 있다. 아이가 당신의 관점을 이해하도록 하는 가장 좋고 쉬운 방법은 아이의 경험을 이해하여 서로가 연결되는 것이기 때문이다. 사실상 상담에서도 상담자의 공감과, 내담자 경험이 그럴 수 있다고 타당화하는 것이 효과적인 도구로 활용된다. 종종 내담자는 상담자에게 이해받는다고 느끼거나 상담자가 진정으로 자신의 관점을 알고 생각한다고 느낄 때, 상담자가 하려는 말을 들을 수 있다. 누군가 자신이 어떻게 느끼는지 안다고 공감해 줄 때 사람들은 다른 관점을 들을 수 있다. 아이에게도 동일하게 적용된다. 엄마와 아들 사이에 오가는 대화의 예시를 통해 살펴보자. 엄마가 먼저 묻는다.

"왜 그렇게 아빠한테 화가 났니?"

"아빠는 불친절하고 끔찍하기 때문이에요."

"오, 무엇 때문에 그렇게 말하는 거야?"

"왜냐면 아빠는 항상 나한테 이래라저래라 하고 자꾸 뭘 해라고 말하기 때문이에요!"

"정말, 그게 네가 생각하는 거니? 그렇다면 진짜 힘들겠다. 이건 너한테 공정하지 못하다고 느껴질 거야."

"진짜 그래요, 아빠는 날 안 좋아한다고요!"

"오, 그래 알았다. 음, 네 생각처럼 너를 좋아하지 않는 아빠를 두었다면 힘들었을 거야. 엄마도 할아버지가 날 싫어한다고 생각한다면 정말 싫을 거야."

"정말 싫어요. 끔찍해요."

"맞아, 나라도 그럴 거야. 맞아, 정말 끔찍해. 음, 네가 그렇게 기분 나쁘게 느낀다니 안타깝구나. 이건 아빠한테도 아마 힘든 일일 거야."

"진짜요? 왜요?"

"아빠는 너랑 시간 보내는 걸 좋아하지만, 아빠도 네게 무엇을 하라고 세 번 이상 말할 때 굉장히 실망하신단다."

여기서 엄마는 호기심을 갖고 아이에게 공감하면서 아들이 아빠를 어떻게 느끼는지 탐험하도록 도울 수 있었다. 만약 아이의 관점이 잘못되었다고 판단하고 이를 교정하고자 시도했다면 아이는 옳고 그름을 판단받는 기분을 느꼈을 것이다. 엄마는 사실보다 아이의 경험에 집중했다. 엄마가 이야기를 듣고 공감하면서 아이는 자신이 먼저 이해받고 수용되었다고 느꼈기 때문에 결과적으로 상황을 다른 각도에서 볼 수 있었다. 아이들은 자신이 이해받는다고 느낄 때 다른 사람의 관점을 이해하는 데 훨씬 더 수용적이게 된다.

공감하기가 아이에게 미치는 영향

아이들은 이해받는다고 느낄 때 다른 사람의 관점을 더 잘 발견할 수 있다. 어른도 마찬가지다. 배우자나 친구가 당신이 어떻게 느끼는지를 정말로 이해하고 있다는 것을 보여줄 때 당신에게 관심을 보이지 않았을 때보다 그들이 무엇을 생각하고 느끼는지 훨씬 더 관심을 기울이려고 할 것이다. 우리가 제시한 방식으로 아이에게 공감을 해주는 것은 아이가 다른 사람들을 공감하도록 북돋을 수 있다. 트라우마 사건이 아이에게 주는 영향을 연구하는 논문들은 지속되는 트라우마 사건이 아이의 정상적인 공감 발달을 심각하게 방해할 수 있다는 것을 오래전부터 강조해 왔다. 아이들이 고려되지 않으며 그들의 생각이나 감정이 돌봄을 받지 못할 때, 아이들은 다른 사람을 생각하고 다른 사람의 기분을 고려하기 힘들다. 타인에 대한 부족한 공감은 지지적인 관계를 형성하고 보살핌을 받는 것을 방해할 수 있다.

아이가 자신이 느끼는 바를 다루거나 조절하도록 돕는 데 있어 가장 중요한 방법 중 하나는 아이의 감정을 인정하는 것이다. 이는 아이가 느끼는 것에 대해 편안해지도록 도와주며 그렇게 느껴도 된다고 인정해 주기 때문에 매우 중요하다. 5장에서 우리는 이를 더 면밀히 살펴볼 것이다. 왜냐하면 아이가 느끼는 감정이 맞는다고 전달하는 것은 반영적 양육의 중요한 부분이기 때문이다. 감정의 종류가 무엇이든 간에, 당신의 아이가 느끼는 감정은 실제로 존재하는 현실이다. 아이가 느끼는 감정을 최소화하거나 완전히 무효화시키는 것은 아이에게 큰 혼란을 야기할 수 있다.

아이와 상호작용하는 동안에 부모 APP을 적용하여 감정적인 사건이나 경험을 이야기하고 논의하는 것은 매우 중요하다. 그러나 모든 시간이 이 접근 방식을 적용하기에 좋은 시간은 아닐 수 있다. 아이에게 상호작용을 할 좋은 시간인지 물어보고 아이의 관점에서 보라. 왜냐하면 우리가 4장에서 탐색해 보았듯이, 특정한 상황에서 당신 자신이 느끼는 스트레스와 긴장은 아이에게 반영적이도록 하는 것을 방해할 수 있기 때문이다. 당신이 감정적으로 차분하고 아이가 더 수용적이게 되는 적절한 시간을 선택하여 아이와 말하는 것이 부모 APP을 성공적으로 적용하는 데 중요하다. 아이가 아직 자신에 대해 이야기할 준비가 되어 있지 않을 때 이야기하도록 강요하지 마라.

•요약•
부모 APP

💜 부모 APP은 무엇일까?

부모 APP은 당신이 아이의 마음속에서 무슨 일이 일어나는지 생각해 보고 아이의 마음속에 있는 것과 연결되도록 돕는 태도다.

💜 부모 APP은 당신에게 도움을 준다

부모 APP은 단순히 아이가 '외적'으로 보이는 행동들에 반응하기보다 아이의 '마음속'에서 무엇이 일어나고 있는지 이해하도록 돕는다. 이는 아이와 상호작용하는 동안 당신의 초점을 변화시키고, 새로운 통찰을 하고 아이 행동에 대한 의미를 깨닫도록 도와줄 것이다.

💜 부모 APP은 아이에게 도움을 준다

아이와 상호작용하는 매 순간 부모 APP의 원칙을 따른다면 당신은 아이의 관점을 취하고 공감하는 기술을 위한 토대를 마련하게 될 것이다. 또한 아이가 무엇을 생각하고 느끼는지에 대한 자각 능력을 기르도록 도울 것이다. 그리고 아이가 타인과의 관계를 맺는 데 도움을 줄 것이다.

♥ 부모 APP은 관계에 도움을 준다

부모 APP은 아이의 내면에 대해 살펴보도록 돕기 때문에 아이가 어떻게 느끼고 생각하는지에 대해 정서적으로 반응하도록 도울 것이다. 그 결과 당신은 아이에게 더 큰 정서적인 연결감을 느끼고, 아이를 더 잘 이해할 수 있을 것이다.

♥ 다음을 명심하라

1. 아이의 마음속에서 무슨 일이 일어나는지 알아차리고 호기심을 갖기 시작하라.
2. 당신의 어조, 표현, 당신이 사용하는 말들에 대해 더 인식하라.
3. 단순히 아이의 행동에 주목하기보다 아이의 마음속에서 무슨 일이 일어나는지 호기심을 갖고 아이의 속마음에 관심이 있다는 것을 보이라.
4. 당신은 아이와 다른 마음을 가졌기에 아이의 마음속에서 무슨 일이 일어나는지 항상 알 수 없다. 아이가 특정한 방식으로 반응하고 행동하는 것 때문에 당황하는 것은 자연스러운 일이며, 이 때문에 당신이 덜 유능한 부모가 되지는 않는다.
5. 아이의 관점을 취하는 것은 아이에게 도움을 줄 것이다. 아이는 당신이 바라보는 방식으로 세상을 보지 않으므로 아이에게 이를 알려주는 것은 당신이 더 반영적이게 되고 아이가 당신에게 더 잘 이해받는 느낌이 들도록 도울 것이다. 이는 더 좋은 관계로 이어진다.
6. 아이의 감정에 공감하라. 아이는 이해받고 받아들여진다고 느낄 때 훨씬 더 수용적으로 당신의 관점을 들을 것이다.
7. 당신의 아이는 아마 합리적인 이유에서 합리적이지 않을 수 있다(이를 용서하라). 아이의 마음 상태를 이해하고 받아들이는 것이 아이의 행동을 수용해야 한다는 의미는 아니다.

8. 당신이 차분한 순간을 선택하라. 이 순간에 부모 APP이 더 효과적임을 알
   수 있을 것이다.

05

아이가 감정을 다루도록 돕기

아이들이 인생을 잘 살도록 돕고자 할 때, 부모들은 아이의 감정보다는 행동에 집중하기가 쉽다. 그러나 아이가 자신의 감정을 다루도록 돕는 것은 아이의 행동뿐 아니라 부모와 타인과의 관계에 영향을 주기 때문에 부모가 해야 할 중요한 일이다. 모든 아이들은 자신의 감정을 다루는 데 어려움을 겪으며, 특히 피곤하거나 힘들 때 그리고 정말 원하는 무언가가 있을 때 더 어려워한다.

리사는 6살 된 아들 찰리와 동네 슈퍼에 있다. 리사가 빵과 우유를 사고 있을 때 찰리는 계산대에서 장난감이 사은품으로 붙은 잡지책을 발견했다. 찰리는 리사에게 그 장난감을 사도 되냐고 물었고, 리사는 말했다.

"안 돼, 우린 빵이랑 우유 사러 온 거야. 장난감 안 사줄 거야."

찰리는 징징거리면서 엄마의 코트를 잡아당겼다. "나 사줘요, 하나만 가지면 안 돼요?"

리사는 대답했다. "가게에 올 때마다 장난감을 살 순 없어, 알겠니?"

찰리가 말했다. "불공평해. 나 갖고 싶단 말이에요." 찰리는 엄마의 무릎을 발로 차며 울기 시작했다. "장난감 사줘요, 장난감 사줘."

찰리의 울음소리는 커졌고 아이는 가게를 나가지 않으려고 했다. 울고 있는 아들의 팔을 잡아당기며 리사는 가게를 나왔고 아이는 집에 오는 내내 울었다. 집에 도착할 때쯤 리사와 찰리 모두 지쳤고 속상했고 화가 났다.

이런 상황에 놓여본 적이 있는가? '내 아이는 왜 울음을 멈추고 내가 말하는 것을 받아들이는 법을 배우지 못할까?'라고 궁금해 본 적이 있는가? 만약 찰리의 엄마가 찰리가 감정을 다루도록 도왔다면 상황은 어떻게 달라졌을까? 그리고 이것이 왜 중요할까?

아이가 자신의 감정을 이해하고 다루도록 돕는 것은 다음의 세 가지 이유에서 중요하다.

1. 아이가 발달하도록 돕는다

세상에 처음 태어났을 때 아이는 자신이 어떻게 느끼는지 그리고 왜 그렇게 느끼는지에 대해 이해하는 능력을 가지고 태어나지 않는다. 아기들의 뇌는 충분히 발달되지 않았기에, 아기에게 감정은 희미하고 모든 것을 아우르는 압도적인 경험이다. 아기의 뇌가 강렬한 감정을 효과적으로 다루도록, 나아가 청소년기까지 그 성장이 계속될 수 있도록 당신의 도움과 지지가 필요하다.

2. 아이의 감정은 아이의 행동에 엄청난 영향을 준다

만약 당신의 아이가 점차 자신의 감정을 이해하고 이를 성공적으로 다룰 수 있다면, 아이는 이전보다 덜 격렬하게 반응하거나 덜 충동적으로 행동할 것이다. 감정과 행동의 관계를 고려하는 것은 아이의 행동 이면의 속마음을 아이와 부모 모두 훨씬 이해하기 쉽게 해줄 것이며 아이가 부모와의 관계에서도 안정감을 느끼게 도와줄 것임을 명심하라.

3. 갈등을 겪는 동안에도 아이와 계속 연결되도록 도와줄 것이다

만약 아이의 정서적인 경험을 돕는 데 있어 당신의 역할을 알지 못하고 아이의 행동에만 초점을 둔다면, 상황을 해결하기 어려울 것이다. 어떤 상황에서 당신은 상황을 악화시키고 관계를 단절시킬지도 모르며, 그러면 갈등은 훨씬 더 오래 지속될 수 있다. 이는 아이의 뇌가 감정으로 과열되기 때문인데, 이렇게 되면 아이는 자신의 행동을 다루기는 고사하고 자신이 무엇을 하는지 생각할 수 없게 된다.

앞의 세 가지 이유들을 마음속에 새기며 이제 당신의 아이가 감정을 조절하도록 돕는 몇 가지 전략을 살펴보겠다.

아이가 자신의 감정을 다루도록 돕는 전략

소개된 예시처럼 아이가 감정에 제압당할 때 아이와 당신 모두 압도된다고 느끼기 쉽고, 이는 아이와 당신 사이의 연결감을 빠르게 붕괴시킬 것이다. 아이가 자신의 감정을 다루도록 도우면서 동시에 아이와 연결감을 유지하도록 돕는 몇 가지 전략이 있다. 다음 장에서 우리는 아이에게 가진 오해가 실제로는 당신과 아이 사이를 어떻게 더 잘 이해

하도록 만들고 관계를 돈독히 하는지 자세히 살펴볼 것이다. 그러나 이는 아이가 차분해지고 감정 온도가 낮아졌을 때 사용하는 것이 가장 효과적이며, 이 경우에만 당신은 아이와 함께 무슨 일이 일어났는지를 생각해 볼 수 있다.

다음은 실제 시도해 볼 수 있고 마음에 담을 수 있는 전략들이다. 아이가 느끼는 경험의 종류에 따라, 강도에 따라, 상황에 따라 각각 사용할 수 있고 함께 사용할 수도 있다.

공감과 수용

아이의 경험을 공감하고 수용하는 주요한 목적은 아이가 이해받는다고 느끼도록 도와주는 것이며, 이해받는 경험을 통해 아이가 놀라거나 당황하는 등의 정서적인 경험을 보다 적게 하도록 도움을 줄 수 있다. 즉, 공감과 이해를 표현하는 것은 아이가 자신의 감정을 다루는 데 도움 되는 방법이며, 동시에 아이와 연결되도록 도와준다. 또한 반영적 양육에서 아이에게 지금 느끼는 감정을 느낄 권리가 있다는 메시지를 전해주는 중요한 부분이 된다. 이해받지 못한다고 느끼면, 오히려 역효과를 겪기도 한다.

엘라는 부모님이 하루 종일 결혼식에 가 있어야 해서 할머니가 자기를 돌보러 올 거라는 사실에 기분이 좋지 않았다. 처음에 엘라는 할머니가 와 계실 거라는 이야기에 불평을 했고, 점차 할머니에 대해 꽤 버릇없이 말하며 화를 냈다. 결국 할머니가 도착할 시간쯤, 엘라는 할머니가 보기 싫고 어쨌든 할머니를 "안 좋아한다"라며 울었다. 엘라의 부모는 할머니께 버릇없이 굴지 말라고 하고, 엘라에게 "사랑하는 할머니랑 하루를 꼭 행복하게 보내야 해. 할머니가 너랑 놀고 싶어 하셔"라고 말했다.

이 예시에서, 엘라는 화를 느끼거나 짜증을 내지도 못하고, 심지어 할머니에 대한 어떠한 부정적인 표현도 하지 못하게 되었다. 엘라의 감정은 엄마와 아빠가 하루 종일 없는 것을 원치 않았던 것과 관련 있었고, 이에 대한 엘라의 짜증은 엘라가 일주일 내내 엄마 아빠와 많은 시간을 보내지 못했다는 것과도 연관되어 있었다. 가족은 대개 토요일에 재미있는 활동을 함께했지만 이번에 엘라는 혼자 남았다. 엘라의 기분은 수용되지 못해 이해받지 못한다고 느꼈고, 그 결과 점차 화가 나고 짜증이 났다. 더구나 엘라는 자신이 느끼는 것과 다른 감정을 느껴야 한다는 이야기를 들었고, 왜 엄마 아빠가 반드시 느껴야 한다고 말한 방식으로 자신이 느끼지 않는지 정말로 혼란스러워지기 시작했다.

당신이 알고 있듯이 공감은 부모 APP의 일부이며, 당신과 아이의 상호작용에 반드시 필요하다. 당신이 상상하는 아이의 마음속에서 일어나는 일에 연결되도록 하기 위해서 말이다. 아이의 마음과 관련하여 정확하게 말해주는 것은 아이가 자신의 감정을 다룰 수 있게 도와주는 훌륭한 방법이다. 이는 또한 아이가 당신과 더 잘 연결되었다고 느끼게 도와준다. 공감과 이해는 아이의 마음을 읽어내는 접근을 하는 것이다.

아이가 감정적으로 폭발하고 있을 때 부모는 아이에게 공감하고 싶은 마음이 들지 않을 수도 있다. 그러나 공감적인 말은 부모가 아이의 감정을 이해한다는 것을 보여주어, 상황을 진정시키고 더 악화되기 전에 멈추도록 하는 데 도움이 될 수 있다. 공감은 아이가 느끼는 것을 당신이 알고 느낀다는 것을 보여주는 강렬한 정서적인 요소를 지닌다. 그리고 공감은 아이가 느끼고 있는 것에 맞는 감정을 비추어줄 수 있다.

감정에 이름을 붙이고 당신의 표정을 통해 뚜렷하게 그 감정을 거울처럼 비추는 것이 중요하다. 대부분 우리는 이를 꽤 자연스럽게 하지만, 어떤 것에 몰두해 있거나 자신의 강력한 감정에 압도되어 있을 때, 아이의 마음속에서 일어난 것을 우리의 표정을 통해 거울처럼 비춰주기란 아주 어려운 일이다.

예를 들어, 엘라의 부모는 엘라의 화나는 감정에 맞춘 표정을 지으며 이렇게 말할 수도 있었을 것이다.

"네가 엄마 아빠와 시간을 보낼 수 없어서 정말 실망한 것을 안단다. 우리 가족 모두가 함께 시간 보내는 토요일을 네가 얼마나 좋아하는지 그리고 지금 실망스럽게 느끼는 것도 알아."

공감 표현의 또 다른 이점은 당신의 감정 온도를 낮춰줄 수 있다는 것이다. 아이의 관점에서 어떤 기분일지 상상하고 공감하기 시작하면서 당신의 마음이 움직일 수 있기 때문이다. 이는 자연스럽게 당신의 대화에도 영향을 주어, 예를 들어 음성이 낮아진다거나 더 차분해 보인다거나 얼굴 근육이 이완되도록 하여 갈등의 가능성을 낮춘다. 따라서 공감적인 말 그 자체가 아이에게 영향을 미치면서 그 상황의 열기를 식힐 수 있다.

그러나 아이가 당신에게 화났을 때 아이에게 직접적으로 공감하는 것은 아이를 더 화나게 할 수도 있다. 이때 만약 배우자가 같이 있다면, 아이에게 직접 말하기보다 아이 앞에서 배우자에게 아이가 느끼는 것에 대해 왜 그렇게 느끼는지 상상한 것을 표현하는 방법이 좋다. 이는 아이가 더 쉽게 이해할 수 있도록 돕는 보다 부드러운 방법일 수 있으며 어린아이에게 특히 효과적일 수 있다. 찰리와 엄마 리사의 예로 돌아가 보자.

집에 도착했을 때까지 찰리는 엄마에게 단단히 화가 나 있었다. 찰리는 두 가지 점에서 화가 났는데, 엄마가 "안 돼"라고 말한 것도 화가 났고 또 결과적으로 이해받지 못해서 더욱 화가 났다. 차 안에서 리사는 아들에게 공감해 보려고 했지만 찰리는 화가 더 나는 듯 보였다. 이들이 집에 도착했을 때, 리사는 배우자인 존을 향해 몸을 돌려 동정 어린 목소리로 말했다.
"불쌍한 찰리, 찰리는 엄마한테 짜증이 나고 화났어요. 찰리는 가게에 있는 잡지를 그때 정말정말 갖고 싶었거든요. 엄마가 '안 돼'라고 말했을 때 찰리는 정말 힘들었고, 엄마한테 정말 화가 났어요. 그리고 엄마 생각에 엄마도 미친 듯이 화가 났어요."
찰리 아빠는 찰리를 꺼안고 말했다.
"오, 불쌍한 찰리, 엄청 힘들었겠구나. 찰리는 정말 그 잡지를 갖고 싶었던 거야."

배우자의 적절한 개입은 때로 정말 도움이 될 수 있다. 여기서 보여준 방식처럼 찰리에게 직접 말하는 것보다 찰리에 대해서 말하는 방식을 이용하든지, 아니면 아이가 당신에게 화가 났을 때 배우자가 개입하여 상황을 해결하도록 하는 것이 혼자서 어려운 상황을 해결하려고 노력하는 것보다 더 도움이 될 수 있다.

아이가 굉장히 화가 났을 때 그 상황에서 공감적인 이야기를 하는 것은 아이의 부정적인 감정 표출을 더 자극할 수 있다는 점을 알게 되었을 것이다. 만약 찰리의 엄마가 가게에서 찰리를 공감적으로 대했다면,

오히려 아이의 감정을 증폭시키고 그 상황을 해결하는 데 별로 도움이 되지 않았을 것이다. 찰리가 엄마의 마음을 바꿀 수 있다는 희망에서 자신의 감정을 더 강하게 표현하도록 했을 것이며, 강렬한 감정을 표현 해야 원하는 것을 가질 수 있다는 생각을 심었을 수도 있다. 공감하는 대신, 아이의 감정이 그럴 수 있다는 수용이 더 효과적일 수 있다.

수용은 당신이 아이의 관점을 알고 있다는 것을 보여주기 위한 것이라는 목적에서 공감과 비슷하지만, 아이가 느끼는 경험으로 아이를 이끌지는 않는다는 점에서 다르다. 이는 당신이 이해한 바를 전달하는 어조가 공감과는 사뭇 다를 수 있기 때문에 그렇다. 수용은 동일한 감정을 반영하여 돌려주기보다 관심과 흥미를 표현하는 경향이 있다. 진정성은 있지만 지나치게 정서적이지 않은 간단한 이야기로 아이가 느끼는 바를 수용하여 들려주는 것이 중요하다. 간단하게 마음을 읽어주는 수준의 말—다시 말해, 아이가 어떻게 생각하고 느끼는지에 '적합'한 이야기—이면 가능하다. 캐런이 2살 된 딸 몰리에게 한, 마음을 읽어주는 이야기들을 살펴보자.

캐런은 몰리가 10살 된 오빠가 하는 게임을 이해하는 척을 하면서 자신은 게임을 할 수 없는 것에 약간 속상해하는 모습을 보며 "네 오빠처럼 할 수 없어서 속상하겠다"라고 말했다.

이 진술에서 캐런은 정확하게 추측했고, 캐런이 생각하기에 몰리의 마음속에 무슨 일이 일어나는지를 언어화했다. 이전의 예에서 찰리의 엄마는 가게에서 다음과 같이 말했을 수도 있다.

"우리가 가게에 올 때마다 장난감을 살 수 있다면 네가 정말 좋아할 걸 안단다. 하지만 네겐 힘들겠지만 이런 일은 일어나지 않을 거다. 정말 실망스럽고 화나겠구나."

이와 같이 간단하게 아이의 감정을 수용하는 이야기는 찰리가 장난감을 갖지 못한 실망을 인정해 주며, 아이의 관점에서 힘들 것을 안다고 말하는 동시에 선을 지킨다. 아이의 경험에 대해 당신이 이해한 바를 전달한다고 해서 반드시 아이가 한 행동이나 감정에 동의한다는 의미가 아니다. 아이가 어느 지점에서 그렇게 느끼고 행동하거나 생각했는지 이해한다는 것을 의미한다. 아이의 입장에서는 그럴 수도 있다는 타당화를 통해 아이의 감정을 정확하게 읽을 수도 있지만, 아이가 무엇을 생각하거나 느끼는지 정말 모르겠을 때에는 당신이 짐작해 낸 사실을 솔직하게 말하는 것도 도움이 될 것이다.

부모 APP을 사용하여 아이의 감정을 수용하는 표현을 만드는 팁

a) 주의를 기울이고 능동적으로 경청하기—눈을 마주치고 집중하기.

b) 아이가 보내는 다양한 표현을 알아차리기. 특히 혀 차는 소리, 눈을 굴리는 등의 비언어적인 의사소통에 대해 알아차리기.

c) 아이가 말하고 전달하는 것을 들을 수 있는가? 자신의 마음속에 일어나는 일을 생각해 볼 수 있는 공간을 마련하고 아이의 관점을 취하려고 노력하기—지금 이 상황에서 아이는 어떤 경험을 할까? 아이는 무엇을 느낄까?

d) 아이의 감정을 판단 없이 반영하여 돌려주기. 판단 없이 반영하여 돌려주는 것은 당신이 아이의 관점을 이해하고 있다는 것을 알게 하

는 것이다. "나는 네가 화난 것을 이해해. 왜냐하면 …… ', '이게 널 정말 서운하게 했다는 걸 알아'.

e) 관용 보이기. 아이의 내면 이야기를 기대하면서 아이의 관점에서 모든 게 어떻게 이해될지 기대하기. 심지어 아이의 행동을 용납할 수 없어도 여전히 아이가 어떤 기분일지 공감하려고 노력할 수 있다.

f) 당신이 아이를 진지하게 대한다는 것을 보여주면서 반응하기. 예를 들어, 찰리의 엄마는 찰리가 잡지를 사기 위해 용돈으로 돈을 어떻게 모을 수 있을지 찰리와 함께 생각해 볼 수 있을 것이다.

유머 사용하기

릴리는 아빠 맷이 장난감 좀 치우라고 말해서 화가 났다. 릴리는 아빠를 향해 돌아서서 "아빠는 부기맨+이야"라고 소리 질렀고, 아빠는 정말 부기맨인 것처럼 허리를 굽혀 릴리의 입술에 검지를 갖다 대고는 "쉿! 어느 누구에게도 내 진짜 이름을 말하면 안 돼!"라고 말했다.

힘겨운 말싸움 중에 약간의 유머를 더하면 조화로운 상황을 만들 수 있어 당신과 아이는 한결 가까워질 수 있다. 유머는 감정이 고조된 상황에서 긴장을 빨리 깨버리면서 아이의 감정 온도를 낮추는 데 특히 효과적일 수 있다. 이 상황에서 릴리는 엄청 재미있어 했고 웃으면서 "아냐, 아빠는 바보야"라고 아빠의 말을 받아주었다.

유감스럽게도, 아이를 훈육하고 올바르게 행동하도록 단속하는 일은 뭔가 심각하고 진지해야 할 것처럼 느껴질 수 있다. 하지만 왜 꼭 그

+ 아이들에게 해를 입히는 상상 속의 악한 괴물. ― 옮긴이 주

래야 하는가? 당신 자신에 대해서든 혹은 아이와 함께 있는 상황에 대해서든 웃을 수 있는 능력이 있다면, 다시 생기를 찾고 스트레스를 많이 감소시킬 수 있다. 당신이 상황에서 충분히 빠져나와 웃을 수 있고 그 상황에 대해 농담할 수 있는 지점에 도달하면, 당신은 이미 상황이 나아지도록 다루고 있는 것이다. 아이와 장난스러운 관계를 갖는 것은 당신과 아이 모두에게 더 연결되어 있다고 느끼게 할 수 있다. 우스꽝스러운 목소리를 내볼 수도 있고, 과장되게 발이 걸려 넘어질 수도 있으며, "마지막이다, 지금 잠옷 입어!"와 같이 화를 내는 모습 대신 친근한 목소리로 "여기에 너무 오래 서 있어서 내 생각에 거미가 내 어깨와 벽 사이에 거미줄을 친 것 같아! 이리 와서 확인해 줄 수 있겠니?"와 같이 바꿀 수도 있다.

그러나 유머를 사용하는 것이 위험 부담이 없는 것은 아니다. 아이가 자신을 비웃었다고 생각할 수도 있기 때문에 약간의 균형을 맞추는 행동이 필요할 수도 있다. 만약 당신에게 중요한 것을 친구에게 말했는데 친구가 비웃었다면 당신은 아마 놀림받는 느낌을 받을 것이고, 이는 짜증 나는 일이다. 아이와의 상호작용에서는 당신 자신에 대해 농담하는 것이 가장 안전하며 도움이 될 수 있다. 당신이 어린 시절 겪은 웃긴 이야기를 한다든지, 당신이 이 세상 전체, 아마도 이 우주 전체에서 최악의 엄마 혹은 아빠일 거라고 인정하는 것 등이 있을 수 있다. 당신 자신이나 당신이 속한 상황에 대해 웃을 수 있는 능력은 아이에게 다른 관점을 보여주고, 당신이 스스로를 외부에서도 살펴볼 수 있다는 것을 아이에게 보여주는 이점이 있다. 유머를 이용해 자신을 외부에서 바라볼 때 감정의 열기를 식힐 수 있고, 강렬하게 화난 기분에서 벗어나 스스로를 놀리며 따뜻하게 웃을 수 있다.

주의 돌리기

주의를 다른 데로 돌리는 것은 우리 모두가 사용하는 전략이며, 대개 성공적이다. 직장에서의 중요한 회의나 당신이 불편하다고 느끼는 사람들과 가지는 사교모임 등, 다가오는 사건에 대해 걱정할 때 당신은 그 괴로움을 잠시 잊기 위해서 얼마나 자주 다른 것에 집중하려고 노력하는가? 비슷하게, 주의 돌리기는 아이의 감정을 다루는 데 훌륭한 방법이 될 수 있다.

주의 돌리기는 몇 가지 형태로 취할 수 있다. 어린아이들에게는 창밖의 흥미로운 것에 관심을 가지며 "우와, 우리 담장에 있는 고양이 펠릭스 좀 봐. 펠릭스가 어떻게 저기 올라갔지?"라고 흥분하며 말하는 것처럼 간단하게 할 수 있다. 큰 아이들에게는 좀 더 정교해져야 한다. 아이가 말하고 흥미를 가진 이전 대화를 사용해 아이의 생각을 돌릴 수 있다. 그 예를 다음 사례에서 살펴보자.

그레이스는 엄마 레이철에게 화가 나서 침대에 누워 소리를 지르며 울었다. 레이철이 그레이스에게 저녁 전에 비스킷을 더 먹을 수 없다고 말하자 이를 두고 실랑이가 일어났고 그레이스는 점점 더 화가 났던 것이다. 레이철은 호기심 있는 표정으로 말했다.

"엄마 봐, 그레이스. 지금 엄마한테 화난 거 알아."

"가버려요, 엄마는 너무 나빠요."

"네가 그렇게 생각한다는 거 알아. 근데 이거 봐, 네가 이전에 말한 거 내가 하루 종일 생각하고 있었어."

"상관없어요."

"들어봐, 네가 나한테 화난 거 알아, 이해해. 근데 네가 이전에 한 말이 정말 중요했어. 네 태블릿에 있는 게임에서 어떻게 하면 보너스 과일을 더 많이 얻는지 알고 싶어 했잖아!"

"그래서요?"

"음, 내 생각에 내가 이걸 해결했는데, 보너스 받는 지점에 들어가면서 더 많은 바나나를 얻어야 해."

"진짜요? 그거 어떻게 해요?"

레이철은 직전에 일어났던 상황에 대해 다시 이야기해도 되겠다 싶을 때까지 게임에 대해 좀 더 이야기를 나누며 몇 분을 더 보냈다.

아이의 관심을 현재의 걱정에서 돌리기 위해 당신 자신의 경험을 말하는 방식으로 주의 돌리기를 사용할 수 있다. 아이와 다시 연결되기 위해서 이전에 말한 이야기를 떠올리는 대신, 지금 아이가 느끼는 것과 비슷하게 느꼈던 때를 생각해 보고 이에 대해 말해보자. 예를 들어 다음과 같다.

"그레이스, 지금 엄마한테 화난 거 알아."

"가버려요, 엄마는 너무 나빠요."

"네가 엄마를 나쁘게 생각하고 있다는 거 알아. 지금 이 순간에도 엄청 미울 거야. 엄마가 어렸을 때 할아버지와 할머니를 얼마나 미워했는지 아니?"

"상관없어요."

"아니야, 진짜 그래. 종종 할머니와 할아버지에게 미친 듯이 화를 내곤 했지. 그거 아니? 한번은 내가 진짜 화가 나서 할머니가 특별히 아끼는 향수를 부어버렸어. 그것 때문에 엄청 곤란을 겪었지. 오, 그건 하지 말았어야 했어. 정말 나쁜 행동이었고, 할머니는 엄청 화가 났거든!"

"진짜?! 할머니가 어떻게 했어요?"

"할머니는 나를 2년 동안 밖에 못 나가게 했단다."

"정말요?"

"아니, 아마 2년은 아니었을 거야. 아마 1주일밖에 안 되었을 거야. 근데 할머니가 나한테 엄청 크게 소리 질렀어!"

레이철은 지금 그레이스가 약간의 시간을 갖는 것이 적당하겠다고 판단했다. 이들 사이에 상황이 안정되면서 좀 더 연결되어 있는 느낌이 들었기 때문이다. 그러나 이후에 레이철은 아이와 함께 무슨 일이 일어났는지 생각해 보고 둘 간의 오해를 이해하기 위해서 다시 이 일을 다루기로 생각했다.

이 두 예시에서 레이철은 그레이스의 관심을 다른 곳으로 끌어 주의를 돌리려고 애썼다. 그러나 레이철은 딸의 관점이나 자신의 생각을 분명하게 놓치지 않으면서 생각하는 동시에, 딸의 관심을 다른 곳으로 끌려고 계속 노력했다. 주의 돌리기 기법을 사용하여 아이의 관심을 더 긍정적이면서 다룰 수 있는 경험으로 옮겨가게 하면서, 아이가 지금 현재 그 순간에 느끼는 곤란한 감정에서 벗어나도록 할 수 있다. 이는 또한 아이의 관심을 다른 감정으로 돌린다. 그러나 기억하라. 주의를 돌리는 것은 아이가 어려운 감정에서 '벗어나' 다른 것을 생각할 수 있도록 도와준다. 그러나 시간이 조금 지난 후 무슨 일이 일어났는지 논의하거나 사건에 관한 이야기를 하면서 처음의 감정을 다시 살펴보는 것이 중요하다—종종 시간이 얼마간 흐른 후에 상황에 대해 생각해 보는 것이 더 쉽다. 그레이스의 주의를 자기 감정에서 멀어지게 하여 엄마에게 화를 냈을 때 어떻게 느꼈는지 이야기하는 것은 그레이스의 감정 강도를 줄이는 데 도움이 된다. 아이가 감정에 휘말린다고 느낄 때, 미래 사건으로 향하도록 하는 것—아이가 어떻게 이런 언짢은 상황을 넘길지 생각해 보도록 하는 것—은 정말로 유익할 수 있다. 이는 아이에게 현재 감정 상태가 지나갈 것이며, 삶은 매일 그리고 매시간 바뀐다는 점을 알려준다. 아이는 또한 감정이 영원히 지속되지 않을 것임을 이해하는 동시에, 자신의 감정에 호기심을 품고 이런 감정에 대해 말할 수 있게 된다.

혼자 시간 보내기

부모들은 '타임아웃'이라는 개념을 알고, 실천하는 데도 익숙하다. '타임아웃'은 보통 처벌의 형태로 사용되며, 바람직한 행동을 강화하려는 목적으로 일시적으로 아이를 바람직하지 않은 행동이 일어난 환경에서 분리하는 것이다. 때때로 타임아웃은 아이들에게 '시스템 밖에서' 화내거나 좌절할 필요가 있다는 것을 전달하거나 아이들에게 자신의 행동을 생각해 보라고 전달할 때 사용된다. 그러나 처벌적인 방식으로 사용되는 타임아웃은 한계가 있으며, '혼자 시간 보내기'와는 다르다. 아이가 좀 더 자라면 부모에게 짜증 나거나 화가 났을 때 능동적으로 혼자 시간 보내기를 선택할 것이다. 그리고 때로는 아이에게 직접 말하려는 시도가 상황에 불을 지르기만 하므로, 떨어져 있는 시간을 보내는 것이 아이에게 정말로 이로울 수 있다. 이를 지지적인 전략으로 만들기 위해서는 이 전략이 아이에게 처벌로 인식되면 안 된다. 예를 들어 "네 방에 5분 동안 가 있어"는 아이가 진정하도록 돕기 위해 제안하는 것으로 인식되어야 한다.

"그래, 이 순간에 네가 정말로 내게 짜증이 나고 화가 난 것처럼 보이는구

나. 그리고 내가 도와줄 수 있는 게 없어 안타깝구나. 내 생각엔 내가 여기에 있는 것은 네 기분을 더 나쁘게 만드는 거 같다. 내가 잠깐 나가줄 수 있어, 아마 그게 도움이 될 거다."

아이가 마음을 진정하고 감정의 온도를 '따뜻한' 범위로 옮기기 위해서 혼자 시간 보내기를 사용하는 능력은 모든 새로운 기술을 배울 때처럼 자연스럽게 찾아오지는 않을 것이다. 이는 아이에게 새로운 기술을 가르치는 것이며, 다른 무엇보다도 아이가 처벌의 일환으로 혼자 있게 되었다는 기분이 들지 않게 하는 것이 중요하다. 그러나 아이가 화나거나 속상하면 새로운 기술을 배우지 못하므로, 아이가 차분할 때 당신이 함께 연습해 보자고 묻는 것이 좋은 방법이다. 기억하라. 이는 아이가 (자기 조절을 하기 위해서) 자신의 감정을 통제하는 방법을 배우도록 혼자 있는 것을 연습하는 것이다. 당신이 먼저 집의 다른 공간에 조용히 앉아 있는 시간을 보내면서 모델이 될 수 있다. 아이가 이 연습을 해내면, 당신은 아이가 이 기술에 이름을 짓게 도와줄 수 있을 것이다(내가 아는 한 아이는 이를 "열 식히는 시간"이라고 불렀다). 그런 다음 새로운 기술을 배운 데 대해 반드시 아이를 칭찬해 주라. 당신의 지도 아래 어떻게 하는지 배운 후에 아이는 자신을 진정시키고 자신의 행동에 대해 생각해 보기 위해 곧 스스로 혼자 시간 보내기를 할 수 있을 것이다.

자신의 감정 조절 방법을 조금 더 배운 큰 아이들은 보통 스스로 떨어져 나와 혼자 시간을 보내고 진정하고자 하는지를 결정할 수 있으며, 당신은 이를 격려하고 촉진시켜 줄 수 있다. 다음 예를 보자.

12살 매디는 학교에서 긴 하루를 보낸 뒤 집으로 왔다. 매디가 현관문에 들어서는 순간, 캐런이 매디의 하루에 대해 질문을 쏟아붓기 시작했다. 매디는 불안해졌고 말은 슬슬 시비조가 되면서, 엄마를 피하며 "그만해요"라고 말했다. 엄마는 화가 났고 "나는 네가 오늘 한 것을 물었을 뿐이야"라고 말했다. 매디는 소리치며 "정말 힘들다고요. 긴 하루였어요, 내 방으로 갈 거예요"라고 대답했다. 그날 늦게 캐런은, 매디가 매일 학교를 다녀온 후에 쉬든 쉬지 않든 자신의 방에서 20분간 혼자 시간을 보내도록 한 다음에 아이의 일상 이야기를 듣는 것이 좋은 아이디어인지 물어봐야겠다고 생각했다. 매디는 이에 동의했고, 매디가 학교에서 돌아온 다음 방에서 긴장을 푼 후에 내려와서 캐런과 함께 하루를 이야기하는 패턴이 잡혔다. 이런 혼자 시간 보내기는 매디와 엄마 사이에 더 좋은 연결감을 만들어주었고, 또한 매디에게 자신의 감정을 어떻게 다룰 수 있는지에 대해 좀 더 가르쳐주었다.

슬프고 힘겨운 감정을 이야기할 때 스킨십 사용하기

아이와의 스킨십은 아이를 진정시키는 효과가 있으며 언어적 표현과 함께 기분이 좋아지게 할 수 있다. 몸을 접촉한 채로 따뜻하고 사랑스럽게 만져주는 행동은 옥시토신(유대감 호르몬)을 분비시킬 수 있으며, 당신과 아이 모두 기분이 차분해지도록 하는 즉각적인 효과가 있다. 예를 들어 아이를 양팔로 안으며 "네가 정말 속상했구나. 네가 진정하도록 도울 수 있게 해줘"라고 하면서 아이에게 스킨십을 할 수 있다. 반대로, 아이가 강렬한 감정을 경험했을 때, 아무 말도 하지 않고 그저 아이를 안전하고 편안하게 안는 것만으로도 아이와 당신 모두 기분이 좋아지게 할 수 있다.

다른 사람을 가까이 안을 때 마음속에서 느껴지는 부드럽고 따뜻한 사랑스러운 기분을 알지 않는가? 그것이 옥시토신이다. 이것은 애정

어린 어루만짐과 포옹에 반응하여 분비되는 호르몬이며, 모유 수유 시 어린 아기에게서도 분비된다. 옥시토신은 많은 긍정적인 효과가 있다. 차분하고 애정 어린 돌봄을 받는 기분을 키워주며, 신뢰·안정·친밀감을 높여주고, 아이의 유대감을 증진시키며, 혈압을 낮추고, 수면 패턴을 조절한다. 스킨십의 종류 또한 중요한데, 어깨를 대충 두드리는 것만으로 이런 긍정적인 이점을 얻을 수 없고, 당신의 전체 가슴과 배가 아이에게 닿으며 당신의 호흡이 느려지고 온전하고 편안해지는 진심 어린 포옹이 아이의 감정 온도를 낮추고 아이와 당신을 더 가깝게 할 것이다.

잘못했을 때 사과하기

아이는 자신의 행동에서 드러나지 않았던 생각과 감정을 부모가 제대로 알지 못하고 오해받았다고 느낄 때 매우 속상하다고 느낀다. 만약 당신이 잘못했다는 것을 아이에게 말할 수 없으면, 오해받는 아이의 느낌은 더욱 날카로워질 것이다. 반영적인 양육에서는 당신이 다른 사람의 마음에서 일어나는 일을 모를 수도 있다는 사실을 받아들이고, 아이가 왜 그런 방식으로 행동했는지를 최선을 다해서 이해하려고 노력하는 것을 아이에게 전달하는 것이 중요하다. 이런 호기심은 자기 반영의 태도와 일치해야 하며, 아이가 무슨 생각을 하거나 왜 특정한 방식으로 행동하는지에 관한 당신만의 생각이 있을 수 있지만 틀릴 수도 있다는 것을 인정하는 것으로 아이에게 상당한 도움이 된다. 아이의 마음속에서 무슨 일이 일어났을지 정확하게 추측했을 때 그리고 부정확할 경우 당신이 틀렸다는 것을 인정할 때 아이는 당신을 더 가깝게 느낄 것이며, 감정 폭발 후에 따라온 단절된 연결감은 아이와 당신 사이에서 재정립될 수 있다. 부모로서 우리는 모두 실수하지만, 실수를 아이에게 인정하는 것이 반영적인 양육에서 중요한 또 다른 측면이다.

앞의 전략 중 몇 가지를 시도해 본 후에, 아이가 생각하고 느끼는 것에 대한 온전한 이야기를 들었는지 확실히 하기 위해 질문해 보자. "좀 더 말해줘, 그것에 대해 ……"라고, 아이가 당신에게 자신의 속 이야기를 말할 공간을 만들어주면서 말이다.

아이가 감정을 다루도록 돕기

💜 아이가 감정을 다루도록 돕는다는 것은 무엇을 의미할까?

반영적인 양육은 당신의 아이가 자신이 어떻게 느끼는지 이해하고 결과적으로 스스로 느끼는 바를 조절하도록 돕는 것이 얼마나 중요한지를 우리에게 상기시킨다. 반영적인 양육은 아이가 스스로 자신의 감정을 이해하고 조절하는 능력을 키우도록 부모가 능동적인 자세로 도울 것을 격려한다.

💜 아이가 감정을 다루도록 돕는 것은 당신에게 도움을 준다

한 걸음 물러나 어떻게 아이가 자신의 감정을 다루는 능력을 키우도록 직접 도울 수 있는지에 대해 생각해 보는 것은 당신을 좀 더 차분하게 만들고 공감하게 할 것이다. 또한 아이의 감정에 집중하는 것은 상황을 빨리 해결하도록 도울 것이며, 당신의 스트레스 수준을 감소시키고 자신감을 높여줄 것이다. 자신의 감정을 더 능숙하게 다루게 되면 아이는 보다 적응적으로 행동할 것이고 이는 부모인 당신에게도 기쁜 일이 된다.

💜 아이가 감정을 다루도록 돕는 것은 아이에게 도움을 준다

감정에 초점을 두고 아이가 스스로 감정을 조절할 수 있도록 도울 방법을 찾으면서 반영적인 부모가 되는 것은 아이가 다른 관계에서 감정을 조절하는 능력에도 영향을 준다. 결과적으로 아이는 또래와 다른 가족들과 더 안정적이고 긍정적인 관계를 맺을 수 있다.

♥ 아이가 감정을 다루도록 돕는 것은 관계에 도움을 준다

어떤 상황에서든 감정에 초점을 두는 것은 상황을 해결하는 데 엄청난 혜택을 줄 수 있으며, 연결감을 북돋는다. 이는 갈등 해소뿐만 아니라 관계 속에서 안정감을 가지는 데 굉장히 중요하다. 당신이 아이의 감정과 표현에 자신의 감정을 맞추어 보고 표현할 수 있을 때, 아이가 감정을 다루도록 도우며 아이는 당신에게 이해받는 느낌을 받아 회복탄력성이 발달할 것이다.

♥ 다음을 명심하라

1. 아이가 감정을 다루도록 돕는 것은 아이의 행동과 당신 및 타인과의 관계에 영향을 미치기 때문에 중요하다.
2. 감정과 행동의 관계를 기억하면, 당신과 아이 모두 아이의 행동 이면에 있는 속마음을 더 수월하게 이해할 수 있다.
3. 공감과 수용하기는 아이가 느끼고 있는 감정을 다루도록 돕는 데 그리고 아이와 연결되는 데 중요하며, 갈등과 문제행동을 줄여준다. 수용하기는 관심과 염려를 표현하는 것이며, 공감은 아이가 느끼는 것에 대해 감정을 표현하는 것이다.
4. 당신이 상상하기에 아이의 몸과 마음에서 일어나는 일이라고 생각하는 것을 이야기하라. 마음을 읽어주는 표현은 아이로 하여금 자신이 무엇을 생각하고 느끼는지 이해하도록 도와준다.
5. 유머는 당신과 아이 사이의 긴장을 깰 수 있고, 더 좋은 관계를 느끼도록

해주며, 아이에게 자신을 다른 각도로 바라볼 수 있다는 것을 보여준다.

6. 주의 돌리기는 몇 가지 다른 형태로 이루어질 수 있으며 아이들이 자신의 감정을 다룰 수 있도록 돕는다. 이를 통해 아이는 곤란한 감정에서 벗어날 수 있다.

7. 혼자 시간 보내기는 당신과 아이 모두 진정하도록 도울 수 있는 지지적인 전략으로 사용할 수 있다.

8. 아이가 느끼는 것이라고 당신이 생각하는 것을 말할 때 당신의 얼굴 표정에 주의를 기울이라. 아이의 감정에 맞추어(뚜렷한 거울 반응) 당신의 표정을 지으려고 노력하라.

06

훈육

오해를 이해하기

명백한 것부터 시작해 보자. 어릴 때는 누구나 많은 잘못된 행동을 한다. 잘못된 행동은 아이들의 발달 과정에서 흔한 일이며, 아이들이 이러한 행동을 하지 않는 것이 오히려 놀라운 일이며 정상이 아닌 것처럼 보이기도 한다. 그러나 '버릇없는' 행동에 대해 대부분 부모는 걱정하게 되고, 일반적으로 부모들은 자녀가 바르게 행동하기를 원한다.

왜 잘못된 행동이 부모에게 그렇게 걱정이 될까? 왜 이런 이슈들로 많은 부모가 친구에게 조언을 구하거나 해결책을 찾고 양육과 관련된 책을 구입할까? 이에 대한 대답은 복잡하고 다면적이며 사람마다 약간씩 다르다. 다음과 같은 이유가 연관될 수 있다. 아이가 부모에게 도전하려고 하고 부모가 정한 선을 넘으려고 하는 데서 느껴지는 강한 감정, 아이가 특정한 방식으로 행동해야 한다고 주장하는 다른 부모들이나 조부모로부터 오는 압력, 권위와 존중에 대한 사회의 암묵적인 메시지, 현재의 나쁜 행동이 아이의 미래를 망치지 않을까 하는 걱정, 혹은 단순하게는 아이가 말을 잘 들으면 삶이 더 수월해지기 때문 등등이다. 물론 우리는 이런 모든 걱정들을 알고 왜 부모들이 다른 사람에게 조언을 구하는지 이해한다. 이 책의 주요 목적은 간접적으로, 때로 직접적으로 아이의 문제행동을 감소시킬 아이디어를 제공하는 것이다. 우리는 이 장에서 당신의 걱정이 무엇인지 알아보고 훈육과 관련된 몇 가지 아이디어를 점검해 보고자 한다.

우리는 나쁜 행동을 못 하도록 말리거나 다루어야 한다는 생각을 탐색해 보고 그 생각에 도전하고자 한다. 대신, 당신에게 좀 더 넓은 시각을 제공하고 싶다. 아이의 잘못된 행동에 반응하는 순간은 아이의 정서 발달을 지지해 주는 훌륭한 기회가 되며, 아이가 자신과 타인을 이해할 수 있도록 도와준다. 어린아이들은 매 순간 얌전하게 말을 잘 들으며 있지 못하는데, 그 이유는 아이들의 욕구가 보통 부모들의 욕구와 완전히 다르기 때문이다. 다음 예를 생각해 보자. 걸어서 학교에 가는 아이를 옷으로 싸매서 따뜻하게 하려는 당신의 욕구와 학교에 스쿠터를 타고 빨리 가고 싶은데 코트 안에 스웨터를 입어야 하는 아이의 느낌에 대해 생각해 보라. 당신의 아이는 춥다고 느끼지 않으며 스쿠터를 타는 동안 자유롭게 잘 움직일 수 있기를 원한다. 이렇게 서로 다른 관점을 이해하는 것은 매일 일어나는 갈등을 이해하는 데 중요하다. 아이와 사이가 틀어진 후에 관계를 회복하려고 무슨 일이 일어났는지 생각하고 있는데, 오히려 이런 갈등이 도움이 된다고 말하는 것이 어떻게 느껴지는가? 당신의 아이를 돕는 열쇠는 아이의 경험을 '정신화'하는 것이며, 이는 미래에 다루기 어려운 행동의 발생 빈도를 감소시키는 데 도움을 준다. 앞의 내용을 기억한다면, '정신화'는 자신과 타인의 외현적인 행동 이면에 있는 정신 상태(혹은 마음 상태라고 표현해도 좋다)를 이해하려는 것임을 알 것이다. 따라서 스웨터 입기를 거부하는 상황에서 부모는 아이가 무엇을 생각하고 느끼는지 이해하기 시작할 수 있을 것이며, 이상적으로 자신이 생각하는 것을 말할 수도 있을 것이다(예를 들어, "네가 모르는 사이, 감기에 걸려서 학교에서 하루 종일 아플까 봐 걱정된다").

이 경우 가장 중요한 첫 번째 단계는 아이의 행동에 대해 비난하기보다 호기심을 갖는 것이다. 물론 이것이 이상해 보이거나 평소 생각했던 것과는 다르다는 생각이 들 수도 있다. 우리는 이 장에서 제시한 아이디어가 아이의 버릇없는 행동과 상황뿐만 아니라 장기적으로 아이의 문제행동을 감소시킨다고 이야기하고 싶다. 아이와의 갈등 속에도 아이와 당신 그리고 가장 중요하게는 아이와 당신 관계에 혜택을 가져오는, 중요한 발달적인 양육에서의 교훈이 있을 수 있음을 알게 될 것이다.

잘못된 행동, 갈등 그리고 연결

아이들이 부적절하게 행동하는 것은 굉장히 흔하고 정상적인 일이지만, 이때는 부모와 갈등이 발생한다. 대부분 부모는 갈등으로 인한 감정을 다루기 어려울 수 있으며, 자신이 잘못했다고 느끼거나 아이에게 실망할 수 있다. 그러나 그런 행동을 하는 아이의 동기는 당신의 동기와 완전히 다르다. 결국 당신과 아이는 매우 다른 사람이며, 당신이 부적절하다고 생각하는 방식으로 행동하는 것이 아이에게는 매우 정상적일 수 있음을 기억해야 한다.

잘못된 행동과 갈등이 모두 형편없는 가족 관계로 인한 흔적이 아니라는 것을 안다면 안심이 될 것이다. 갈등은 부모와 아이들 사이에서 흔하게 일어난다. 아이와 부모가 서로 다른 욕구가 있음을 알고 있어도 부모는 여전히 한계를 유지하고 자녀의 행동을 바로잡아야 한다. 아이가 자신에게 무엇이 기대되는지, 무엇이 안전하고 적절한지 등을 배우도록 돕기 위해서 한계를 설정하고 행동을 제한하는 것이 우리의 역할이다. 그러나 아이들은 부모의 생각과 다르게 자율성과 자신이 누구인지를 표현하기 위해 씨름하고 있다. 따라서 아이를 양육하면서 매일매일 수용 가능한 범위 내에서 아이의 욕구와 아이가 바르게 행동하도록 하는 당신의 욕구를 균형 있게 유지해야 한다. 당신의 기대에 부합하도록 지지하고 지시를 하면서 끊임없이 아이의 자율성의 범위를 제한하게 될수록 갈등이 일어날 잠재적인 불씨는 커진다.

청소년기에는 갈등이 일어날 잠재된 가능성이 더 많다. 따라서 가족 내에서 초기에 대화 패턴을 만드는 것이 아주 중요하다. 이런 대화 패턴은 계속 이어져 아이가 10대가 될 때까지 지속될 것이다. 따라서 오해를 이해하는 환경을 초기에 만들어놓는 것이 도움이 된다. 부모와 자식이 중요한 사안에 대해 동의하지 않는 동안에도 서로가 계속해서 연결되어 있다고 느낄 수 있는 것은 안전한 관계의 전형적인 특징이라고 주장하는 연구들이 많이 있다.[1-3] 만약 부모와 10대 자녀가 상대의 관점을 수용하면서 자신의 의견을 말할 수 있으면, 이들은 그 관계에서 서로에게 더 안전하다고 느껴 편안함을 느낄 것이다. 갈등이 없는 부모와 10대 자녀 사이는 없다. 그렇지만 갈등을 겪는 동안 계속 연결되었다고 느끼거나 갈등을 겪은 후에 재빨리 연결감을 회복할 수는 있다. 이 책은 아이의 연령과 상관없이 부모가 아이의 마음 상태에 연결되도록 돕는 것이 중요한 개념임을 전달하고자 한다.

갈등이 있는 동안 아이와 연결감을 가지는 것은 아무리 강조해도 지나치지 않을 정도로 중요하다. 자녀 양육에서 수치심이 어떤 역할을 하며 어떤 영향을 미치는지에 대한 연구가 늘고 있다.[4, 5] 수치심은 어떤 잘못된 행동을 했을 때 느껴지는 안 좋고 끔찍한 감정이지만, 도덕적이고 사회적인 규범에 맞게 아이의 행동을 만들어가는 데 매우 중요한 역할을 한다. 부모에게 야단맞았을 때 아이들이 느끼는 주된 감정이 수치심이기 때문이다. 어린아이들은 수치심을 느꼈을 때 조용해지고 눈을 피하며, 말하고 움직이는 데서 주눅이 든다. 아이를 야단쳤을 때 아이가 고개를 떨군다거나 몸을 웅크렸던 기억이 있을 것이다. 이런 불편한 상황에서 아이들은 부모와의 유대감에 위협을 느끼며, 자신들이 수용되지 않았다거나 사랑받지 않는다고 느낀다. 그런 다음 아이들은 어떤 것이 수치심과 같은 감정을 초래하는지 배우며, 부모의 선호에 맞는 방식으로 행동하기를 배운다. 특히 부모가 긍정적인 행동에 반응해 줄 때 아이들은 자신의 행동을 자제하는 법을 배우고 사회적으로 더 수용되는 행동을 선택한다. 아이들은 부모와 동떨어진 기분을 느끼는 것을 좋아하지 않는데, 사실상 이는 아이들에게 위협이 되어 자신의 행동을 부모에게 맞추는 이유가 된다. 아이들이 느끼는 수치심을 알아차릴 수 있는 부모는 아이와 쉽게 재연결될 수 있고, 아이와의 유대가 강화되고 자녀가 부모와의 관계가 손상되지 않는다는 것을 배우도록 도울 수 있다.

9개월 된 잭은 거실을 기어 다니다가 전기 콘센트에 관심을 갖기 시작했다. 전기 콘센트를 만지작거릴 때 엄마 레이철이 갑자기 소리치는 것을 들었다.

"잭, 안 돼! 당장 거기서 떨어져!"

잭은 바짝 얼어 조용해졌다. 잭은 꼼짝없이 그 상태로 멈추어 엄마에게 반응하길 거부하며 바닥만 바라보았다. 잭은 수치심을 느꼈다. 레이철이 잭을 들어 안았고, 잠시 잭을 안고 흔들어주면서 자신이 잭에게 얼마나 마음을 쓰고 사랑하는지 확인해 주었다. 잭은 편안해지기 시작했고 레이철은 아이를 안고 전기 콘센트로 가서 간단하게 설명해 주며 이 근처에는 가지 말라고 말했다. 잭은 플러그가 왜 위험한지 정말로 이해하지는 못했지만 기분이 나아졌다.

만약 아이가 수치심을 느끼는데 부모가 이를 잘 알아차리지 못한다면 부모와의 관계가 멀어지면서 유대가 약화될 수 있다. 아이들은 수치심을 비롯해 화, 분노 같은 여러 부정적인 감정들에 대처하고 방어하는 방법을 배운다. 비록 더 많은 수치심과 분노를 느끼는 부정적인 상호작용의 순환 속에서도 아이들은 여전히 자신이 바라는 관심을 받을 수 있고 부모와의 어떤 연결점을 느낄 수 있다는 것을 배울 수 있다. 따라서 잠깐이라도 약간의 수치심을 느끼더라도 상황을 재정립하고 연결감을 다시 회복하는 것은 아이와의 관계를 긍정적이며 돈독히 할 수 있는 반면, 오랫동안 경험하게 된 수치심은 부모와의 연결감이 재정립되지 않고 단절되어 당신과의 관계를 좋지 않게 만들고 아이의 잘못된 행동을 증가시킨다.

자녀가 수치심을 경험할까 걱정된다면, 가족 내에서는 의견이 불일치하는 일이 자주 일어난다는 것을 기억하라. 그리고 아이의 경험에 완전히 맞춰주며 아이가 다른 사람들에게 어떤 영향을 미칠지를 알려주지 않는다면 아이는 절대로 다른 관점에 대해 배울 수 없을 것이고, 사람들이 자신과 다른 욕구를 가지고 있다는 것을 이해할 수 없을 것이다. 실제로는 사이좋게 지낼 때보다 이런 갈등을 통해서 서로에 대해 더 많이 배울 수 있다.

중요한 점은 갈등 중에 혹은 갈등이 일어난 후에 아이와 긍정적으로 상호작용을 할 방법을 찾는 것이다. 이는 상호 관계에 편안함을 가져오며 부정적인 행동의 순환을 감소시킨다. 부모와 아이 사이에 갈등이 예상될 때, 갈등을 성공적으로 조율하며 관계를 지속할 수 있을지가 가장 중요하다. 부모한테 이해받는다고 느끼는 아이는 관계에 대한 부모의 헌신을 신뢰하고, 심지어 갈등과 심각한 의견 충돌이 있는 경우에도 부모의 마음을 신뢰한다. 이런 아이들은 다음 발달 단계로 더 자신 있게 나아갈 수 있으며, 갈등을 견디고 해결하는 방법을 배우고, 자신의 관점이 가치 있다고 여기면서 부모를 신뢰할 수 있다는 자신감을 느낀다. 아이는 부모가 자신과의 갈등을 다루는 과정을 경험하면서 공격적인 행동이나 격양된 감정을 어쩔 수 없이 표출하는 것이 아니라 갈등을 다루고 상황을 스스로 헤쳐 나가는 방법을 보고 배울 것이다. 그래서 아이가 갈등을 해결하고 자신의 행동을 새로이 선택한 것을 당신이 알아차리고 칭찬해 줄 때 아이는 당신이 좋아한다는 것을 알게 되고 거기에 부응하려 할 것이다.

우리는 갈등 속에서 아이에게 중요한 발달적인 교훈이 있다는 것을, 다시 말해 아이들이 자신의 행동 이면에 있는 이유를 탐색하는 것을 도울 수 있다는 것을 부모인 당신이 알도록 도와줄 것이다. 당신은 아이의 세계를 좀 더 이해할 수 있을 것이고 아이에게 무엇이 중요한지 발견할 수 있을 것이다. 또한 당신이 요구한 것을 아이들이 '계속' 따르는 것이, 즉 아이들의 행동을 통제 아래 두는 것이 정말 중요한지 점검해 보면 좋겠다. 영유아 자녀를 둔 부모들을 만났을 때 '싹을 잘라버리는'

등 초기에 아이의 행동을 통제하지 못하면 아이들이 통제를 벗어난 괴물이 되지 않을까 하는 두려움이 부모들에게 있다는 것을 알았다. 그러나 이에 대한 어떠한 증거도 없으며, 여기서는 실제로 문제행동들을 이해하여 당신과 아이가 서로를 더 잘 이해할 수 있는 몇 가지를 이야기할 것이다—아이가 모든 경우에 완벽하게 행동하게 하지는 못하더라도 말이다.

주목해야 할 다른 중요한 부분은 갈등과 부정적인 감정을 다루는 것을 통해서 아이는 당신, 즉 부모가 이런 감정을 건딜 수 있고 다룰 수 있다는 것을 알게 된다는 점이다. 이는 아이에게 두 가지 중요한 교훈을 주는데, 아이는 다른 사람의 관점에서 사건을 바라볼 수 있고, 의견이 다른 것은 상대를 거절하거나 혹은 따뜻함이나 공감을 잃는 것이 아니라는 점을 배운다. 그러나 아이는 행동에 있어 상대가 기대하는 경계 및 한계가 있다는 것을 알아야 하며, 이런 한계와 경계를 넘어서려고 할지라도 부모가 기대하는 기준에 맞춰 자신의 행동을 조절하는 지점에 도달할 수 있게 된다.

캐런은 남편 톰과 세 아이를 위해 조금은 특별한 일요일 점심을 만들려고 노력했다. 바깥 날씨가 끔찍해서 식구들이 집에 있었기 때문이다. 첫째 매디(12살)와 둘째 샘(10살)은 식탁에 앉아 점심을 먹기 시작했으나, 가장 어린 몰리(2살)는 식탁에 와서 자기 접시를 보고 "우엑, 치즈 소스 싫어. 우엑! 아니야! 나 안 먹어"라고 말했다. 몰리는 가족과 함께 앉아 먹으려고 하지 않았고 대신 소파에 부루퉁하게 앉아 토스트에 땅콩 잼을 발라 먹고 싶다고 말했다. 캐런은 "네 음식만 따로 주지 않을 거야. 지금 엄마는 힘들어. 몰리, 까다롭게 굴지 마"라고 말했다. 이를 듣고 몰리는 자기 인형을 크리스마스 트리에 던졌고, 크리스마스 장식이 쿠션 위로 떨어졌다. 이에 캐런은 갑자기 폭발하여 목청껏 소리를 질렀다. "오늘 엄마가 하루 종일 청소했는데, 이걸 어지르려고 해?!" 엄마가 소리치는 것을 듣고 몰리는 분하고 속상해서 눈물을 흘렸고, 자신의 인형 팔을 떼어버렸다. 그리고는 문을 쾅 닫으면서 나갔다. 캐런은 몰리에게 소리쳤다. "이리 와서 네가 어지른 거 치워." 몰리는 엄마를 무시하고 다른 방으로 갔다. 나머지 가족들은 몰리를 내버려 둔 채 계속 점심을 먹기 시작했고, 몇 분이 흐른 후 몰리가 다시 부엌으로 와서 아빠에게 가 말했다. "엄마가 소리 지를 때 나는 안 좋아. 안 치울 거야. 엄마한테 말 안 해. 엄마는 미안하다고 말해." 아빠는 말했다. "그렇지, 사람이 소리칠 때는 좋지 않아. 하지만 너도 방이랑 나무를 어지럽힌 것에 대해 미안하다고 말해야 해. 그리고 봐라, 너는 네가 정말로 좋아하는 인형도 망가뜨렸어. 정말 유감이구나." 몰리는 고개를 떨구었고, 소리치고 장난감을 망가뜨린 것을 부끄러워하고 엄마가 자신을 거절한 것 같은 기분 때문에 속상해 보였다. 그리고 몰리는 자신이 언니에 비해 아기처럼 느껴졌다. 아빠는 캐런에게, 이리 와서 몰리에게 소리쳐서 미안하고 몰리를 사랑한다고 말하라고 부탁했다. 열을 식힌 캐런은 몰리에게 자신도 소리치는 것을 좋아하지 않으며 몰리의 기분을 나쁘게 만들어서 미안하다고 했다. 그러나 캐런은 좋은 가족 식사를 기대했었다고 말했다. "나는 여전히 널 사랑해. 그리고 네가 네 장난감을 부순 건 안타깝구나. 너도 그게 굉장히 속상하지?" 몰리는 시간이 걸렸지만 약 10분이 지난 후 진정되었고, 몰리의 자세는 똑바로 펴졌다. 엄마가 몰리를 껴안고 있을 때 몰리는 자기 접시를 살펴보았고 구운 감자를 집어 들어 먹기 시작했다. 그리고 몰리가 음식을 어느 정도 먹은 후에 캐런은 몰리에게 방을 치울 것을 제안했고 몰리를 돕겠다고 했다. 몰리는 나머지 오후 시간을 행복하게 놀면서 보냈다.

아이가 자신의 행동이 타인에게 미치는 영향에 대해 공감하거나 반대로 이해하지 못하는 경우 모두, 아이가 다른 사람의 마음을 이해하는 방법을 배우는 훈육의 기회가 될 수 있다는 것을 기억하기를 바란다. 몰리의 예시에서 볼 수 있듯이, 안전하고 편안한 관계 속에서 발생하는 갈등은 관계 속에서 거리를 두지 않고 긍정적인 방법으로 해소될 수 있다. 갈등은 심지어 심리적인 거리를 가깝게 할 수 있고 상대에 대한 이해를 높일 수 있다. 그러나 사실 그 반대의 경우가 흔하다. 이 경우, 부모로서 당신과 당신의 아이 모두에게 오해받는 느낌은 굉장히 힘겨우며, 성인과 아이 모두에게 경험할 수 있는 가장 혐오스러운 감정이기도 하다. 하지만 중요한 점은 갈등을 통해 오해로 인식한 부분을 상대가 어떻게 느끼는지에 대한 깊은 이해로 바꾸는 기회를 얻을 수 있다는 것이다.

건강한 관계에서도 갈등은 존재하고 아이들은 잘못된 행동을 한다. 부모의 역할은 파괴적인 행동에도 반응을 해주면서 아이의 감정과 관점을 돌보아 주는 것이다. 우리는 아이의 감정에 반응하고 관점을 이해하는 것이 당신이 세운 경계를 약화시킬 것이라고 보지 않는다. 몰리의 예에서 볼 수 있듯이, 아이들에게는 행동의 한계를 정하는 것이 필요한데, 이때는 반드시 부모와의 관계를 유지하고 아이가 실제로 그 상황에서 배우면서 성장하도록 설정해야 한다. 캐런은 몰리가 저녁을 먹고 자신이 어지른 것을 치우길 원한다고 명확히 말했지만, 또한 소리 지르는 것을 듣는 게 얼마나 기분이 나쁜지 인정했고, 몰리 때문에 그 순간에 감정이 어떻게 통제되지 않았는지 알았다. 캐런은 평화로운 가족 식사를 기대했지만 그렇지 못한 것과 시간을 내어 치운 집이 어질러진 데 대한 화난 감정에 이름을 붙이고 이를 자각할 수 있었다. 잘못된 행동과 갈등을 통해 이루어진 연결은 아이의 발달에 도움이 된다. 따라서 아이와의 갈등은 실제로 당신과 아이의 관계에 도움이 될 수 있으며, 훈육은 자녀와의 유대를 강화할 수 있다. 부모는 '아이를 바로잡는 것이 중요한지, 아이와 연결되는 것이 더 중요한지'를 고민할지 모르지만, 우리는 아이의 행동을 바로잡는 '동안에' 아이와 연결될 수 있음을 알려주고 싶다. 만약 갈등을 겪은 후 4장에서 다룬 부모 APP의 원리를 사용하여 능동적으로 아이와의 관계를 바로잡으려 하고 무슨 일이 일어났는지 되돌아보며 탐색해 본다면, 아이가 다른 사람의 관점을 비롯해 자신의 행동 이면에 있는 의도를 이해하도록 도울 수 있다. 우리는 당신이 사용할 수 있는 방법의 몇 가지 유형에 대한 예를 소개했지만, 이를 더 명확하게 설명하기 위해 '교정'과 '연결'이라는 두 가지를 통합할 수 있는 도구를 알려주고자 한다. 어떻게 동시에 교정과 연결을 통합할 수 있는지는 까다로울 수 있으나 다음을 살펴보자.

두 손 접근법

아이들의 바른 행동과 바르지 못한 행동에는 다양한 이유가 있다. 그 이유는 항상 명확하지는 않지만 아이의 까다로운 행동에 반응하면서 무엇이 그런 행동을 일으켰는지 이해하려고 시도한다면 도움이 될 것이다. 당신의 손으로 생각해 보라. 한 손에서 당신은 아이의 행동을 다루기 위해 분주하고, 다른 손에서는 아이가 왜 잘못된 행동을 했는지 이해하려고 한다고 해보자. 이는 임상심리학자 대니얼 휴스(Daniel Hughes)가 사용한 두 손 접근법[6]이라는 훌륭한 개념이다. 두 손 접근법은 당신

의 훈육을 둘러싼 상호작용에서 두 가지 중요한 요소를 제안한다. 하나
는 무엇이 그런 행동을 야기했는지 이해하는 데 집중하는 것이고, 다른
하나는 그 행동 자체를 다루는 것이다. 우리는 휴스의 유용한 개념에
우리의 부모 APP 개념을 더해 발전시켰다.

두 손 접근법에 대한 설명

첫 번째 손에서는 '행동을 다룬다'—아이의 잘못된 행동에 보이는 당신의
반응을 말하며, 예를 들어 당신이 아이에게 주는 결과를 말한다.

두 번째 손에서는 행동을 이해한다—아이의 행동 이면에 있는 이유와 동기
를 이해하도록 도와준다. 이 손에서 부모 APP은 아이의 외적인 행동이 아
니라 왜 특정한 방식으로 행동했는지 이유를 볼 수 있도록 도와준다.

두 손 접근법은 행동을 다루는 것과 마찬가지로 그 행동을 하도록 만
든 아이의 경험을 이해하는 것도 중요하다는 사실을 상기시킨다. 이 책
에 있는 대부분의 아이디어들처럼 이런 접근은 갈등을 겪는 상황에서

그리고 겪은 후 상황 모두에서 유용하다.

엄마 리사가 집 안에서 윌리엄의 아빠와 이야기를 나누고 있을 때, 찰리는 친구 윌리엄과 밖에서 놀고 있었다. 갑자기 윌리엄이 울면서 집 안으로 들어왔고, 리사에게 찰리가 자기 정강이를 걷어찼다고 말했다. 윌리엄이 괜찮은 것을 확인하고 난 후 리사는 좀 더 시간을 갖고 찰리를 지켜보기로 결정했다. 부모 APP의 아이디어를 사용해 찰리가 친구를 차서 볼 낯이 없을 거라고 추측했지만, 또한 아마 찰리의 마음에 친구를 때린 이유가 있을 것이라고 생각했다. 만약 리사가 두 손 접근법을 사용한다면, 리사는 찰리에게 발로 찬 결과에 대해 알려줘야 한다(행동을 다루는 손)는 것을 알면서 동시에 무슨 일이 있었는지 이해하려고 한다(행동을 이해하는 손). 리사는 찰리 옆에 앉아서 평소 대화하듯 말하려고 노력했고 민망한 기분을 어루만지면서 잠깐 아이를 안아주었다. 그런 다음 리사는 친근한 목소리로 말했다.

"무슨 일이 있었던 거니, 찰리? 나는 네가 윌리엄을 좋아한다고 생각했는데? 네가 싫어하는 무슨 일이 있었던 거야?"

"나는 윌리엄이 싫어요, 엄마."

"정말? 너 윌리엄 좋아했잖아. 윌리엄은 좋은 친구 아니니? 무슨 일이 있었던 거야?"

"윌리엄이 자기 트램펄린이 내 것보다 훨씬 크다고 했어요. 자기네 정원이 더 크고, 내 게임들은 모두 쓰레기라고 했어요."

"오, 그건 기분이 안 좋네."

"나 윌리엄 싫어요. 왜 그런 말을 했을까요?"

"잘 모르겠다, 아가. 사람들이 그렇게 이야기하는 데는 많은 이유가 있을 수 있지. 네가 왜 그렇게 화났는지 이해할 수 있겠다."

찰리는 약간은 불안한 눈빛으로 엄마를 올려다봤다. 리사는 계속 말했다.

"네 기분이 어떤지 알겠구나. 누군가 내게 속상하게 하는 말을 하면 나라도 싫었을 거야. 하지만 네가 화났다고 다른 사람을 때리는 건 괜찮지 않아. 나는 네가 그걸 알 거라고 생각해."

찰리는 조용해졌고 고개를 아래로 떨구었다.

"그건 잘못되었다는 걸 알지, 그렇지 않니 찰리?"

찰리는 말을 하기보다는 고개를 끄덕였다.

"들어가서 윌리엄한테 미안하다고 해야 해. 또 엄마는 윌리엄 아빠한테도 이걸 말할 거고 나중에 아빠와도 같이 이야기해 볼 거야. 네가 속상할 때 다르게 행동하도록 돕고 싶구나. 정강이를 얻어맞는 건 진짜진짜 아파. 윌리엄이 널 찼다면 너도 안 좋았을 거야."

두 손 접근법을 이용한 훈육을 통해 아이들은 도움을 받을 수 있다. 찰리는 엄마한테 이해받았지만 친구와 있었을 때 했던 자신의 행동이 받아들여지지 않는다는 것을 이해했다. 모든 아이들은 행동의 한계와 자신의 행동으로 인한 결과를 알아야 한다. 아이들은 성장하면서 두뇌 발달이 이루어지고 기분을 이해하고 충동을 억제하기 쉬워지면서 사건에 대한 기분이나 인식에 대해 어떻게 반응할지 선택하기가 더 수월해질 것이다. 그런 다음, 아이의 행동은 개선될 것이며 아이는 바람직한 행동들을 더 자주 보일 것이다. 아이가 자신의 감정에 더 관심을 갖도록 돕고 왜 그런 방식으로 행동했는지에 관심을 갖게 되면 바람직한 행동은 늘어날 것이다.

잠자리에서 리사는 찰리에게 이전에 일어났던 일에 대해 좀 더 말해보기로 결심했다. 찰리는 친구가 왜 자신을 아프게 하는 말을 했는지에 관심을 조금 표현했다. 리사는 이유를 탐색하는 것은 좋은 방법이며 다른 관점을 살펴보는 기회라고 생각했다. 왜 윌리엄이 그렇게 말했는지 여러 이유들을 이야기해 보면서, 찰리는 윌리엄이 사실 자기 것에 질투를 했을 수 있다는 것을 알게 되었다. 찰리는 또한 윌리엄이 우리 가족을 나쁘게 말한다고 느꼈기 때문에 화가 났던 거 같다고 했다. 다른 사람을 발로 찼기 때문에 리사는 찰리가 당분간 친구 올리와 노는 것을 허락하지 않는 것으로 정했다.

이런 접근법이 어떻게 문제행동을 줄이는 데 도움이 될까? 먼저, 두 손 접근법은 갈등을 겪는 동안 당신이 잘못된 행동과 상호작용에 흥미와 호기심을 가지고 접근할 수 있도록 해주며, 당신이 아이에게 더 긍정적인 마음으로 접근할 수 있게 된다는 것을 의미한다. 아이에게 단순히 덜 짜증 내고 화를 내지 않는 것만으로도 상황에서 벗어날 수 있도록 도와줄 수 있다. 이전 예시에서, 리사는 찰리가 친구를 찬 바로 직후에 찰리에게 조심스럽게 다가가야 한다고 의식적으로 마음먹었다. 리사는 조심스럽게 무슨 일이 일어났는지 알아보는 데 관심을 가졌으며, 찰리가 어떻게 느낄지를 살펴보면서 유익한 대화를 하기 위한 시간을 만들었다. 만약 리사가 사건이 일어난 직후에 화가 나고 곤란해하면서 바로 찰리에게 가서 윌리엄에게 사과하도록 요구했다면 상황은 악화되었을 것이다.

두 번째로 두 손 접근법은 아이의 행동으로 인한 결과를 다루게 할 뿐만 아니라 그런 행동을 이끈 내면 경험을 탐색할 수 있게 도와준다. 이는 아이가 긍정적인 자존감을 기르도록 도와주며, 왜 그런 일이 일어났는지를 당신과 함께 탐험하면서 민망한 감정을 다루도록 도와주고,

무엇이 잘못되었는지 이해하도록 도와 당신에게 이해받는 느낌을 받도록 해준다. 다시, 이전 예시에서 리사는 찰리에게 공감하려고 애썼다. 리사는 뽐내는 자기 친구들을 떠올렸고, 그들이 왜 그랬는지를 절대 이해할 수 없었다고 말해주어 찰리가 이해받는 기분이 들도록 도왔다. 찰리는 친구를 발로 차서 부끄럽기는 했지만 이런 이해받는 기분은 좋았다. 이는 1장에서 잠깐 다루었던 내용과 연결되는데, 아이들은 이해받고 연결되었다고 느낄 때 다른 사람에게 영향을 받기가 더 쉽다. 아이를 훈육하는 데 이보다 중요한 것은 없다. 두 손 접근법은 아이가 자신의 생각과 감정 및 관점을 부모가 이해하려고 노력하고 있다는 것을 알 수 있도록 돕는다. 앞의 예시에서 엄마에게 이해받는 경험이 있어 찰리는 나중에 일어난 결과를 보다 수월하게 받아들일 수 있었다.

권위 있는 양육 VS 권위주의적인 양육

이 책에 대해 친구들과 이야기할 때 친구들이 많이 묻는 질문 중 하나가 "그러면 내가 항상 내 아이의 관점에서 봐야 하고, 아이에게 틀렸다고 말하거나 심술궂다고 말하면 안 되니?"이다. 사람들이, 공감하며 '마음을 읽어주는 것'과 아이들이 제멋대로 하게 두고 통제하지 않는 것을 동일시하는 현상은 흥미롭다. 하지만 그렇지 않다. 우리는 이런 생각들을 변화시키기 위해 부모 APP에서 제시한 기술이 아이와 더 좋은 관계를 맺고 어려운 행동이나 상호작용을 해소하는 데 강력하게 작용하는 역할을 살펴볼 것이다. 우리는 두 가지 양육 방식의 차이를 통해 이 문제를 다루고 싶다. 즉, 권위 있는 양육과 권위주의적인 양육의 구별이다.

우리가 부모들에게 종종 듣는 말 혹은 우리가 말하는 것은 "아이가 내(당신의) 권위를 존중해 주지 않는다"라는 것이다. 갈등이 있는 상황에서 말다툼을 일으킨 원인의 상대적 중요성보다는 누구에게 통제권이 있으며 누구의 목소리와 의견이 더 무게를 지니는지가 부모와 아이에게 강한 감정을 일으킬 수 있다. 두 손 접근법은 아이와의 관계에서 권위를 유지할 수 있도록 하여 아이의 까다로운 행동을 다루면서도 동시에 아이가 무엇을 느끼는지 이해할 수 있게 한다. 그러나 이는 꽤나 하기 어려운 일이며, 우리 대부분은 많은 경우 하지 못한다. 그러나 부모가 이런 접근 방법을 취하려고 노력할 때 아이의 행동 방식과 서로의 관계, 그리고 서로에 대한 감정들이 얼마나 빨리 의미 있게 변화하는지는 주목할 만하다.

일반적으로 권위가 있는 양육을 좋은 것이라고 여기며, 이런 양육이 아이에게 필요하고 아이는 이를 따르도록 해야 한다고 생각한다. 하지만 권위 있는 양육과 권위주의적인 양육 사이의 차이를 명확히 하고 이 중 권위 있는 양육이 유익하다는 것을 분명히 아는 것이 중요하다.

아이를 엄격한 수준에서 통제하고, 힘과 더불어 어떠한 설명도 없는 '모 아니면 도' 방식을 내세우는 권위주의적인 양육과 대조적으로, 권위 있는 양육은 많은 자유의 허용(이 경우는 허용적인 양육이다)과 엄격함 사이에서 균형을 획득하는 방법이다.

권위 있는 양육의 이점

권위주의적인 양육이라는 용어와는 다르게 권위 있는 양육은 공감, 부모와 아이의 의사소통 그리고 규칙에 대한 이성적인 설명을 강조하는 양육 방식이다. 권위 있는 양육 스타일은 한계를 정하고 아이들에게 논리적으로 설명하고 설득하면서 아이의 정서적인 욕구에 민감하게 반응하는 것이다. 이런 접근법은 성공적으로 아이가 자신의 행동을 다루고 친밀한 관계를 유지하는 데 도움이 된다. 아이와의 관계에서 권위 있는 양육을 통해 갈등과 오해를 다루려면 두 손의 균형을 맞출 필요가 있다. 이를 통해 아이는 반항보다는 바른 행동을 하게 될 것이다. 부모 중 한 사람이라도 권위 있는 부모가 있으면 아이의 행동은 큰 차이를 보인다.[7]

그러면 권위 있는 양육의 기준은 무엇일까? 만약 당신이 아이에게 권위 있는 양육을 한다면 어떤 모습일까?

권위 있는 양육의 특성

권위 있는 양육을 통해 당신은 아이를 잘 돌보고 보호하며 민감하게 반응할 것이고, 당신과는 다른 생각과 감정을 가진 이성적인 개인으로서 아이를 존중할 것이다. 당신은 부모에게 협조적인 아이의 모습과 아이의 수준에 맞는 성숙도를 기대할 것이며, 동시에 아이의 연령에 맞는 정서적인 지지를 해줄 것이다. 아이의 잘못된 행동에 대해 규칙이나 한계를 세우지 않고 아이의 친구가 되고 싶다고 말하는 관대한 부모와는 다르게, 아이의 잘못된 행동에 대해 권위 있는 양육을 하는 부모들은 너그럽지 않다는 점을 강조하고 싶다. 우리가 부모 APP에서 강조했던 것과 마찬가지로 공감을 보여주는 것이 중요하며, 아이의 관점에서 바라보고 아이의 행동에 대해 '마음을 읽어내는 것'이 중요하다. 이와 함께 당신은 아이에게 적절한 행동에 대한 규칙을 강조하고 따르도록 하고, 단순히 규칙을 제시하는 것이 아니라 규칙의 이유 또한 설명할 필요가 있다. 이렇게 '잘 갖추어진' 접근을 통해 아이들은 부모가 자신의 마음을 터놓고 말하는 것을 알 수 있다. 그리고 이때 부모의 역할은 당신의 아이와 행동을 함께 돌보는 책임감을 보여주는 것이다. 이러한 방식의 양육을 통해 당신은 아이에게 합리적으로 행동하길 기대한다는 메시지를 전달할 수 있다.

아이를 존중하면서 대할 때, 오해하거나 잘못된 행동을 하는 동안에도 당신은 아이를 논리적으로 설득하며 좋고 나쁜 행동의 결과에 대해 설명할 수 있을 것이다. 그리고 이와 같은 방식으로 아이를 대할 때 아이의 행동과 관계 모두에서 더 좋은 성과를 얻을 가능성이 훨씬 크다. 이것은 절대 아이에게 곤경에서 빠져나갈 구멍을 만들어주거나 수용되지 않는 행동을 용납하는 것이 아님을 강조하고 싶다. 이는 아이의 행동이 타인에게 어떻게 영향을 미치고 나중에는 아이가 이를 어떻게 바꿀 수 있는지를 아이에게 보여주고 행동에 대한 한계를 설정하는 것이며, 당신이 아이의 속마음과 머릿속에서 일어나는 일들에 관심이 있다는 것을 보여주려고 노력하는 것이다.

이와 같은 사려 깊고 존중하는 방식을 사용할 때 당신은 권위주의적인 접근에서 일어나는 부정적인 결과, 예를 들어 당신의 눈에는 잘못되어 보이는 아이의 행동에도 아이를 수치스럽게 하는 가혹한 처벌이나 아이를 거부하는 등의 불필요한 행동을 피할 수 있다. 권위 있는 양육은 아이가 자신의 행동의 결과를 고려하고 스스로 더 나은 방식으로 행동할 수 있도록 해준다.

두 가지 다른 양육 방식이 아이의 행동 조절에 어떤 영향을 주는지 다음의 예를 살펴보자.

레이철은 거실에서, 7살 딸 릴리가 화를 주체하지 못해 자신의 장난감 찻잔 세트와 장난감 부엌을 다 때려 부숴 사방으로 던지고 있고, 던진 찻잔 중 하나가 남동생 잭에게 떨어져 다치는 모습을 보았다. 잭은 울어대기 시작했고, 릴리는 멈추지 않고 장난감 부엌 세트를 부숴 던져, 거실은 벽이며 TV며 장난감이 날아가 부딪치는 아수라장이 되었다.

권위 있는 양육의 접근

이런 상황을 다루는 권위 있는 양육의 접근은 아마 다음과 같을 것이다.

거실로 들어온 레이철의 표정은 심각하지만 이런 소란이 무엇 때문인지 궁금해한다. 상황을 보고 먼저 잭에게 모든 관심을 쏟으며 잭이 크게 다치지는 않았는지 확인한다. 잭이 괜찮다는 것을 확인하고 잭을 진정시킨 다음, 안전한 곳에 데려다 놓는다. 레이철은 다음에 릴리에게 매우 단호한 목소리로 지금 당장 장난감 던지는 것을 멈추라고 지시하며, 그러지 않으면 릴리는 오늘 친구 에이미랑 놀 수 없다고 말한다. 레이철은 릴리의 눈높이로 앉아 왜 그렇게 화가 났는지 묻는다. 릴리는 너무 화가 나고 속상해서 자신의 기분이 어떤지를 설명할 수 없고, 레이철은 틀린 셈 치고 추측하여 릴리의 부엌, 찻잔 세트가 그렇게 화나게 만들었는지 묻는다. 릴리는 잭이 자신이 가장 좋아하는 찻주전자를 뺏으려고 했고 자신이 온종일 만들고 있던 부엌을 망가뜨리려 했다며 소리를 지른다. 레이철은 모든 것을 하나로 조립하느라 많은 시간이 걸려서 굉장히 화가 났을 거라고 말해준다. 그러나 다른 사람을 다치게 하는 건 절대 용납할 수 있는 행동이 아니며 새로운 찻잔 세트와 부엌 세트를 당분간은 치울 것이고, 잭을 다치게 한 것을 사과하길 원한다고 말한다. 릴리의 화가 진정되지 않고 너무 속상해서 당장은 사과할 수 없는 것을 보고 릴리를 무릎에 앉히고 눈물을 닦아주며 왜 그렇게 화가 났는지 알 수 있다고 말한다. 그렇지만 다른 사람을 다치게 하는 건 절대 안 된다고 강조한다. 릴리는 울음을 천천히 멈췄고, 동생이 자신의 놀이를 망가뜨린 게 얼마나 속상한지 엄마가 안다고 느꼈으며, 잭이 다쳤는지 생각할 수 있는 여유가 생기자 잭이 괜찮은지 보러 방으로 간다. 릴리는 방으로 가기 전에 에이미가 이따가 놀러 와도 되는지를 확인한다. 레이철은 릴리가 잭과 화해하고 다치게 해서 미안하다고 말하면 에이미가 올 수 있다고 말한다. 하지만 찻잔과 부엌 세트는 당분간 가지고 놀 수 없으며 집어넣을 것이라고 이야기한다. 릴리가 약간 불만을 갖기는 했지만 레이철은 지금 노는 시간은 끝났다고 단호하게 말한다. 레이철은 덧붙여 "잭에게 네가 장난감을 가지고 놀 때 빼앗지 말라고 말할게. 그건 엄청 화가 나는 일이니까, 그렇지?"라고 말한다.

우리는 이 예에서 두 손 접근법이 어떻게 릴리의 행동 이면에 있는 속마음을 이해하면서 행동을 다루는 데 한계를 설정하고 균형을 맞추도록 하는지를 볼 수 있다. 한 손에서 레이철은 부모 APP을 사용했다.

릴리가 왜 그렇게 화가 났는지 호기심을 보였으며, 릴리의 관점을 이해하려고 노력하면서 릴리에게 동생이 어떻게 느낄지를 보여주었다. 레이철은 또한 릴리에게 공감했다. 그리고 다른 손을 통해 릴리의 행동에 따르는 결과를 주면서 릴리에게 지켜야 할 한계가 있다는 것을 알려주었다.

권위주의적인 접근

앞선 시나리오에 대한 권위주의적인 접근은 아마 다음과 같을 것이다.

레이철은 거실에서 소란이 일어난 것을 보고, 화가 난 표정으로 "도대체 뭐 하는 짓이야, 릴리! 동생을 다치게 했어? 이 못된 녀석!"이라고 목청껏 소리를 지르며 거실로 들어간다. 레이철은 곧장 릴리에게 달려가 릴리의 손에서 찻잔 세트를 낚아채 바닥에 내동댕이치면서, 릴리가 못되게 굴어서 새 장난감 전부 쓰레기통에 버릴 것이라고 소리친다. 레이철의 모든 관심은 릴리에게로 쏠렸고 잭은 여전히 울고 있다. 릴리는 더 크게 울기 시작하고, 수치심에 고개를 떨군다. "아빠가 집에 오면 네가 얼마나 못된 애인지 다 말할 거야. 그리고 오늘 에이미가 집에 와서 노는 건 잊어버려. 에이미는 안 올 거고, 넌 잭한테 사과하기엔 이미 늦었어. 네가 잭을 다치게 했어."

첫 번째 권위 있는 양육에서 의사소통의 결과를 살펴보았을 때 레이철이 릴리의 행동을 어떠한 방식으로 처벌하는지를 알 수 있었다(릴리는 장난감을 더 이상 가지고 놀지 못했고, 레이철은 처음에는 자신의 모든 관심과 공감을 잭에게 보여주었다). 레이철은 릴리의 행동에 대한 명확한 한계를 설정했고, 릴리에게 장난감을 던지거나 동생을 다치게 하는 것은 용납될 수 없다고 말한다. 레이철은 또한 릴리가 동생의 입장에 서서 공감하려고 노력해야 하며, 동생을 다치게 해서 미안하다고 말하지 않는다면 친구와 놀 수 없을 것이라고 한계를 유지한다. 동시에 레이철은 자신이 릴리의 관점에서 바라볼 수 있다는 것을 알려준다. 동생을 다치게 하는 것은 바람직하지 않지만 릴리가 하루 종일 만들고 있던 장난감을 망가뜨린 잭에게 정말 화가 난 것에 대해서는 충분히 이해했다. 레이철이 취한 접근을 통해 감정 폭발은 곧 해소되고 릴리는 차분해질 것임을 알 수 있다. 릴리는 자기 행동에 대한 책임을 지지만, 동시에 이해받는 기분을 느낀다. 여기서 나온 레이철의 권위 있는 양육과 관련된 주요한 요소들은 규칙에 대한 이유들을 강조하면서도 따뜻함을 보여준 것이다. 릴리는 이를 통해 자신의 행동과 그리고 자신의 행동이 타인에게 미치는 영향 두 가지 모두에 대해 중요한 것을 배운다. 게다가 릴리는 엄마가 보이는 행동의 이유를 이해하게 된다. 비록 릴리가 받아들이기는 어려울 수 있지만 나중에 엄마와의 관계에서 오해가 있거나 동생과 다툼이 있을 때에도 상대방에게 명백한 이유가 있음을 조금씩 알게 된다. 레이철은 릴리에게 행동과 관련된 한계에 대해 중요한 피드백을 하여 도움을 주면서도 여전히 릴리와 따뜻하고 사랑스러운 관계를 유지한다. 레이철은 릴리의 민망함을 최소화하면서 릴리가 이런 감정을 해결할 수 있도록 하며 아이와의 관계를 유지한다.

두 번째 권위주의적인 접근에서 레이철은 바로 릴리에게 부정적인 관심을 주며, 잘못된 행동들을 바로 지적한다. 그다음에 릴리의 행동이 아니라 릴리를 비판하며 릴리에게 못되었다는 꼬리표를 붙인다. 이는 릴리에게 깊은 수치심을 주고 속상하게 하며, 릴리는 이런 감정들을 풀거나 이해할 수 없고 대신 수치심과 오해받는 기분을 동시에 느낀다. 아무도 이런 감정들을 릴리에게 다시 반영해 줄 수 없기에 자신의 격한 분노를 이해하는 데 어려움을 겪으면서 고통스러운 감정을 통제할 수 없어 울기 직전의 상태가 된다. 이런 마음의 구조 속에서 격양된 감정 상태로 인해 타인의 마음에 대해 생각할 수 있는 능력을 완전히 잃어버리게 되어 릴리는 동생에게 전혀 공감할 수 없다. 릴리는 같이 놀 친구도 잃고 동시에 장난감도 잃는다.

권위주의적인 접근법을 취하는 것은 종종 아이에게 분노를 폭발하거나 애정을 거두면서 아이를 처벌하는 것도 포함한다. 당신은 자신의 말을 듣게 하려고 아이에게 뇌물을 주는 자신을 발견할 수도 있을 것이다. 이 중 어떤 것들은 그 순간에 효과가 있는 것처럼 느껴질지 몰라도 훗날 행동을 바꾸거나 조화로운 관계를 맺는 데 좋은 전략은 아니라는 것을 알 수 있다. 이 경우 갈등은 해결되지 않은 채로 남아 있고 어느 순간 빠르게 악화되어, 이후 더 심각해진 갈등을 겪을 수도 있다. 이런 유형의 접근 방식은 아이에게 부모와의 관계에서 불안정한 느낌을 남긴다.

• 요약 •
훈육: 오해를 이해하기

💜 훈육: 오해를 이해하기는 무엇을 의미할까?

아이의 어려운 행동을 다루기 위해 반영적인 양육의 자세를 취하는 것은 아이의 그릇된 행동을 정서 발달을 돕는 기회로 간주하며, 아이가 자신과 다른 사람을 이해할 수 있도록 돕는 기회로 본다는 의미다. 훈육에서 두 손 접근법을 사용한다는 것은 아이 행동에 대한 내면 이야기에 반응하면서도 아이의 행동 그 자체에도 대응하는 것이 된다.

💜 훈육: 오해를 이해하기는 당신에게 도움을 준다

이러한 훈육 방식은 아이와 아이의 행동을 더 잘 이해할 수 있도록 돕는다. 이 경우 당신은 재빨리 아이와 연결되며, 동시에 당신의 훈육은 효과적이 된다. 아이와의 관계에서 부정적인 상호작용의 순환을 막으며, 문제행동이 줄어들고 긍정적인 행동이 증가한다는 의미다. 반영적이면서 권위 있는 입장을 취할 때 당신은 아이에게 일관되고 예측 가능하며 안전한 한계를 제공하며, 이 속에서 아이는 자신의 감정을 표현하면서 당신의 한계선을 따를 수 있다.

💜 훈육: 오해를 이해하기는 아이에게 도움을 준다

아이의 그릇된 행동은 오히려 아이의 정서 발달을 지원하고 자신과 타인을 이해할 수 있도록 돕는 중요한 기회가 된다. 아이의 관점을 이해하고 존중하는 시간을 가지며 그 후 아이와 능동적으로 재연결되는 것은 아이의 정서 발달을 도울 수 있으며 수치심을 감소시키고 당신과의 관계에 안전한 느낌을 불러온다.

💜 훈육: 오해를 이해하기는 관계에 도움을 준다

훈육할 때 반영적인 양육은 아이에게 무슨 일이 일어났는지를 이해할 수 있고 갈등이 있는 동안에도 아이와 연결되어 있고 이후에 재빨리 재연결되게 하여 관계에 도움을 줄 수 있다. 관계 속에서 파괴된 것을 수선하는 일은 당신과 아이가 친밀해지는 데 도움을 준다. 당신은 한결같고 차분하며 아이와 상호 이해를 하고 아이에게 당신의 행동의 동기를 더 명확하게 이해시키는, 권위 있는 부모가 될 것이다.

💜 다음을 명심하라

1. 갈등은 건강한 관계에도 있으며 아이들의 잘못된 행동은 흔한 일이다. 이는 정상적인 일이다.
2. 당신과 아이는 다른 관점을 가졌으며, 결국 당신과 아이는 다른 사람이다. 따라서 갈등과 바람직하지 않은 행동이 있으리라는 것은 예상할 수 있다.
3. 갈등을 겪는 동안 혹은 갈등을 겪은 후에 아이와 연결을 지속하는 방법을 찾으라.
4. 힘겨운 행동을 두 손으로 다루는 것을 생각해 보라. 한 손으로는 힘겨운 행동에 대응하며, 다른 한 손으로는 행동 이면에 있는 이유를 이해하는 것(속 이야기를 아는 것)이다.

5. 아이가 자신의 감정을 말하도록 격려하라.

6. 아이의 의견이 당신과 다르더라도 아이의 의견을 존중하고 아이가 그런 의견을 말할 수 있도록 격려하라.

7. 권위 있게 되는 것은 좋은 것이다. 당신은 아이가 협력하길 기대하면서도 아이에게 정서적인 지지도 해주어야 한다. 아이가 따르길 바라는 행동의 한계와 규칙을 정하면서도, 따뜻함과 공감을 보여주라.

07

민감한 아이, 오해를 풀어가기

들어가며

이전 장에서 우리는 아이와의 관계에 있어 오해를 이해하는 것이 가진 유용함에 대해 이야기했다. 아이가 이전에 힘든 경험을 했거나 발달에서의 어려움이 있어 사람과의 관계를 다르게 본다면, 부모의 양육은 더 어려울 수 있다. 그렇다면 오해를 이해하는 것은 어떻게 효과가 있을까? 아이들과의 상황이 순조롭게 되지 않을 때는 아이들이 지닌 특별한 민감성을 기억해야 한다.

우리는 여기서 특별히 두 유형의 아이들에게 초점을 맞출 것이다. 이전에 트라우마에 노출된 아이, 즉 아동보호시설에 있었거나 입양된 아이 그리고 아스퍼거 증후군 장애가 있는 아이들이다. 이유는 조금 다르지만 이 아이들은 관계를 다르게 보고 '행동'하는 면에서 공통점이 있다. 우리는 이러한 아이들을 위해 이전 장에서 설명한 반영적 양육의 유용한 방안들을 제시하고자 한다. 이와 같은 유형의 아이들에 대해서 기억해야 할 것은 이 아이들은 관계를 이해하고 관계를 맺는 것이 다른 아이들보다 더 어렵다는 것이다.

마음에서 일어나는 것을 누구도 이해해 준 적이 없다는 기분은 어떤 것일까?

아동보호시설에 있는 아이

왜 우리가 아동보호시설에 있는 어린아이들을 포함시켰을까? 2013년 3월 31일 자 통계를 살펴보면, 영국에 있는 지역 아동보호시설에는 약 6만 8000명의 어린이들이 있다. 자녀의 양육을 잘 모르는 부모 때문에 많은 아이들이 가정을 떠나 아동보호시설에서 돌봄을 받고 있으며, 이런 아이들은 대부분 성장 초기에 반영적인 양육을 경험해 보지 못했을 가능성이 크다. 이 아이들에게 주목할 점은 가정에서 격리된 것 자체보다는 반영적인 양육이 없었다는 것이다. 다양한 많은 이유로 부모들이 아이의 욕구를 최우선으로 고려하기 어려워한다는 것을 우리는 발견했다. 예를 들어, 부모들은 아이에 대한 자신의 감정을 조절하는 것이 힘들거나 아이의 관점을 이해하지 못하고, 아이에게 부정적인 관점과 편견을 가질 수 있는데, 이런 점들이 가혹한 양육의 원인이 되었을 수도 있다. 부모는 아마 자신의 삶에서 일어나는 일에 너무 몰두해 있어서 지속적으로 아이의 욕구를 모른 채 지냈을 수 있다. 다시 말하면 부모가 자신의 행동이 아이에게 어떻게 영향을 주는지 이해하고 진정으로 연결되는 데 어려움을 겪었음을 의미한다.

물론, 부모 자신이 아이에게 어떤 영향을 주는지 매 순간 알아차리길 기대하는 것은 비현실적이다. 그러나 부모의 알아차리지 못함이 만성적이고 극단적일 때 아이들은 매일매일 트라우마라고 부르는 상황에 노출될 것이다. 이런 경험은 아이들의 발달에 중대한 영향을 끼치며, 심지어 아이가 아동보호시설에서 지내게 되어도 아이의 행동에 지속적으로 영향을 준다. 지금부터는 위탁 부모, 입양 부모, 특별 보호자 혹은 종종 손주의 양육을 맡는 조부모와 같은 양육자를 위한 내용이다.

입양 부모와 위탁 부모들에게 자녀를 돕는 방법을 알려주는 연구들이 많이 있지만, 여기서 간단하게 살펴보려고 한다. 이 책에서 제시하는 반영적인 양육의 아이디어는 학대당한 아이를 돌보는 보호자에게도 꽤 적절한 내용이다. 많은 연구들이 어떻게 입양 부모와 위탁 부모들이 아이의 초기 트라우마 경험을 극복해 나가도록 도울 수 있는지를 밝혔다. 흥미롭게도, 입양 가족에서의 적응 여부는 입양한 어머니가 얼마나 아이의 생각과 감정, 관점에 민감한지에 따라 달라진다는 것을 발견했다.[1] 다른 말로 하면, 반영적인 양육자일수록 아이는 초기의 힘들었던 경험을 잘 극복했다.

주의해야 할 점은 과거의 경험을 극복하는 데 많은 어려움을 겪는 아이들에게 전문적인 도움이 반드시 병행되어야 한다는 것이다. 전문적인 도움을 위해 정신건강 전문가에게 심리 평가를 받을 것을 조언한다.

무엇이 이 아이들의 삶을 더 어렵게 만들까?

많은 경우, 아동보호시설에 오는 아이들은 부모가 항상 이 아이들의 행동을 무시하거나 잘못 해석했으며, 아이의 마음속에서 무엇이 일어나는지를 알아차리지 못했다. 부모는 또한 자신의 감정도 알아차릴 수 없었고, 다른 사람에게 어떻게 해야 하는지도 알지 못했다. 이전 부모와 문제가 있었던 관계 경험으로 인해 새로운 양육자와의 사이에서 빈번한 오해가 발생하므로 이런 아이들은 특별히 고려할 필요가 있다.

수지는 1살이며, 밤에 특히 더 악화되는 고통스러운 중이염에 걸렸다. 수지는 자주 운다. 수지의 엄마는 수지가 우는 소리가 짜증 난다고 느꼈고 일어나지 않고는 견딜 수가 없었다. 수지 엄마는 수지가 의도적으로 야단법석을 떨며 자신을 화나게 한다고 느꼈다. 위안과 돌봄이 필요한 수지에게 엄마는 오히려 화를 내고 부정적인 말을 쏟아부었다.

이런 부정적인 상호작용에는 무시, 폭언, 방임과 같은 직접적인 피해와 학대가 있을 수 있으며, 어떤 아이들은 집에서 트라우마가 될 수 있는 끔찍한 상황을 목격하기도 한다. 그리고 이런 트라우마 경험은 아이가 일반적으로 힘겨운 시기를 견뎌내기 위해서 의존하는 사람들—부모—과 관련된다. 이상적으로는, 부모는 아이가 안전하고 보호받는다고 느끼도록 도와야 한다. 아이들은 그러면 자신의 감정을 알아차리는 데 집중할 수 있다. 또한 아이들은 안전한 부모 자녀 관계 속에서 다른 사람과 관계를 맺고 연결되는 방법을 배울 수 있다. 그러나 안전과 공포가 뒤섞여 있는 부모가 함께 있는, 이와 같은 부정적 환경에서는 건강한 관계를 누리는 데 필수적인 역량을 개발하지 못할 수 있다. 수지와 같은 아이들은 발달적으로 취약한 시기에 정서적으로 과각성된 상태에 빠질 수 있으며 고통스러운 상황에서 어찌할 바를 모르게 된다. 감정온도계를 기억하는가? 수지의 엄마가 극도로 뜨거운 상태에서 옴짝달싹 못 하는 것처럼, 수지의 내면 온도계도 그럴 것이다. 아이가 이런 방식으로 삶을 경험할 때 뇌의 성장과 조직화에서 복합적인 어려움이 발생한다. 전두엽(뇌 앞쪽에 있는 영역)의 발달은 부모와의 상호작용에 영향을 받는데, 이는 훗날 감정을 조절하고 다른 사람의 정서 상태를 평가하며 스트레스를 다루는 능력에 영향을 미친다. 이런 트라우마를 가져오는 가족 상황의 경우 부모 자녀 관계가 정서적·심리적·신경생물학적 능력을 발달시키는 데 많은 영향을 미친다.

트라우마와 같은 힘든 초기 경험은
훗날 아이에게 어떻게 영향을 미칠까?

입양 부모와 위탁 부모들은 자녀의 행동이 혼란스럽고 다루기 어렵고 집요하다는 사실을 종종 발견한다. 만약 당신이 이런 아이를 둔 부모이거나 혹은 아동보호시설에 있는 아이를 돌보게 된다면, 이전 경험에서 영향을 받은 몇 가지 방식을 이해하고 인식하는 것이 중요하다.

스트레스 그리고 아이가 경험하는 감정

지속적인 스트레스는, 스트레스 상황에서 이성적으로 생각하고 좋은 결정을 내리는 능력에 관련된 뇌의 특정한 구조에 영향을 준다. 자신도 알지 못한 채 트라우마가 될 수 있는 양육 상황에서 지속적인 스트레스에 노출되어 있을 때 어린아이는 안전하지 않다고 느끼고 생존에만 몰두하면서 마음이 자라게 된다. 이런 아이의 몸은 심지어 휴식하고 있을 때에도 높은 수준의 스트레스 호르몬이 분비될 것이다. 이는 트라우마를 경험하면서 받는 스트레스가 마치 지속적으로 심각한 위험 상태에서 기능하는 것처럼 아이의 뇌를 '바꿔버리는 것'과 같으며, 아이는 공격, 철수 혹은 멍해지는 방법을 통해 즉각적으로 위험으로부터 자신을 보호하려고 준비하게 된다. 여기서 중요한 점은 아이가 다정하고 세심한 가정으로 갔을 때도 아이의 마음이 지속적으로 이런 방식으로 작동할 것이라는 점이다. 아이는 여전히 쉽게 스트레스를 받고 정서적으로 각성되어, 더 과민하게 반응하고 진정하는 데 오래 걸릴 것이다.

수지는 4살 때 지금의 가정에 입양되었다. 수지의 부모는 집에 손님이 방문할 때 수지가 왜 분위기를 해치고 과잉 행동을 하는지 알지 못했다. 수지는 손님들을 마구 공격했고 끊임없이 엄마의 관심을 구하는 것처럼 보였다. 수지의 부모는 이런 일이 발생할 때 그 자리에서 행동을 먼저 다루기보다 상황을 물러서서 보았고, 수지가 환경이 변화하면 스트레스를 받아 흥분하면서 분위기를 해친다는 것을 알아차렸다. 수지의 부모는 수지가 좀 더 현재 가정에 적응하면서 나아질 수 있도록 당분간 가족 외 사람들의 방문을 자제시켜야겠다고 생각했다.

당신이 입양 부모나 위탁 부모라면 아이의 고르지 못한 적응 모습에 당황하거나 좌절한 경험이 있을 수 있다. 아이는 한 달간 안정되는 것처럼 보이다가 그다음 달 다시 예전의 모습으로 되돌아가는 것처럼 보일 수 있다. 아이의 행동에서 이런 기복이 정상적인 것이라고 생각하면, 다루기 어려운 아이의 행동들에 대처할 수 있고, 상황이 순조롭게 풀리지 않을 때 쉽게 낙담하지 않을 수 있다. 진학, 방학, 생일, 교우 갈등, 사춘기, 의미 있는 관계의 시작, 가족 관계, 이사와 같이 스트레스가 많은 사건들은 특히 아이를 더 힘들게 하는 원인이 될 수 있다. 아이들은 불안정하고 불확실한 것에 대처하는 능력이 떨어지기에, 이런 변화의 시간에 돌봄을 받기가 어려울 수 있다. 계속 스트레스가 많은 상황에서 이런 상황을 헤쳐 나가는 것이 힘겨울 때, 아이는 스트레스가 자신에게 어떤 영향을 주는지 확인할 필요가 있다. 때때로 촉발 요인은 촉감, 냄새, 심지어는 이전 트라우마와 관련된 감정처럼 모호하고 미묘할 수 있다.

우리는 1장에서 아기들이 자신이 어떻게 느끼는지를 이해하기 위해서 주변에 있는 어른에게 어떻게 의존하는지 이야기했다. 유아는 속상할 때 부모의 얼굴을 본다. 자신이 어떻게 느끼는지 그 설명을 받기 위해서 말이다. 부모의 얼굴은 '너는 속상해'라는 내면세계의 이미지를 반영하여 되돌려 주는 거울과 같다. 감정은 점차 이해되고 사건과 연결된다. 그러나 부모가 거울이 되는 데 관심이 없으면 무슨 일이 일어날까? 관련 연구는 방치된 아이들이 타인의 얼굴에서 다른 감정들을 분별하기가 훨씬 더 어렵다는 것을 보여주며,[2] 이는 다른 사람의 감정을 이해하는 것이 훨씬 어려우며 다른 사람과 의미 있는 방식으로 연결되는 것이 더 어렵다는 것을 의미한다.

만약 부모가 아이가 느끼는 감정을 읽지 못하고 다른 감정을 왜곡하여 반영해 주는 거울을 들고 있으면, 화가 나거나 공격적인 감정에 대해 아이는 어떻게 느낄까? 아이는 자신의 감정에 대해 어떻게 배우고 무엇을 배우며, 또 감정을 조절하는 능력을 어떻게 발달시킬까? 아이가 속상할 때 부모의 얼굴에서 자신의 기분 대신 공격성을 본다고 상상해 보라. 부모를 보는 것이 무서울 수 있다. 이를 경험할 때 아이들은 정서적으로 각성되고 고통스러워하며, 부모를 외면하거나 보더라도 멍하게 보거나 보지 않는 척을 할 것이다. 한번 부모가 건강하지 않은 방법으로 자신의 감정을 표현하는 것을 목격하면, 아이는 자신의 감정을 믿는 것이 점차 어려워지며, 이해하기조차 어려워질 것이고, 심지어 감정이 무섭고 압도된다고 느껴질 것이다. 이러한 압도적인 경험에 연쇄적으로 노출된 아이는 자신이 감정에 대처할 수 없거나 이런 감정들을 이해하는 능력이 부족하다고 느낄 수 있다. 아이들이 자신의 삶에서 정서적인 부분을 이야기하는 데 얼마나 많은 표현을 사용할 수 있는지는 양육자와의 관계와 관련이 있다. 학령기 이전에 아동보호시설에 오는 아이들에게서 언어의 지연 현상은 흔한 일임을 보면 알 수 있다.

이전에 우리는 정서를 잘 이해하면 행동을 더 잘 조절할 수 있음을 보았다. 감정을 이해하는 데 어려움을 겪는 아이는 스트레스나 강렬한 정서를 느끼는 동안 자신의 행동을 훨씬 더 다루기 어려울 것이다. 이 아이에게는 자신의 마음을 이해하는 능력, 자신이 어떻게 생각하고 느끼는지를 함께 연결 짓는 능력, 자신이 누구인지에 대해 궁금해하는 능력 등이 발달되지 않았다. 이전에 어느 누구도 아이에게 이러한 능력을 키워주기 위해 노력하지 않았다.

어떻게 당신이 아이와 함께 오해를 이해할 수 있을까? 아이는 한 사건에서 다른 사건으로 반영적으로 생각하지 않고 넘어갈 것이다. 아이는 아마 자기 자신에 대해, 왜 그렇게 행동하는지에 대해, 다른 사람에게 미치는 영향에 대해, 어떻게 타인과의 관계에서 정서가 연결되는 것이 도움이 되는지에 대해 알고자 하는 마음이 별로 없었을 것이다.

민감한 아이들은 관계를 어떻게 '맺을까'?

매 순간 긴장하고 경계해야 하는 환경에서 자라는 것은 어떤 것일까? 이는 얕은 수영장에서 수영하는 것과 상어가 득실대는 바다에서 수영하는 것의 차이와 비슷할 것이다. 만약 당신이 수면 아래 검은 그림자를 본다면 아마 두 가지 다른 반응을 보일 것이다. 상어가 있는 바다에서 당신은 수면 아래를 볼 수 없더라도 그 그림자가 당신을 위협하는 상어라고 확실하게 느낄 것이다. 당신의 뇌는 자동적으로 '싸우거나(fight) 도망가거나(flight) 얼어붙는(freeze)' 반응에 빠져들 것이다. 이는 지각된 위협에 대한 생리적인 반응으로, 우리 신체는 에너지를 끌어올리기 위해 에피네프린이라고 부르는 신경전달물질과 다양한 호르몬을 분비한다. 이와 동일한 일이 트라우마 상황에 지속적으로 노출된 아이들에게 일어난다. 이 아이들의 경우, 그 위협은 상어가 아니라 자기 부모이지만 아이들은 위협과 위험에 극도로 예민해진다.

입양되거나 부모의 학대 위험에 있었던 아이들은 지각된 위험에 과장된 반응을 보이기가 쉬운데, 모순적이게도 이는 아이들로 하여금 자신이 처한 현실에 적응하도록 하는 순기능도 지니고 있다. 그리고 이러한 모순된 방식의 적응이 현재 당신과 만나는 상황에 이르게 한 것이다. 진짜 위협이 무엇인지 보기 위해 수면 아래를 볼 수 없었던 것처럼 아이는 당신의 행동을 볼 수 없다. 예를 들어, 아이에게 어떤 것을 하지 말라고 했을 때 무엇이 당신의 의도인지 아이는 모른다. 지금까지 아이에게 사람들은 해를 입히는 존재였고 가혹했으며, 마치 당신이 수면 아래 그림자가 무엇인지 의문을 갖지 않은 것처럼 아이는 당신의 동기에 대해서도 궁금해하지 않았을 것이다. 아이가 생각하기에 그런 동기들은 확실히 부정적이기 때문이다. 당신에 대한 아이의 인식은 이전 가정에서의 위협적인 상황과 관련하여 변화되지 않고 고정되어 있을 것이다. 당신이 다정다감하고 친절한 사람이더라도 과거의 강력한 트라우마 경험은 어른들이 자신에게 어떻게 행동할지에 대한 '대본'을 제공했기 때문이다.

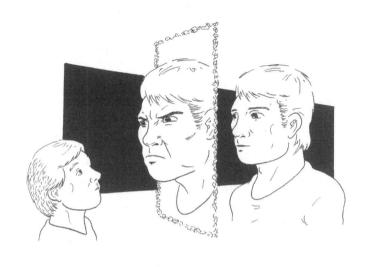

8살 된 소년 빌리는 입양된 집에서 "안 돼, 헬멧 없이 퀵보드를 타고 나갈 수 없어"라는 이야기를 들었다. 빌리는 즉각적으로 반응하며 말했다. "난 엄마 아빠가 싫어. 절대 나한테 헬멧 못 씌워! 싫어, 너무해!" 빌리는 양부모가 끔찍하고 자신을 좋아하지 않는다고 생각했다. 빌리는 화가 난 채로 2층으로 올라갔다.

우리는 아이들이 얼마나 부모의 감정에 민감한지에 대해 이야기해 왔다. 당신의 아이는 매우 민감하고, 특히 부정적인 감정의 신호에 더 예민할 것이다. 한 연구는 신체적으로 학대당한 아이들은 그렇지 않은 아이들과 다르게 얼굴 표정에 담긴 정서적인 신호를 달리 해석하고 이해한다는 것을 보여주었다.[2] 이들은 실제로 얼굴에 나타난 분노와 공격성을 과대평가하며, 분노와 공격성의 흔적만으로도 위험과 위협을 본다고 한다. 이것은 아이들에게 무슨 의미일까?

이는 당신이 어떤 인상을 주는지에 대해 더 자각해야 하는 이유를 보여준다. 어떤 아이에게 짜증 난 것처럼 보이는 얼굴 표정은 초기 트라우마 경험이 있는 아이에게는 화가 난 것처럼 느껴질 것이며, 이는 '싸우거나 도망가거나 얼어붙는' 반응에 빠져들게 할 것이다.

또한 아이가 주 양육자에게 지속적으로 학대를 받거나 방임되었고, 주 양육자가 지속적인 학대나 방임에서 아이를 보호할 수 없거나 보호할 의지가 없었을 때 다른 어른들을 신뢰하는 아이의 능력은 제한된다. 아이는 안전과 신뢰 대신에 두려움과 자기 의존을 배운다. 이로 인해 아이가 상황을 충분히 생각해 보라는 당신의 요구를 신뢰하지 못하고 아이 스스로 오해를 풀어나가는 것이 두 배로 어려워진다. 성인에 대한 깊은 불신으로 인해 아이는 당신의 양육을 왜곡하여 경험한다.

아이들은 자기 자신을 어떻게 볼까?

4장에서 우리는 어느 정도의 수치심은 아이가 자신의 행동이 수용되는 한계를 아는 데 도움이 된다는 것을 살펴보았다.[3] 수치심을 경험하면 아이들은 부모를 화나게 하지 않으려고 한다. 그리고 핀잔을 들었을 때 부모가 재빨리 아이와 연결되어, 아이가 사랑받고 가치 있다고 느낄 수 있게 하면 수치심의 영향은 감소된다. 예를 들어, 아이가 친구가 먹기도 전에 푸딩을 먼저 골라 집은 것으로 핀잔을 들었다고 하자. 부모는 아이를 질책하며 "친구가 먼저 고르게 해야지. 그게 예의야"라고 말했다. 그렇지만 아이가 민망한 감정을 크게 느끼지 않도록 부모는 차를 마시기 위해 식탁에 앉은 다음 아이에게 안심이 되는 포옹을 해주었다. 불행하게도, 어떤 아이들은 부모와 재연결될 수 있는 기회를 받지 못하며, 계속 수치심으로 인해 괴로울 수 있다. 더구나 아이들은 삶에서 일어난 부정적인 사건 때문에 자신을 비난하는 경향이 있으며, "네가 울지만 않으면 모든 일은 괜찮아!" 혹은 "네가 좋은 아이였다면 아빠가 널 방으로 보내지 않았겠지"와 같은 부모의 직접적인 메시지가 이를 뒷받침한다고 인식한다. 이런 현상은 무엇이며, 당신은 어떻게 이런 경험을 이해할까? 불행히도 아이들은 이런 수치심의 경험을 내재화하고 이는 아이들의 심리 발달에 영향을 준다. 기억하라. 수치심은 내가 전체적으로 잘못되었다는 기분을 느끼는 것이다. 수치심은 자신이 사랑받지 못하고, 무능하며, 무력하고, 거부당할 만한 사람이라고 결론 내리게 한다.

아이는 이런 부정적인 자기 인식을 가지고 새로운 가정으로 갈 것이다. 따라서 핀잔을 듣거나, 훈육이나 가르침을 받는 일 모두 아이를 수치스러운 상태로 이끌 수 있다. 아이는 가능하다면 이런 기분을 피하려고 할 것이고, 거칠게 행동하고, 화내고, 거짓말하고, 부인하고, 다른 사람을 비난하거나 있었던 일에 대해 이야기하기를 거부할 것이다. 다시 한번 말하지만, 이는 오해를 이해하기 매우 어렵게 하는데, 상황과 자신의 행동을 탐색하는 것이 아이에게는 자신이 얼마나 끔찍한 사람인지 인정하도록 하는 것이기 때문이다.

민감한 아이를 돕기 위해 당신은 무엇을 할 수 있을까?

과거의 경험으로부터 많이 영향받은 아이를 어떻게 양육할 수 있을까? 무엇이 어려운 점이며 어떻게 그 어려움이 지속될까? 다행스러운 좋은 소식이 있다. 당신의 아이는 과거 트라우마 경험 때문에 성장이 제한되는 것은 아니다. 아이에게는 잠재된 힘과 강인함이 있다. 많은 아이들은 회복될 수 있고 성인이 되어 긍정적인 삶을 살아갈 수 있다. 또한 당신은 돌봄과 반영적인 양육을 통해서 아이가 만족스럽고 충만한 삶을 살 수 있는 최고의 기회를 제공할 수 있다. 당신은 아이가 자라고 회복하는 데 자양분이 되는 환경을 제공할 수 있다. 아이가 회복하도록 도울 수 있는 구체적인 사항들이 있다.

1. 항상 당신과 아이와 가족의 감정온도계를 기억하라.
2. 수치심 해방 구역을 만들라.
3. 개선된 부모 APP을 사용하라.
4. 호기심 어린 환경을 만들라.
5. 회복탄력성을 칭찬하라.

항상 당신과 아이와 가족의 감정온도계를 기억하라

2장과 3장에서는 당신이 어떻게 느끼는지 알아차리는 것의 중요성을 이야기했다. 이는 트라우마 경험에서 회복되고 있는 아이에게 매우 중요하다. 왜냐하면 아이는 민감하면서도 경계경보가 설정된 감정온도계를 가지고 당신과의 사이에서 일어나리라 예상되는 부정적인 것을 지켜보고 있는 상태이기 때문이다. 어떤 상황에서는 명백하지 않을 수 있지만, 아이가 갑작스럽게 폭발을 한다든가 지시 따르기를 거부하는 경우에는 더욱 뚜렷하게 볼 수 있다. 따라서 당신이 마주하는 것에 대해 알아차리는 것이 필수적이다. 아이의 정서가 과도하게 각성되면 아이는 '싸우거나 도망가거나 얼어붙는' 반응을 일으킬 수 있기 때문이다.

당신의 감정온도계를 낮추도록 돕는 몇 가지 추가적인 아이디어로 다음과 같은 것들이 있다.

- 아이의 문제를 비난하지 않도록 주의해야 한다는 것을 상기하라.
- 입양 네트워크나 입양 지지 모임 등 비슷한 상황에 있는 부모들과 관계를

맺으라. 다른 사람의 힘겨운 경험을 들을 수 있으며, 그들의 즐겁고 기쁜 경험도 나눌 수 있다.

• 현실적이 되라―변화는 하룻밤이나 일주일, 한 달 안에 일어나지 않는다.

• 당신의 역할을 재정의하라. 때때로 우리는 입양 부모와 위탁 부모들이 자신을 공동의 치료자로 여기기를 격려한다. 이들은 아이에게 화목한 가정을 제공해 줄 뿐만 아니라 신뢰가 있는 건강한 관계를 만들고 회복할 수 있도록 가까이에서 돕는 일을 맡았기 때문이다.

당신 자신의 감정온도계와 더불어 아이의 감정온도계도 기억해야 한다. 강렬한 감정과 싸우거나 도망가기 반응은 아이가 당신에 대해 융통성 없는 왜곡된 아이디어를 갖도록 할 수 있다. 나중에 해변에 앉아서 바닷속 검은 그림자가 바위나 해초였을 가능성이 높다고 생각해 보기는 쉽다. 그러나 수영하는 도중에 이렇게 생각하기는 어렵다. 아이가 당신에게 화나거나 속상해할 때, 그 순간에 아이가 상황을 다르게 보도록 하는 것은 크게 도움이 되지 않는다. 따라서 아이에게 사건에 대해 반성해 보도록 묻는 것은 좋은 방법이 아니다. 대신, 여유를 주고 유머를 섞어 익살스러운 행동을 하거나 주의를 돌리는 것이 더 효과적일 것이다. 굉장히 극단적인 경우라면 방을 나와 문 밖에 앉아 있는 것이 실제로 더 도움이 될 수 있다. 아이와의 관계를 다루기 위해서는 적절한 타이밍을 신중하게 선택해야 한다. 아이가 얼마나 극도로 민감할 수 있는지 그리고 아이의 이런 민감성이 아이가 느끼고 행동하는 모든 것에 영향을 준다는 것을 기억하는 것이 중요하다.

가족 온도계는 무엇을 의미할까? 이것은 당신 가족의 일상적인 '리듬'에 대해 생각해 보는 것이다. 당신의 가정은 시끌벅적한가, 그리고 일상은 예측 가능한가? 가족들은 계단 아래로 소리치면서 큰 소리를 지르는가? 친구들은 지나가다 약속 없이 들리기도 하는가? 가족들이 지키는 의례적인 일상이 있는가? 당신의 가정이 어떻게 움직이고 어떻게 사건이나 상황들이 아이에게 영향을 주는지 등을 스스로에게 묻는 것은 아이에게 어떤 것이 가장 좋은 환경인지를 고려해 보는 데 도움이 될 것이다. 조용히 있는 시간이 아이에게 더 힘들고 아이를 더 불안하고 스트레스받게 한다는 것을 발견할 수도 있으며, 이런 경우 아이를 어떻게 도울지 생각하는 것이 더 중요해진다. 다시 말하지만, 아이가 민감하다는 것을 기억하고 있으면, 아이가 환경에 적응해야 하는 것이 아니라 처음에는 환경이 아이에게 적응할 필요가 있다는 것을 쉽게 알 수 있을 것이다.

집에서 감정적인 온도를 낮추는 방법을 생각할 때 가장 좋은 한 가지는 기저귀를 차고 기어 다니는 아기를 키우는 일상을 생각해 보는 것이다. 아기들은 6장에서 설명했듯이 자신의 행동에 대해 예측 가능하고 구조화된 권위 있는 양육 스타일의 접근 안에서 잘 자란다―당신의 민감한 자녀는 단지 안전하다고 느끼기를 원하는 것이다.

수치심 해방 구역을 만들라

수치심을 느끼는 것은 우리 모두 피하고 싶은 경험이다. 자신을 긍정적으로 의식하고 주위 사람들에게 인정을 받고 가치 있다고 느끼면, 수치심을 더 잘 견디고 지나갈 수 있다. 그러나 트라우마 경험이 있는 아이들은 수치심을 많이 느끼며, 자신이 기댈 주변의 긍정적인 관계가 없기 때문에 무슨 수를 써서라도 수치심을 피하려고 할 것이다. 문제행동은 악화될 수 있으며 부모들은 더 좌절하고 실망할 것이고 이는 다시 아이에게 더 많은 영향을 주어 부정적인 악순환이 시작된다.

아이가 가진 민감성과 부모의 어려움을 고려하여 〈표 7.1〉은 당신이 선택해야 하고 피해야 하는 양육 방식을 제시한다. '두 손 접근법'[4] 개념―한 손에서는 행동을 다루고 다른 손에서는 이 행동을 이해하려고 애쓰는 것―은 6장에서 다루었으며 이 장에서 소개하고 있는 아이들에게는 굉장히 중요하다. 양육에 대한 수많은 책[5]을 저술한 미국의 임상심리학자인 대니얼 휴스는 자신의 행동으로부터 배우는 것을 어려워하며 지지적이고 이해하는 부모와의 경험이 필요한 아이들을 돕기 위한 방법으로 이런 개념을 고안해 냈다. 그러나 이런 아이들은 행동의 한계가 필요하며, 따라서 부모 양육이라는 개념에 익숙해질 필요가 있다. 아이가 왜 그런 행동을 했는지 이해한다면 당신은 그 결과를 훨씬 더 수용하기 쉬울 것이며, 아이는 수치심을 덜 느낄 것이다.

개선된 부모 APP을 사용하라

여기서 설명하는 아이들을 위해 부모 APP에서 관점 취하기(Perspective Taking)의 'P'를 보다 크게 강조하여 개선 방안을 제시한다. 아이의 관점에서 보려고 많이 노력하고, 또한 아이가 세상을 보는 관점은 종종 학대 경험으로 일그러졌음을 기억하라. 당신이 초기 트라우마 경험이 있는 아이에게 상냥하지 않거나 신뢰할 수 없는 사람으로 보여지는 것이 당신에게 얼마나 힘든 일이 될지 안다. 그러나 당신의 아이가 사람에 대한 불신을 극복하는 것이 더 힘들다는 것을 기억해야 한다. 아이가 보는 세상이 얼마나 힘겹고 불공평한지에 대한 공감이 아이에게는 필요하다.

표 7.1 부모 양육 방식

피해야 하는 양육 방식	선택해야 하는 양육 방식
아이의 행동에 대한 개인적인 실망감 전달 "네게 무척 실망했다. 그런 행동을 내가 좋아하지 않는 걸 알잖니."	공감하고 지지하기 "내 생각에, 이건 네게 힘들 거야. 우린 이걸 함께할 수 있어. 내 생각에, 이걸 하는 데 내 도움이 필요할 것 같구나."
비난을 암시할 수 있는 질문이나 말 하기 "왜 그렇게 했어?"	부드러운 언어로 아이의 마음을 읽어보기 "힘들어 보이는데, 무슨 일이 있었는지 궁금하구나."
가혹한 타임아웃 반응—아이에게 정해진 시간 동안 어딘가에 외로이 앉아 있으라고 하면서 관심을 주지 않는 것	'함께하기'와 같은 지지 반응—감정을 표현하고 진정할 수 있도록 부모 주변에 아이를 앉히기. 이 시간 아이에게 필요한 것은 단 하나, 감정을 수용받고 부모와 연결되는 것이다.
비논리적인 결과 사용 "너는 제시간에 자러 가지 않았어. 이건 네가 내일 공원에 갈 수 없다는 의미야."	자연스럽거나 논리적인 결과 사용 "음, 밤에 진정하기가 어렵구나. 내 생각에, 좀 가라앉히기 위해 도움이 필요한 거 같다. 잠자기 전에 노는 시간을 좀 줄이고 쉬는 시간을 가지자."
아이의 행동을 바꾸기 위해 얼마나 많이 투자하는지 보여주기	자신의 행동에 대해 생각하는 것이 아이가 가져야 할 최고의 관심임을 보여주기
아이가 깨어 있을 때 어떤 것을 이야기하자고 고집하기 / 눈을 똑바로 뜨고 계속 쳐다보라고 요구하기	문제를 해결하지 않은 채 내버려 두기보다 이야기하는 방법 찾기 상황이 진정되었을 때, 자동차 여행 중에 아이가 창밖을 바라볼 때나 잠자리에 드는 시간에 책을 보면서 문제에 대해 이야기하는 것이 도움이 될 수 있다.
오해가 생긴 뒤, 스스로 생각해 보라고 하면서 아이를 혼자 남겨두기	오해가 생긴 뒤, 가능한 한 빨리 아이와 재연결되기. 빠를수록 성공 가능성이 높다.
아이가 못할 수 있는 상황을 미리 생각하지 않는 것 근사한 음식이 나오는 조용한 식당은 당신에게는 이상적이게 보일 수 있지만 아이에게는 스트레스 가득한 장소일 수 있다.	아이가 행동할 수 있도록 상황에 대한 발판을 만들고, 그 성공 가능성을 높여줄 수 있도록 돕기

15살 소년 빌리와 빌리를 입양한 엄마 젠과의 만남에서 우리는 빌리가 쓰고 있는 안경을 이해시키기 위해 다양한 색깔의 실물 렌즈들을 만들었다. 이 아이디어는 우리가 어떻게 상황을 다르게 보는지를 강조하기 위한 것이었다. 우리는 인식하지 못한 채 같은 상황에서 다른 부분을 본다. 렌즈의 색깔은 우리의 이전 경험과 관련 있다. 빌리는 자신의 안경으로 붉은색 렌즈를 선택했고, 붉은 색깔 렌즈로 만든 안경을 오래 쓰고 있으면 세상이 붉다는 것을 알아차리지 못한다는 것을 깨달았다. 아이는 이 붉은 렌즈에 익숙해졌다. 빌리는 붉은색이 자신이 집에서 기억하는 위험을 뜻하기도 하지만 자신이 얼마나 자주 사람들의 의도를 적대적이고 폭력적으로 보았는지를 반영한다고 느껴 선택했다고 했다. 이는 젠이 빌리와 대화를 하는 데 유용한 언어로 사용할 수 있었다. 예를 들면, 젠이 빌리가 밤늦게 외출하는 것을 허락하지 않을 때 빌리가 붉은색 렌즈를 끼고 있다면 빌리의 교육 때문에 우려하는 것인지 혹은 그냥 젠이 심보가 나빠서라고 생각하는지를 물을 수 있는 것이다.

이 예시에서 젠은 자신의 아이를 있는 그대로 받아들였다. 아이의 어려움은 과거 학대의 결과이지만 만약 자신이 이를 신경 쓰지 않는다면, 지금의 어려움을 초래하게 된 기존의 방식으로 아이가 상호작용을 하게 된다는 것도 알게 되었다. 아이와 상호작용하는 다양한 방법들을 찾으면서 젠은 자신의 행동이 빌리의 과거 경험과는 다르다는 것을 구분하여 알려줄 수 있었고, 빌리가 젠의 속마음을 볼 수 있게 도왔다—즉, 젠의 진짜 의도가 무엇인지 이해할 수 있도록 했다.

당신의 아이는 자신이 삶을 어렵게 만드는 행동을 지속하는 이유에 대해 자신을 이해할 필요가 있다. 그러나 이런 탐색을 도울 때는 반드시 아이의 관점에 진정한 관심이 있어야 한다. 아이는 아마 실제로 '왜' 그런지에 대한 단서를 가지고 있지 않을 수 있다. 따라서 자신의 행동에 대한 통찰을 얻는 것은 굉장히 많은 작업이 필요한 일이지만, 아이를 위해 반드시 당신이 해야 할 일이다. 힘겨운 초기 경험을 가진 아이를 기를 때는 단순히 아이의 어떤 행동에 따른 결과만을 보아서는 안된다. 반드시 아이의 마음속에서 무슨 일이 일어나고 있는지 이해하려고 노력해야 한다.

우리는 최근에 한 아동보호시설을 방문했다. 그 보호시설은 아이들의 관점을 온전하게 수용하고 있었다. 일하는 종사자들은 누가 교대 근무인지, 누가 아이들을 깨워야 하는지를 생각하는 것에서부터 아이들의 관점으로 세상을 보며, 이상적이기는 하지만 아이들이 어떤 사건들이 생길지도 모르는 불확실한 세계가 아닌, 무슨 일이 일어날지 미리 알 수 있는 환경 속에서 생활하도록 배려하고 있었다. 종사자들은 익숙하지 않은 목소리가 침대 밖에서 들릴 때 아이의 경험이 어떨지를 배려했다. 이런 경험은 아이들의 하루에 어떤 영향을 줄까?

호기심 어린 환경을 만들라

부모 APP은 부모들이 아이에게 관심을 갖고 호기심을 품도록 격려한다. 성장하는 자신의 마음에 관심을 주는 부모를 경험하지 못했거나 마음을 잘못 해석하는 부모를 경험한 아이에게 이런 부모 APP의 측면은 어려울 것이다. 그러나 아이들이 위험하거나 혼란스럽지 않도록 자기 자신과 타인을 생각해 보는 것은 장기적인 발달을 위해서 꼭 필요한 과제다.

아이가 당신에게 긍정적인 방식으로 호기심을 품게끔 격려해 보라.

아이가 당신의 의도를 더 명확하게 보도록 도울 수 있다. 예를 들어 아이에게 학교에서 먹을 점심 도시락을 건네주면서 가끔은 "널 좋아하니까 주는 거야!"라고 말해보는 건 어떨까?

또한 아이가 왜 자신이 특정한 방식으로 행동하고 있는지 자신의 마음을 탐험하도록 격려하라. 그러나 강한 수치심을 불러올 수 있는 위험을 감안하여 상황을 봐가면서 진심을 가지고 시도해야 한다. 이런 마음에 대한 탐험은 부정적인 느낌과 더불어 긍정적인 느낌에 대해서도 할 수 있다―"어떻게 프레드에게 장난감을 줄 생각을 했어? 프레드랑 놀고 싶었던 거야?"처럼 말이다.

회복탄력성을 칭찬하라

자신의 삶에서 곤경을 마주하고 어려움을 겪은 아이들은 그 결과로 얻은 힘과 회복탄력성이 있다. 때로는 분명해 보이지 않지만, 과거에 그들이 겪어야 했던 어려움과 비교하면 현재 겪는 어려움은 하찮게 보인다. 아이들은 과거의 경험에서 살아남았다.

아이의 자질을 밝혀내는 것은 매우 중요하다. 아이에 대해 어떻게 생각하는가? 아이의 강점은 무엇인가? 아이가 지니고 있다고 느끼는 자질을 생각해 보라. 예를 들어 친절함 같은 것 말이다. 아이가 친절한 모습을 보일 때 이를 주목하고 긍정적인 코멘트를 하라. 예를 들어, "조니에게 네 장난감을 주다니 정말 친절하구나!"라고 말이다. 아이의 일상 경험은 아이가 자신과 세상을 바라보는 방식으로 인해 너무나 부정적으로 물들었기 때문에, 아이의 좋은 자질을 언급하는 것은 아이가 자신의 긍정적인 자질에 주목하도록 도울 수 있다. 심지어 치료자인 우리도 종종 잊고 있는 일이지만, 아이들에게는 긍정적인 자질과 성공들을 의식적으로 하나하나 말해주는 노력이 필요하다. 그리고 이와 같은 긍정적인 언급은 아이들에게 도움이 된다. 이에 대해서는 9장에서 더 이야기할 것이다.

계속해서, 당신의 아이가 자신에 대해 더 긍정적인 관점을 얻고 자신의 강점과 능력에 자신감을 갖도록 해보자. 아이는 무엇을 잘하는가? 아이의 기술은 무엇이며 어떻게 하면 긍정적인 도전을 통해 성장할 수 있는가? 칭찬하는 말들을 생각해 보라. 시간이 흐르면서, 신중을 기해서 한 칭찬은 아이가 당신의 말에 반응하도록 해줄 것이다. 따라서 당신이 긍정적인 행동을 자주 알아주지 않는다면, 아이는 자신이 긍정적인 무언가를 했을 때 이를 지각하는 데 어려움을 겪을 것이다! 아이가 어떤 다양한 메시지들을 듣고 믿기 시작하게 하고 싶은가? 이런 메시지를 어떻게 효과적으로 전달할 수 있는가? 칭찬은 '착하다'라는 일반적인 말보다 구체적인 내용과 연결되었을 때 유용하다. 문제 해결 능력이나 좋은 의사소통 기술 등 기술에 대해서 칭찬해 주는 것은 어떨까? 아이를 놀라게 해주기 위해서 특별한 메모를 써서 아이의 베개 밑에 놓고 아이가 발견하도록 해보는 건 어떨까? 예를 들어 "내 생각에, 네가 어제 아빠랑 상황을 다룬 방식은 정말 대단했어. 너는 아빠의 관점에서 보려고 정말 열심히 노력했지" 혹은 더 어린아이에게는 "사랑해"라는 메모가 좋을 것이다.

마지막으로, 당신의 회복탄력성을 칭찬하는 것도 중요하다. 당신이 잘해 내고 있는 일들을 주기적으로 돌아보고 작은 성과나 성취일지라도 칭찬하라. 이는 당신의 자존감에도 좋을 뿐만 아니라 이후 양육에서 어려움에 직면했을 때 당신의 회복을 도울 것이다. 당신은 다음과 같이 생각할 수 있다. '나는 아이의 삶을 다르게 만든다. 나는 최상의 부모가 되는 능력이 있다'라고 말이다. 자신이 실제로 한 일에서 작은 성공이라도 발견하여 그것을 자신의 능력이나 잠재력의 증거로 간주하는 것은 성공한 사람들에게서 볼 수 있는 특성이기도 하다.

아스퍼거 증후군 아이

다른 사람의 마음속에서 무슨 일이 일어나는지를 생각하기가 극히 어렵고 또 그 마음이 부모에게 이해되기 어려운 두 번째 집단의 아이들이 자폐 스펙트럼에 있는 아이들이다.

심각한 언어 및 인지 지연과 행동 문제가 있는 꽤 심각한 장애를 지닌 아이부터 제한된 흥미와 반복적인 행동을 보이고 사회적 상호작용의 중대한 어려움을 제외하고는 언어 지연이 없으며 일반적으로는 높은 기능 수준을 보이는 아이까지, 자폐를 가진 아이들에게 스펙트럼이 있다는 것은 알려진 이야기다. 여기서 우리는 아스퍼거 증후군이 있는 아이들, 즉 자폐 스펙트럼 중 '높은 기능' 수준의 한쪽 끝에 있는 아이들에게 초점을 맞출 것이다. 아스퍼거 증후군(Asperger Syndrome: AS) 혹은 아스퍼거 장애라고 알려진 증후군의 진단은 2013년에 출간된 『정신장애 진단 및 통계 편람 제5판(DSM-5)』[6] ─임상가들이 인정한 교과서다─에서 삭제되었고, 자폐 스펙트럼 장애(Autism Spectrum Disorder: ASD) 진단이 심각도 척도로 대체되었다. 그러나 '아스퍼거'라는 용어는 아직까지 흔하게 사용되며, 많은 사람들이 경미한 자폐 스펙트럼 장애라고 말하는 것보다 아스퍼거 증후군이라고 말하는 것이 더 도움이 된다고 한다. 이는 부분적으로 언어 지연이 있는 아이와 없는 아이를 구분할 수 있다는 이유 때문이다. 아스퍼거 증후군은 제한되고 반복적인 행동과 흥미를 가지는 것과 더불어, 사회적인 상호작용과 비언어적 의사소통에서 심각한 어려움이 있다는 특징이 있다. 이 증후군이 있는 아이들은 언어나 지능(인지) 지연이 없다는 점에서 다른 자폐 스펙트럼과 다르다. 비록 진단 내용에 명시되어 있지 않지만 아스퍼거 증후군이 있는 아이들은 종종 신체적인 미숙함을 보이고 특이한 언어를 사용한다. 우리 센터에서 만나는 많은 부모들은 자신의 자녀가 '이상하다' 혹은 또래 친구와 구분이 되는 특이한 방식으로 말한다고 전한다.

다른 사람 이해하기의 어려움

아스퍼거 증후군이 있는 아이들은 다른 사람의 관점을 취하기 어렵기 때문에 사회적인 상호작용이 어렵다. 이들은 특유의 상호작용 방식을 사용하며, 항상 자기 방식대로 하기를 고집하는 것처럼 보이기 때문에 친구들은 아스퍼거 증후군 아이들과 함께하기가 어렵다고 말한다. 정확히는 특유한 방식의 행동이기보다는 융통성 없이 행동하는 것이 주변 사람들을 힘들게 하는 것이다. 우리는 어떻게 이런 아이들이 다른 사람의 관점을 취하는 역량을 가질 수 있는지 그리고 공감을 주고받을 수 있는지에 대해 말하고 싶다. 우리는 일부 전문가들 사이에 이러한 관점에 대해서는 서로 다른 견해가 있음을 알고 있으며, 아스퍼거 증후군 아이들이 다른 사람들만큼 행동 이면에 있는 의미와 의도를 이해하지 못한다는 사실을 기억해야 한다는 것도 알고 있다. 그러나 한 연구[7]는 아스퍼거 증후군 사람들에게도 의미를 이해하는 두뇌 네트워크가 있으며, 단지 그 활동 범위가 '더 적을(lesser)' 뿐임을 보여주었다. 아스퍼거 증후군 분야를 연구하는 뇌과학자들은 아스퍼거 증후군이 있는 아이와 성인들이 타인의 관점을 취하는 기술을 학습할 수 있는지를 연구한다. 아이들에게 옥시토신 비강 스프레이(자연적으로 일어나는 호르몬을 방출하는 스프레이—옥시토신은 사교성에 중요한 역할을 한다)를 투여하는 연구부터 사회적 기술 훈련 프로그램에 참여하는 연구, 두 가지를 함께 하는 연구까지 다양한 연구를 통해 아스퍼거 증후군을 겪는 사람들의 뇌가 생각한 것만큼 그렇게 경직되지 않았다는 증거를 제시하고 있다. 어떤 연구는 아스퍼거 증후군 아이들의 경우 옥시토신이 집중적인 상호작용(눈맞춤과 얼굴 표정을 하고 이해하기, 행동 따라 하기, 발성을 개발하고 발전시키기 등)과 함께 사용될 때 타인의 관점을 잘 이해하고 있다는 것을 보여주었다. 그러나 불행하게도 이 효과가 오랫동안 지속되지는 않는다. 따라서 뇌가 영구적으로 변화하지 않으므로 이러한 효과를 지속하기 위해서는 새로운 기술을 지속적으로 배워야 한다.

아스퍼거 증후군 아이들이 유연한 마음을 가졌는지에 관해 논쟁과 연구가 진행되었지만 우리는 우리 센터에서 아스퍼거 증후군 아이들과 작업하면서 아스퍼거 증후군 아이들과 사람들에게 우리의 치료적 개입이 효과적임을 알게 되었다.[8] 그리고 이러한 결과들을 통해 반영적 양육의 개념이 이 아이들의 마음의 유연성을 키워주는 수단으로서 중요하다는 결론에 이르렀다.

아스퍼거 증후군이 있는 아이들의 경험을 살펴보고 그들의 세계로 들어가 보자.

감각 예민성

아스퍼거 증후군 아이들은 다른 사람의 관점에서 사건이나 사물을 이해하는 것이 어렵기도 하지만 감각 예민성이 주요한 이슈가 될 수 있다. 즉, 그들의 환경에서는 어떤 것에 대해 느끼고 냄새 맡고 소리 듣고 보는 경험이 다르며 다른 사람보다 더 강렬할 수 있다. 아스퍼거 증후군이 있는 10살 소년 제이콥과 엄마 로라의 예를 살펴보자.

가족 여행을 가는 날, 제이콥은 엄마가 입으라는 바지를 입기 싫었기 때문에 굉장히 불안해졌다. 제이콥은 점점 더 고통스러웠고 화가 났고 결국에는 울며 가족들에게서 뛰쳐나와 위층에 있는 자기 방 옷장에 숨었다. 로라는 결국 파자마 바지를 입힌 채로 제이콥을 데리고 나가기로 결심했다. 파자마 바지가 그 당시 제이콥이 유일하게 받아들이고 편안하다고 여기는 바지였기 때문이다. 로라는 사람들이 쳐다볼 것이라고 생각했지만 사람들은 아이가 파자마 바지를 입고 있는지도 인식하지 못했다. 한 시간 정도 돌아다닌 후에 아들이 점심을 먹으며 행복하게 형제와 이야기하는 모습을 보고 로라는 제이콥에게 다가가 조심스럽게 "지금은 다 괜찮아?"라고 물었다. 제이콥은 "괜찮아요. 미안해요, 엄마. 그런데 엄마, 엄마는 내 옷을 갈아입히고 싶어 마음이 근질거리겠지만 나한테 그 바지를 입는 건 흰개미 굴로 들어가는 것 같아요"라고 대답했다.

앞의 예시는 우리에게 몇 가지를 알려준다. 처음에 제이콥은 엄마가 입히길 원하는 바지를 싫어하는 것뿐만 아니라 자신의 고통을 행동으로 보여주기는 하지만 진짜 문제가 무엇인지를 표현할 수 없었다. 그러나 아이는 한번 진정되자('쇠가 달았을 때 두들겨라'에 대한 우리의 조언을 다시 생각해 보라) 자신이 느낀 것이 전적으로 자신의 경험이었다고―그리고 이는 엄마가 이해하는 것과 굉장히 다를 수 있다고―분명하게 말할 수 있었고, 여기서 '나한테'가 중요한 단어였다. 또한 아이는 일단 진정되자, 엄마

한테는 근질거리는 정도로 인식되는 것이 자신에게는 흰개미 굴로 들어가는 것만큼 불편하게 느껴진다고 엄마에게 알릴 수 있었다. 이런 설명은 "난 단지 싫어요"라고 말하거나 이와 비슷하게 저항하는 것―발끈하여 소리 지르는 것―보다 로라가 제이콥과 관계가 좋아지고 아이의 경험으로 들어가는 것을 훨씬 더 수월하게 한다.

부모 APP을 사용하여 개선하기

주목해야 할 또 다른 중요한 점은 아스퍼거 증후군 사람의 감정 표현은 꽤 극단적으로 보인다는 것이다. 아스퍼거 증후군 아이의 부모들은, 깜빡이는 전등불이 아이에게는 뜨거운 바늘이 자신의 눈을 찌르는 것처럼 느껴지기 때문에 아이가 조금 화를 내는 것이 아니라 '격노'한다고 말하는 일이 아주 많다. 아이가 느끼는 불편감을 과소평가하지 않으면서, 아이가 말하는 그 경험은 과장되지 않았고 아이에게는 훨씬 더 강렬하게 느껴진다는 점을 기억하는 것이 중요하다. 만약 아이에 대해 '이건 나에게는 근질거리는 정도이지만 네게는 참을 수 없는 흰개미 굴

같구나'라고 생각한다면, 당신은 아이의 마음을 읽어내고자 하는 방향으로 가고 있는 것이다. 아이를 돌보는 데 있어, 개선된 부모 APP을 아스퍼거 증후군 아이에게 사용한다는 것은 아이의 관점을 취하기 위해 평소보다 더 집중하고 있음을 의미한다. 좀 더 많은 노력이 필요할 테지만, 아이에게는 다른 아이들과 다른 민감한 경험이 있음을 명심하고, 아이의 감각적·정서적·행동적 표현에 대해 아이의 관점을 취하려고 하는 것이 아이를 도울 수 있으며, 당신의 감정온도계를 낮추는 데도 중요하다.

당신이나 다른 자녀에게는 약간 짜증 나는 일이 아스퍼거 증후군의 자녀에게는 화산이 폭발하는 것 같은 분노로 경험되거나 유사하게 보일 수 있는 일들이 주변에는 많을 것이다. 다시 말하지만, 아스퍼거 증후군 아이들이 느끼는 이런 감정은 거짓이 아니며, 아이들이 묘사하는 것처럼 경험된다. 마지막으로 제이콥의 사례에서, 자신의 감정을 더 조절한다고 느낄 때 제이콥은 자신이 엄마에게 영향을 주었음을 알 수 있었고 심지어는 "미안해요"라고 할 만큼 이에 대한 충분한 통찰을 얻었다는 것을 주목하라. 센터에서 상담에 참여한 많은 부모들이 자녀가 폭발적으로 화를 낸 후 깊이 후회하는 듯 보이지만 이게 진심인지는 결코 확신할 수 없다고 말한다. 우리는 아이의 진심을 의심하지 말라고 격려하며, 대신 아이가 자신의 행동이 당신을 속상하게 했다는 것을 알아차렸다는 것이 얼마나 대단한지, 또 당신의 기분을 나아지도록 하고 싶어 하는 것이 얼마나 고마운지, 이 두 가지 모두를 마음을 읽어주는 대화가 시작되는 발판으로 사용하라고 권한다. 이는 정말로 간단하며 아이에게 직접 전달할 수 있다. 당신이 개선된 부모 APP을 사용하고 있고 중요한 지점에서는 더 강조하며 공감을 해줄 필요가 있음을 다시 한번 기억하라. 상황에 대한 당신의 감정 온도를 낮추면 아이가 자신의 행동을 반성하는 단계로 나아가도록 도울 것이다. 아이가 정말로 어떻게 생각하고 느꼈는지 혹은 아이가 왜 특정한 방식으로 행동했는지에 대해 당신의 생각이 다를 때 이를 아이에게 말해주는 것 또한 중요하다. 이것은 아이에게 당신의 마음을 모델로 삼도록 하여, 다른 누군가의 마음속에서 실제로 일어나는 일에 다가가는 데 모두가―아스퍼거 증후군 아이들뿐만 아니라―어려움을 겪는다는 것을 보여줄 수 있다.

아스퍼거 증후군 아이를 둔 부모의 도전

아스퍼거 증후군 아이에게 반영적 양육을 사용하기 전에 이 집단의 부모들이 경험한 것을 살펴보는 것이 중요하다. 물론 아이들은 모두 다르기 때문에 부모의 경험을 하나로 묶는 것은 조심스럽지만, 부모들에게 들은 공통된 경험이 있다. 당신의 감정을 알아차리는 것이 반영적인 부모로 향하는 첫걸음이기에, 우리는 이를 공유하는 것이 유용하다고 생각한다.

만약 당신이 아스퍼거 증후군 아이의 부모라면 당신에게 생각해 보도록 권유하고 싶은 첫 번째는 당신의 아이가 결함이 있다는 것이다. 이는 특별히 좋은 단어도 아니고 받아들이기 편한 생각도 아니다. 그러나 만약 자녀가 쉽게 걸을 수 없다고 해보자. 그럴 경우 당신은 아이가 매일 계단을 오르도록 하겠는가, 아니면 아이의 장애에 맞게 집의 공간뿐만 아니라 아이와 함께하는 삶의 방법들을 바꾸겠는가? 아이는 잘못된 것이 아닌 한계를 가지고 있다는 것을 이해하는 것이 당신 자신의 감정과 아이의 행동에 대한 반응을 조절하도록 도울 수 있기 때문에 무엇보다 중요하다. 그리고 두 번째로, 아이의 결함을 마음속에 기억하는 것은 당신 자신의 상실감, 특히 당신이 아이에게서 기대했던 소위 말하는 '일반적인 아이를 키우는' 일들에 대한 상실감을 이해할 수 있도록 도와준다. 마지막으로 아이의 결함을 인정하면 당신이 특정 수준에서 대화하고 이와 관련된 어려움과 환경을 구조화할 수 있도록 돕는다. 즉, 자녀의 결함을 기억하는 것은 당신이 아이의 욕구에 맞춰 변화할 필요가 있음을 생각하도록 도와준다.

나의 자녀가 일반적인 아이들과 다르다는 것을 받아들일 때 분노와 슬픔, 기타 불편한 감정뿐만 아니라 상실감과 같은 어려운 감정을 직면하며, 이는 매우 어렵기 때문에 당신이 이렇게 생각하도록 제안한다. 아마도 나의 아이가 다른 자녀나 다른 사람들과 나누는, 서로 주고받는 형태의 대화를 할 수 없다는 사실을 받아들이기가 매우 어렵게 느껴질 것이다. 당신이 말할 것이 있다거나 해야 할 것이 있다는 많은 신호를 보내는데도 아이가 계속해서 당신에게 다른 것을 말하려고 할 때 당신은 아마 좌절감을 느끼고 짜증이 날 것이다―이는 아스퍼거 증후군이 있는 아이들의 공통된 특징이다. 당신이 느끼는 이런 감정들을 인식하고 이름을 붙이고 수용하는 것은 당신의 감정이 설명될 수 있는 것이기에 중요하다. 바로 이 순간, 무엇이 아이가 마주한 현실의 한계인지를 생각해 보는 것이 특히 중요하다. 따라서 아이가 다른 사람의 관점을 생각해 보도록 하는 것은 아이의 한계를 수용하는 것과 더 유연해지도록 격려하는 태도 사이에서 균형을 잡는 것이다. 아이의 한계를 수용한다고 해서 아이에게 해결하려고 노력하는 기술, 특히 자신과 다른 사람을 이해하는 근본적인 능력을 발달시킬 수 있도록 돕는 개입을 할 수 없다는 의미는 아니다.

아스퍼거 증후군 아이의 아버지가 경험하는 어려움

대부분은 아버지가 자녀에 대한 감정을 풀 수 있는 분출구가 어머니보다 적은 것으로 알려져 있어 아스퍼거 증후군 아이와의 상호작용이 더 어려울 수 있다. 무엇보다 아스퍼거 증후군 아이의 부모가 되는 것은 고립감을 느끼게 하기 쉽다. 우리는, 일요일에 축구를 하는 것과 같은 '일상적인' 활동을 아들과 즐기는 다른 아버지들을 보는 것이 너무 화나서, 다른 부모들을 피하고 직장이라는 안전한 세계로 후퇴하기로 한 아버지를 안다. 또 다른 아버지는 아스퍼거 증후군 아들과의 어려운 상호작용을 설명하면서, 아이와의 힘겨운 대화 뒤에 회사로 가는 지하철 안에서 "내 손이 닿지 않는 곳에서 우주복을 입고 우주를 떠다니는" 아이에 대한 강력한 이미지가 떠올랐다고 말했다. 이 아버지는 아스퍼거 증후군 아이를 둔 다른 부모와 이야기하고 자신의 경험과 화나는 기분을 나누는 것이 아이를 양육하는 경험을 받아들이는 데 도움이 된다고 했다. 그는 또한 아이에게 있어 이런 단절된 기분이 무엇일지 상상하려고 시도하는 것이 아이에게 더 공감이 되는 느낌을 준다고 말했다.

아이에게서 느껴지는 단절감

부모와 아스퍼거 증후군이 있는 아이 사이에 존재하는 단절된 느낌은 흔한 경험이다. 부모로서 당신이 아이의 감정 조절 능력에 미치는 영향이 중요한 것과 마찬가지로, 함께 있는 자리에서 아이가 당신과 당신의 감정 조절 능력에 끼치는 영향도 중요하다. 부모는 아스퍼거 증후군 아이와 정서적인 연결감에서 엄청난 결핍을 경험할 수 있으며, 이는 아스퍼거 증후군이 없는 아이와의 경험과는 질적으로 다르게 느껴진다. 자신만의 느낌과 생각, 감정을 가지고 인간으로서 감정적인 수준에서 관계를 맺지 못한다는 느낌은 부모인 당신에게 단절감과 불안정함을 느끼게 할 수 있다. 이런 강력한 부모의 감정을 염두에 두고, 다음 부모의 예를 살펴보자.

제니스는 6살 된 에이미와 18개월 된 로지라는 두 딸을 둔 젊은 엄마다. 제니스는 에이미와 자신의 관계에 대한 첫 번째 평가에서 "먹구름이 자신과 에이미 사이에 놓여 있는 것"같이 느꼈다고 회상했다. 에이미의 초기 발달사를 들으면서 우리는 에이미의 아버지가 사망했으며, 사망하기 전에 에이미와 아버지의 관계는 이상적으로 이야기되는 부녀 관계는 아니었으며, 아이의 삶에서 아버지의 존재가 분명하지 않았음을 알게 되었다. 제니스는 또한 자신이 산후 우울증을 겪었다고 말했다. 우리는 가족의 힘든 관계가 시작된 원인이 부부가 아이와 함께한 몇 년 동안 시작되었음을 알 수 있었다. 에이미의 초기 발달사와 그리고 제니스와 에이미가 함께 노는 10분의 치료회기 관찰을 통해, 제니스가 에이미와 수차례 상호작용을 하려고 친밀하고 따뜻한 행동을 하면서 신체 접촉을 시도했음에도 불구하고, 에이미의 정서적인 반응이 굉장히 많이 부족하다는 것을 알게 되었다. 우리가 관계에 대해 더 묻자 제니스는 아이 아빠가 죽기 훨씬 전부터 자신이 에이미와 강력한 정서적 유대를 느끼기 위해 항상 고군분투하는 것처럼 느꼈다고 인정했다. 우리는 일상의 상호작용 및 공유하는 기쁨에 대해 물었고, 제니스는 텔레비전을 볼 때 자신은 인물의 관계와 그들의 삶에 몰입하는 반면, 에이미는 오로지 인물의 보이는 모습과 같은 피상적인 디테일에만 주목하고, 인물 사이의 역동을 이해하지 못하거나 잘못 이해하는 것처럼 보인다고 말했다. 제니스는 딸과 함께한 경험을 얘기할 때 몹시 속상해했고, "나는 죄책감을 느껴요. 그러나 로지랑 있을 때, 로지가 훨씬 어린데도, 말이 안 되겠지만 로지가 더 나랑 같이 있는 것처럼 느껴져요"라고 말했다.

혼자 있는 것 같겠지만 자녀와 이렇게 함께 있는 기분은 당신이 아스퍼거 증후군 아이에게 더 반영적인 부모가 되기 위해서 주목해야 하는 중요한 것이다. 아이가 어떻게 느끼는지를 거울처럼 그대로 보여주는 것은 간단하지 않다. 예를 들어, 당신은 아이가 놀이 상황에서 홀로 남겨지면 외로움을 느낀다고 생각할 수 있지만 아이는 여러 상황에서 전혀 외로운 기분을 느끼지 않고 혼자 있을 때 더 편안하다고 느낄 수 있다. 우리는 제니스가 먼저 부모 APP을 사용하여 자신의 마음 상태와 딸이 어떻게 느낄지를 모두 이해하도록 격려했으며, 이를 통해 제니스는 에이미가 무엇을 '하는지'를 살펴보는 것에서 벗어나 에이미가 어떻게 '느끼고 관계를 맺는지'를 살펴볼 수 있었다. 이러한 복잡한 역동 속에서도 관심을 기울여야 하는 감정이 있다. 먼저, 제니스는 딸과 정서적으로 단절되는 자신의 감정을 받아들일 필요가 있다. 제니스는 연결된 순간을 함께하길 원하지만, 딸 에이미는 단지 TV만 보고 싶어 하고 함께 경험하는 것에 별로 신경 쓰지 않는다. 에이미가 엄마와 나누는 순간을 고려하지 않는다는 사실은 제니스를 훨씬 더 고립되게 만든다. 그러나 만약 제니스가 자신의 기분에 집중할 수 있고 이런 기분이 에이미가 느끼는 것과 그저 다른 것이라고 인식할 수 있다면, 제니스가 고립감을 덜 느끼는 데 도움이 될 수 있다. 결국 에이미는 엄마와 있는 것을 즐거워할 수 있지만 이를 엄마에게 표현 못 할 수 있다. 만약 제니스가 에이미가 어떻게 느끼는지에 대해 생각을 바꿀 수 있다면, 에이미의 관점에서 세상이 어떻게 인식될 수 있는지를 생각해 보도록 도와줄 수 있다. 아이들의 결함에 대해 생각하는 것은 매우 어렵기 때문에 이러한 변화는 불편할 수도 있다. 그러나 이러한 과정은 제니스가 딸을 이해하고 딸에게 반응하는 방식에 영향을 미칠 수 있다. 이상적으로 기대해 보면 이는 결국 에이미가 다른 사람의 관점에 관심을 갖는 몇 가지 기술을 습득하고 이에 수반되는 사회적인 기술을 배우도록 이끌 것이다.

아스퍼거 증후군 아이가 가진 강점

아스퍼거 증후군 아이들에게도 지금까지 살펴본 결함 외에 그들만이 가진 감탄할 만한 탁월함도 분명히 있을 것이다. 예를 들어 많은 아스퍼거 증후군 아이들은 상상력이 풍부하여, 누군가와의 상호작용이 너무 힘들 때 상상의 세계에 기대어 위안을 얻고 격려받기도 한다. 마찬가지로, 디테일과 정확함에 대한 이들의 관심은 많은 상황에서 매우 유용할 수 있다. 아이의 눈으로 정확함에 대한 아이의 욕구를 이해할 수 있다면, 아이와 함께할 수 있고 아이들의 이런 강점을 사용하여 삶을 모험하도록 아이들을 지지할 수 있을 것이다. 아스퍼거 증후군 아이 중 몇몇은 논쟁에서 어느 한 관점에 감정적으로 치우침 없이 양쪽의 관점을 보는 데 뛰어나다—이는 훗날 삶에서 강점이 될 수 있다. 그리고 산만해지지 않고 이슈에 집중하는 능력은 매우 큰 강점이며, 특히 학문 분야에서 그렇다. 아스퍼거 증후군이 있지 않은 아이들과는 다른, 우리가 감탄할 수 있는 많은 강점과 차이점들이 있다. 아스퍼거 증후군 아이에게 반영적인 부모가 된다면 당신은 아이에게 주의를 기울이면서 삶에 대한 이 아이들의 다른 관점을 인정하기 시작할 것이다. 이는 아이의 자존감을 높여줄 뿐만 아니라 당신과의 연결감도 높여줄 것이다.

아스퍼거 증후군 아이의 자신과 타인에 대한 자각 확장하기

당신이 아이의 한계를 수용할 수 있게 되고, 그리고 이에 대한 당신의 감정을 수용할 수 있게 되면, 다음 단계로 아이들이 다른 사람의 마음을 이해하고 당신 및 타인과 더 연결감을 느끼는 방법을 배우도록 도울 수 있기를 바란다. 아스퍼거 증후군 아이들의 부모가 아이들과 더 연결감을 느끼고 아이들이 이 세계와 타인과의 관계에서 더 편안하게 느끼도록 돕는 것이 우리의 목표다.

아스퍼거 증후군 아이들에 대해 우리가 갖는 흔한 오해는 이들이 일반적으로 감정을 인식하고 감정에 이름 붙이기를 못한다고 가정하는 것이다. 흥미롭게도 아스퍼거 증후군 아이들은 자신들이 경험하는 정서적인 상태를 잘 규명할 수 있다—당신이 아스퍼거 증후군 아이의 부모라면, 아들이나 딸이 표현하는 강력한 감정 표현에 굉장히 익숙할 것이다. 그러나 이 아이들은 다른 사람의 정서 상태를 밝혀내는 데는 능숙하지 못하다. 만약 당신이 아스퍼거 증후군 아이의 부모라면 이런 문제들에 실질적으로 개입하기 위해 쓸 수 있는 한 가지 방법은 자신의 정서는 물론 주변 세계에도 끊임없이 이름을 붙이는 것이다. 이는 일상의 매 순간 할 수 있으며, 그리 복잡하지 않다. 예를 들어, 〈심슨가족〉이나 〈트레이시 비커〉와 같은 만화 영화를 아이와 함께 시청할 때 다른 사람의 정서 상태를 언급할 수 있는 기회가 많다. 예를 들어 "난, 호머 때문에 바트의 기분이 다시 난처할 것 같아. 호머가 집에서 자기 바지를 입고 돌아다니잖아!" 혹은 "부모 없이 혼자 사는 트레이시는 정말 외로운 기분일 거야"와 같이 말이다. 이런 말이나 반영들은 당신이 말한 것에 주목하게 할 뿐 아이에게 어떤 것도 요구하지 않는다. 그리고 바트 심슨에게, 스케이트보드와 뾰족뾰족한 머리 말고도, 사람들 및 주변에서 일어나는 일과 관련하여 실제 감정들이 있다는 것을 지각하게 할 것이다. 당신이 가족과의 일상 대화에서 이런 '마음 읽어내기' 접근을 많이 소개할수록 아스퍼거 증후군 아이는 사람들의 외적인 면뿐만 아니라 내면에서 무슨 일이 일어나는지에 친숙해질 것이다. 오랜 시간 반복과 연습을 통해 당신은 아이가 사람들에 대해 말할 때 실제로 변화된 모습을 보기 시작할 수 있으며, 아이는 사람들이 외적으로 어떻게 보이고 어떻게 행동하는지뿐만 아니라 마음 상태에 대해서도 말하기 시작할 것이다.

마음맹 혹은 마음근시?

배런코헨(Baron-Cohen)[9]은 자폐 아이들을 대상으로 수행한 마음 이론(자세한 설명은 '들어가며' 참조)이라고 부르는 연구에서 '마음맹(mind-blindness)'이라는 용어를 만들었다. 부모로서 마음을 어떻게 더 읽어줄 수 있을지를 생각할 때 이 개념을 마음속에 새기는 것이 중요하다. 배런코헨과 동료들은 마음맹을 자신과 타인의 정신 상태를 생각할 수 없는 개인의 인지적인 장애로 설명했다. 다른 말로 마음맹은 자신 혹은 타인의 생각과 감정을 생각할 수 없는 것이다. 계속해서 말해왔듯이 당신 자신의 마음과 타인의 마음을 이해하는 것이 반영적인 양육의 주요한 요소 중 하나다. 만약 다른 사람의 신념이나 욕구를 이해하지 못하거나 볼 수 없는 자녀가 있다면, 반영적 양육이 아이에게 정말로 도움을 줄 수 있을지 궁금할 것이다.

그러나 아이를 둘러싼 환경에서 지속적으로 관점 취하기 훈련을 제공한다면, 바꿔 말해 아이의 마음이 중심에 있고 그 바로 옆에 아이와 세상에 대한 생각이 있는 당신이 함께 있는 양육 환경이 조성되어 있다면, 무슨 일이 일어날까? 이와 같은 반영적 양육을 통해 사회적이 되려고 힘겹게 싸우는 뇌는 기대보다 훨씬 더 사회적이 될 수도 있다. 12살 아스퍼거 증후군 아이와 이와 같은 환경을 만들려고 노력하는 부모의 예를 살펴보자.

엄마 댄, 이따 럭비 할 때 필요한 준비물은 다 챙겼니? 학교 끝나고 럭비 있는 거 기억하지? 그리고 3시 20분에는 드럼 레슨 있다. 잠깐만 이리 와봐. 어제 입은 윗도리 입은 거니? 옷 앞에 자국 있는 게 보인다. 학교 가기 전에 2층에 가서 갈아입을래?

댄 (머리를 감싸고 소리를 지르며) 아으으으, 너무 복잡해. 엄마, 그만 말할 수 없어요? 나는 럭비 안 가요. 나는 럭비 더 이상 안 좋아해요. 그리고 드럼은 어제 했어요. 나는 지금 셔츠를 갈아입을 수 없어요, 나는 늦을 거예요. 으으으으, (양손으로 귀를 막는다) 엄마는 날 정말 좌절하게 만들어요. 왜 소리를 지르는 거예요?

엄마 미안하다. 한꺼번에 너무 많은 걸 말했구나, 그렇지? 한 번에 하나 이상 묻는 건 네게 너무 혼란스러운 일이야. 나갈 준비가 되기 전까지 질문하지 않으마.

댄 (머리에서 양손을 떼면서) 엄마는 화난 목소리로 말했어요.

엄마 내가? 음, 미안하다. 화내며 말할 의도는 없었어. 내 생각에 엄마가 기억할 게 너무 많고, 네 동생 신발을 신기면서 동생 말까지 들으려 하니까 아침에 약간 스트레스를 받았던 거 같다. 오늘 밤에 말하도록 할게. 자기 전에 이 이야기를 할 수 있을 거야. 너 그거 아니? 셔츠도 문제가 되지 않아. 지금 옷을 갈아입는다면 네가 더 혼란스럽고 더 급한 마음이 들 것 같다. 학교에서 좋은 시간 보내라, 사랑한다.

어떤 사람은 아이가 자폐가 있는 '마음맹'이라면 이렇게 자신과 타인에 대해 생각하도록 돕는 것은 도움이 되지 않을 것이라고 주장하기도 한다. 그러면 아스퍼거 증후군 아이와의 상호작용에서, 당신은 당신과 자신의 마음을 볼 수 없는 아이에게서 더 마음을 읽어내려고 노력하고 있는 것일까? 우리는 여기서 아스퍼거 증후군 아이는 마음맹이기보다는 '마음근시(mind-short-sightedness)'라고 이야기하고 싶다. 아스퍼거 증후군 아이의 마음과 관련하여 우리는 부모로서 당신이 어떻게 부모와 아이 두 사람의 관점으로부터 아이의 명료한 관점을 발달시킬 수 있는지를 설명하면서 희망을 주고 싶다. 우리는 반영적인 양육의 주요한 요소들(관심 가지기, 관점 취하기, 공감하기)에 초점을 맞춘 접근을 통해 어린 아스퍼거 증후군 아이들과 작업하면서 용기를 얻었다. 그 아이들은 다른 사람이 자신과 매우 다른 생각과 관점을 가지고 있다는 것을 이해할 수 있는 능력과 기술을 개발할 수 있었다. 관점 취하기와 공감하기는 특별히 강조할 필요가 있으며 이는 아스퍼거 증후군 아이에게도 반드시 필요하다고 강조하고 싶다. 아스퍼거 증후군 아이에게 사회적 기술이나 상호작용 기술을 격려하는 비디오 모델링 개입 같은 것을 사용하여 관점 취하기 기술을 가르치는 것이 효과적이라는 증거도 있다.[10]

아스퍼거 증후군 아이들과 함께한 작업에서 우리가 주목한 첫 번째는 처음 우리를 보러 온 아이들이 자신들을 평가하는 동안 자신이 어떻게 느끼는지 그리고 다른 사람과의 관계에서 어떻게 느끼는지를 명확하게 말할 수 있었다는 것이다. 진단을 내리기 전에 10살 된 아이는 자신이 특히 기분이 좋지 않은 시기에는 "내게 다른 게 있다는 걸 알아요. 난 단지 다른 사람들과 같지 않을 뿐이에요. 그리고 나는 정말 다른 사람을 '이해하지' 못해요"라고 말했다. 이런 종류의 말은 자폐 스펙트럼 장애나 아스퍼거 증후군의 특성과 관련해 어린이들을 평가할 때 흔히 볼 수 있으며, 우리가 생각했던 것보다 자신과 다른 사람들의 감정을 훨씬 더 많이 반영하는 능력이 있음을 통찰하게 한다. 만약 당신이 아스퍼거 증후군 아이를 양육한다면 그리고 아이가 어떻게 하면 더 나은 사회관계를 발달시키고 타인에 대한 통찰을 얻을 수 있을지 고민한다면, 이런 종류의 관점 취하기는 당신에게 권하고 싶은 전략이다.

정서적인 이해 키우기

어떻게 다른 사람의 의미와 의도를 이해하는 뇌 속의 네트워크를 연습하여 감정 이해 '근육'을 키우고, 다른 사람의 의도를 더 잘 이해할 수 있을까?

아스퍼거 증후군 및 자폐 분야의 연구자인 토니 애투드(Tony Attwood)[11]는 어린아이 자신이 다른 아이들과 다르다는 것을 인식하는 데 도움이 되는 것은 다른 사람의 행동과 동기를 분석하기 위해 사람들을 관찰하거나, 사람들에게 받아들여지고 속하기 위해 감정을 흉내 내는 전문가가 되는 것이라고 언급했다. 만약 당신이 아스퍼거 증후군이 있는 어린 자녀나 10대 자녀에게서 이와 같은 방식을 발견한다면 매우 좋은 신호다. 이를 격려하는 한 가지 방법은 아이가 연극반에 참여하도록 설득해 보는 것이고, 만약 아이가 이를 원치 않는다면 TV나 영화에서 본 어떤 사람을 흉내 내거나 책을 읽어보게 할 수 있다. 다른 사람인 척하는 모든 방법은 당신이 아이에게 알려주고자 하는 기술을 발달시키는 데 좋은데, 이런 것들은 모두 '타인'의 마음속에 들어가 보는 것이기 때문이다.

아스퍼거 증후군 아이의 행동에 개입하는 전략

정서적 각성이 높은 상태에 있는 자녀와 의사소통하려고 할 때 당신은 자녀에 대해 생각할 수 없고, 이해하고 공감하고 반영하는 것과는 반대로 아이의 행동을 어떻게 조절하고 통제할지에 집중한다는 것을 발견할 수 있다. 특히 이런 강렬한 상호작용 속에서 부모 APP을 적용하는 것은 어렵게 느껴질 것이다. 그러나 '쇠가 달았을 때 두들겨라'에 대한 아이디어를 기억한다면, 부모 APP을 적용하기 좋은 시간은 아이가 어느 정도 진정했을 때라는 것을 알 수 있다. 부모 APP은 모든 아이들에게 적용되지만 아스퍼거 증후군 아이에게는 개선된 부모 APP을 사용할 필요가 있다는 것을 기억하라. 당신은 아이가 차분해지길 기다리면서 지금 하고 있는 것에 대해 아이에게 피드백하는 시간을 갖는 것이 중요하다. 예를 들어 당신은 "네가 진정했을 때 네가 하고 싶은 것이나 다음에 말할 것을 생각하기가 수월하리라는 걸 안단다. 그리고 진정되기 전에는 모든 것이 너무 혼란스럽게 느껴질 거야. 그래서 네가 좀 차분해지고 덜 혼란스러울 때까지 널 혼자 둘게. 그다음에 우리 말하자"라고 말할 수 있을 것이다. 당신이 아이에게 혼자 시간 보내기 전략을 사용하고자 한다면, 아이가 차분해지거나 감정이 나아지도록 조절하기 위해서 하루 중 시간을 정해 연습할 수 있도록 돕는 것이 중요하다.

아스퍼거 증후군 아이의 관점에서 상황을 이해하기 위해 행동 전략과 연결할 필요가 있다. 그리고 이런 행동 전략을 아이가 익히고 사회적인 상호작용의 규칙에 대해 완전히 이해할 때까지 충분한 시간 동안 교육하고 연습할 필요가 있다. 이는 생각보다 복잡하지 않으며, 아이는 이러한 과정을 통해 타인이 좋은 의도를 가졌는지, 사람들을 어떻게 기쁘게 할지를 알아내는 데까지 이를 수 있다.

자신의 분노를 표현하고 다루는 안전한 방법을 보여주는 행동적인 방법과 화를 폭발하지 않고 차분히 있을 때 보상하는 것 모두 도움이 된다. 그리고 당신은 아이가 자신의 폭발적인 분노가 이차적인 이득을 주어 실제로는 이를 통해서 통제하려고 한다는 것을 알 수도 있다. 아이의 행동을 조절하려는 시도와 더불어, 아이에게 당신이 생각하기에 무슨 일이 일어났는지 이름 붙이기를 시도해 보라. 이는 아이가 통제에 대한 욕구를 이해하도록 도와주는 시도가 된다.

아이는 불안정하게 느끼거나 다른 이들과 연결되지 않는다는 느낌을 경험할 때 통제하고자 하는 욕구가 있을 수 있다. 이럴 때 아이가 안정감을 느낄 수 있게 행동하고 말하는 것이 도움이 될 수 있다. 물론, 이런 경우에 우리의 본능은 그 반대일 것이다. 아이가 폭발할 때, 애석하게도 소리를 지르는 당신을 발견할 수 있을 것이며, 이런 순간에 아이들이 불안한 느낌을 받게 되어 우리의 예상이 맞는다면 그 기분은 더 악화될 것이다. 부모 APP으로 돌아가서, 개선된 부모 APP을 사용한다는 것은 당신이 먼저 당신의 감정을 통제할 수 있어야 한다는 것뿐만 아니라, 아이와 더 잘 연결되어 있고 아이가 소외되어 있다고 느끼지 않도록 아이의 관점에서 상황을 보는 노력을 더 열심히 해야 한다는 것이다.

다시 '달았을 때 두들겨라'와 관련된 아이디어를 기억하면, 당신이 뒤로 물러서서 아이가 침착해지도록 하고, 아이와 당신 모두에게 차분함을 유지하는 것이 명확한 목표임을 기억하면서 아이의 불안한 감정에 대해 생각하고, 아이에게 어떠했을지를 명확한 말로 반영해 주는 것은 항상 효과적이다. 예를 들어, 일어나는 일을 통제할 수 없으면 굉장히 놀라고 혼란스럽다는 것을 당신이 이해하고 있다고 아이에게 말하는 것이다.

아스퍼거 증후군 아이에게 반영적인 양육이 가진 이점

어떤 이는 고독한 것이 더 자연스러운 아이들에게 우리가 불편한 무언가가 되도록 강요하고 있다고 주장할지도 모른다. 아스퍼거 증후군 아이들은 친구나 단짝 없이 사회집단 밖에 있는 것을 더 선호한다고 말할지도 모른다. 당신의 우려에 대해 이들은 아이들이 혼자 있는 것을 더 좋아한다고 말할 수도 있다. 그러나 이런 집단의 아이들에게 반영적인 양육을 제안하는 더 중요한 이유는 아스퍼거 증후군 아이들은 사회에서 당연히 보호받아야 하는 문제에 노출될 위험이 높기 때문이다. 예를 들어, 이 아이들은 괴롭힘을 당하거나 새로운 길에서 길을 잃게 되거나, 혹은 우울이나 불안을 경험하는 경향이 있다. 혼자 시간을 보내고 싶고 자신의 일과를 유지하고 싶은 아이의 욕구를 존중해 주는 것은 중요하지만, 힘든 삶의 현실에서는 타인과 연결되고 상호작용하는 것의 이점이 많다. 우리는 당신이 더 '관계적인' 존재가 되기를 희망한다.

아이가 친구 관계를 맺고 유지하는 데 어려움을 겪는다는 것은 자폐 스펙트럼 자녀를 둔 부모와 입양 부모, 위탁 부모가 공통적으로 하는 걱정이다. 개선된 부모 APP은 다른 사람의 눈높이로 보는 것을 아이에게 가르쳐 친구 관계를 유지하도록 돕는다. 자폐 아동인 히가시다(Higashida)[12]는 자신도 친구를 갖고 싶지만 친구를 어떻게 만드는지를 모른다고 고백한다. 자폐 스펙트럼 아이가 친구를 갖고 싶어 하는 것은 너무나 자연스러운 흔한 일이다. 히가시다가 "어느 누가 원하지 않겠어요?"라고 말한 것처럼 말이다.

반영적인 양육은 아스퍼거 증후군 아이들의 타인과의 관계뿐만 아니라 교육에도 도움을 준다. 최근 한 연구[13]는 자폐 스펙트럼이 있는 아이의 부모가 아이의 눈높이를 취하고 부모와 아이의 안정 애착이 형성될 때, 4.5년 그리고 8.5년 후에 아이들의 지능과 상호작용 능력이 예상보다 높게 상회하는 것을 발견했다.

교정이 아닌 연결

우리는 앞에서 교정이 아닌 연결의 중요성을 말했으며, 이는 아스퍼거 증후군 아이를 둔 부모와 아이에게도 마찬가지다. 아이가 자신으로부터 멀어지며 지구에서 떠나 우주 공간에서 우주복을 입고 둥둥 떠다니는 이미지를 떠올렸던 아버지를 다시 생각해 보자. 아버지는 아침에 아들과 힘든 논쟁을 한 후 직장으로 출근하면서 이런 특정한 이미지를 떠올렸다. 아들은 그날 아침 수영장을 가는 것과 자신의 물안경을 찾을 수 없는 것에 너무나 몰입되어 있었다. 그다음에 아이는 물안경이 머리에 너무 꽉 쪼여서 '잘못된 물안경'이라는 감정으로 악화되었고, 결국에는 학교에 가기 싫어서 자기 방 구석에서 공처럼 몸을 웅크리고 소리를 지르며 머리를 박는 행동을 하기에 이르렀다. 아이는 이 시점에 분노 이외에 다른 무엇을 느끼는지 분명히 표현할 수 없었고, 아이의 아버지는 아이에게 학교에 늦을 것이고 수영 준비물을 챙겨서 빨리 나가라고 소리 질렀다. 이는 아이의 감정을 더 악화시켰다.

아이의 아버지가 출근 시간에 한 경험과 아들이 우주복을 입고 자신에게서 멀어지는 생생한 이미지를 생각해 본다면 우리는 아이의 감정을 좀 더 이해해 볼 수 있을 것이다. 이에 대해 우리가 이해한 바는, 아버지는 아이가 고통스러워할 때 아이에게 닿을 수 없는 자신의 감정을 정확히 반영하면서 동시에 이 세상에 혼자 있다는 아이의 기분을 정확히 이해했다—왠지 분리된 것 같은 아이의 기분. 화를 내지 않고 때로는 이런 감정에 연결되는 것은 아이에 대한 공감을 키우며, 결정적으로 특정한 시간에 아이에게 해야 할 것이나 사회적으로 기대되는 것을 하도록 한다. 아이와의 연결은 단순한 행동 전략을 취하고 아이 기분을 맞춰주는 것보다 더 성공적일 것이다. 이 책에서 자주 이야기했지만, 관심 가지기, 공감하기, 관점 취하기를 사용하는 것이 아이의 행동 방식을 변화시키는 데 강력한 영향을 미칠 수 있다.

아이가 화가 많이 나 있을 때, 완전히 비이성적이고 통제 불가능하다고 느껴질 수 있으며 당신의 기분과 관점이 무시당하는 것처럼 느껴질 수도 있다. 이럴 때는 아이의 행동을 통제하기 위해 애를 쓰기가 쉽다. 두 눈으로 보는 행동이 다루기 너무 힘겨울 때는 대부분 분노를 빠르게 느끼게 되고 우리가 공감하기 어려워지는 것은 자연스러운 현상이다.

정서적 과부하

아스퍼거 증후군 아이를 탄산음료가 담긴 캔이라고 상상해 보라. 감정이나 관계에 대해 질문을 하는 매 순간은 당신이 캔 음료를 흔드는 것과 같다. 당신이 아이에게 질문을 하고 복잡한 감정에 대해 이야기할 때 음료는 점점 더 거품이 많이 날 것이다. 결국에 음료 캔은 탄산이 너무 많이 올라와서 터질 수 있다. 당신이 너무 많이 흔들었기 때문이다. 이 음료 캔을 평평한 식탁 위에 그냥 가만히 두어보자. 거품은 나겠지만 폭발하지는 않을 것이다. 아스퍼거 증후군 아이와 감정이나 관계에 대해 대화할 때 이들이 자주 사용하는 용어는 '혼란스럽다'이다. 이는 매우 정확한 반영이며, 다른 사람의 생각과 감정에 대해 생각하는 이들의 능력을 보여주는 용어다. 이런 혼란을 해소하려고 시도하기보다 혼란스러움에 연결되는 것이 오히려 문제를 해결하는 가장 좋은 지점일 수 있다. 결론적으로 아스퍼거 증후군 아이는 혼란을 느끼는 동안 아무리 설명해도 전혀 도움을 받지 못하기 때문이다.

다른 사람의 마음을 더 알아차리는 법 배우기

사라는 퇴근하고 와서 아스퍼거 증후군 아들이 그날 사라의 감정이나 생각을 고려하지 않고 다른 두 자녀와 함께 그날 자신들이 한 일들을 낱낱이 '퍼붓는 데' 신물이 나고 지쳤다. 아스퍼거 증후군 아들 해리는 특히 자신이 그날 한 모든 이야기를 목소리 높여 시끄럽게 전했다. 사라는 자신이 퇴근해서 집에 들어왔을 때(그리고 외투를 벗을 때) 엄마의 하루에 대해 묻는 연습을 시키기로 결심했다. 사라는 해리가 처음에는 자신이 가장 좋아하는 컴퓨터 게임의 최근 진행 사항을 사라에게 말하려고 사라에게 질문만 한다는 것을 주목했다. 그러나 좀 더 지난 후에는 사라의 하루에 대해 자세히 묻기 시작했다는 것을 주목했고 직장에서 누구와 이야기했는지에 흥미를 보이는 듯했다. 해리는 심지어 직장에서 일어난 특정한 상황에 대해 사라가 어떻게 하는 것이 좋을지 아이디어를 주기 시작했다.

해리의 질문이 사회적으로 학습된 행동인지 아닌지는 흥미롭다. 아니면 해리는 사회적 상호작용이 주는 보상이 있다는 것을 배웠을까, 아니면 사회적 상호작용 그 자체에 흥미를 가졌을까? 상호 간에 주고받는 대화, 단순히 대화를 즐기고 다른 사람의 마음을 알아내려는 목적을 위해서 그랬을까? 이는 어린 시절의 모든 사회적 기술이 초기에는 학습된 행동이며, 이 학습된 행동이 점차 다른 사람의 정신 상태에 대한 아이의 이해와 호기심에 포함되거나 통합되는 것인지에 대해 생각하게 한다. 해리의 엄마가 시간이 지나면서 주목한 것은 아이가 "오늘 어땠어요?"라는 질문을 다른 사람의 삶, 생각 그리고 최종적으로는 이에 관한 감정에 대해 일반화하기 시작했다는 것이다. 다른 말로, 아이는 점차 다른 사람의 마음에서 작동하는 것과 마음속 이야기에 호기심을 품기 시작했다.

• 요약 •
민감한 아이를 위한 반영적 양육

💜 민감한 아이를 위한 반영적 양육은 무엇을 의미할까?

반영적 양육의 원리를 적용하고 특정한 관점을 개선하는 것은 다른 사람의 마음에 민감하고 관계를 맺기 어려운 아이들에게 도움을 준다.

💜 민감한 아이를 위한 반영적 양육은 당신에게 도움을 준다

아이가 당신이 보는 세상과 굉장히 다른 자신의 세상을 어떻게 보는지 한 걸음 물러서서 알아차릴 수 있는 것보다 더 중요한 것은 없다. 이를 기억하는 것은 당신이 침착함을 유지하고 부모 APP의 자질들을 상호작용에서 사용하는 데 큰 도움이 될 것이다.

💜 민감한 아이를 위한 반영적 양육은 아이에게 도움을 준다

다른 사람과 다른 사람의 행동을 이해하기 어려운 아이들을 위해 부모 지도 아래서 다른 사람의 생각과 감정, 의도를 이해하는 방법을 가르치기 위한 개선된 반영적인 양육 자세가 필요하다. 당신의 민감한 아이는 다른 사람과 관계를 맺고 긍정적이고 충족적인 관계를 갖기 위해서 도움, 지지, 이해 및 격려가 필요하다.

💜 민감한 아이를 위한 반영적 양육은 관계에 도움을 준다

자신의 감정을 조절하고 이해하는 데 어려움을 겪으며 또한 타인의 마음을 이해하기 힘들어하는 아이를 돌볼 때 개선된 반영적인 양육의 태도를 채택하는 것은 당신이 느끼는, 아이로부터 소외되고 이해받지 못하는 감정을 줄여줄 것이다. 아이에게 반영적인 접근을 사용하면 당신과 아이는 더 좋은 연결감을 갖게 되고 서로에 대해 더 잘 이해할 것이다.

💜 다음을 명심하라

1. 아이의 민감성에 대해 가능한 한 많이 알아차리고 아이가 관계를 어떻게 다르게 보는지를 인식하라―특히 힘겨운 시기에 말이다.

2. 아이의 감정온도계를 기억하라―이는 당신의 다른 자녀와 다른 가정의 아이들이 가진 감정온도계와는 다르다. 민감한 아이가 경험하는 감정은 당신이나 다른 자녀가 경험하는 것보다 더 강렬할 것이기에 아이를 차분하게 진정시키는 데 더 많은 시간을 할애하라.

3. 당신의 의도를 명확하게 하라―당신이 왜 그렇게 했는지 아이가 이해한다고 가정하지 마라. 당신의 마음속에 무슨 일이 일어나며 왜 그러는지에 대해 명확하게 말하는 것이 중요하다.

4. 아이의 경험을 온전히 인정하기는 어렵더라도 아이의 감정을 아이의 관점에서 수용하고 인정해 주는 것이 중요하다는 것을 명심하라―아이의 감정은 현실이며, 강렬하게 느껴진다. 관점 취하기를 강조하는 개선된 부모 APP을 사용하라.

5. 가능한 한 당신의 마음 상태를 단순하고 명확하게 공개하여, 아이가 당신의 생각과 감정을 이해하는 데 애쓰지 않도록 하라. 민감한 아이에게는 당신의 행동 이면에 있는 의도를 이해하는 것이 더 어렵다.

6. 아이의 강점을 주목하고, 다른 사람이 어떻게 행동하는지에 대해 아이가 덜 민감해지는 시간을 주목하라.

7. 민감한 아이들은 이해하기 어렵다고 느끼는 나름의 속사정이 있을 것이다. 시간을 갖고 인내하고 많이 공감하라.

08

가족, 형제자매 그리고 친구들

성장하면서 아이들의 사회적인 세계는 점차 넓어지고 다른 관계
들도 중요해진다. 따라서 아이가 기저귀를 차고 기어 다니기
시작할 때는 형제자매와 어떻게 지낼지, 어린이집을 다니고 학교에 가
기 시작할 때는 친구들과 어떻게 지낼지를 걱정하게 된다. 아이가 집
안팎에서 맺기 시작하는 다양한 관계는, 일반적으로 관계에 대한 아이
의 이해와, 중요한 가족 구성원과의 초기 관계 속에서 있었던 수많은
상호작용에서 형성된 이해에 따라 달라진다. 초기의 상호작용은 관계
에 대한 모델과 청사진을 형성하여 아이의 마음속에 기억된다. 아이가
알아차리지 못할지라도 이런 청사진은 다른 사람과 어떻게 관계를 맺
는지 그리고 사람과 관계를 맺을 때 무엇을 기대하는지를 보여준다. 따
라서 가족 구성원이 주요한 사건과 상황을 둘러싸고 보이는 상호작용
은 중요하며, 아이가 집 밖에서 사람들에게 무엇을 기대할 수 있는지에
대한 모델이 된다. 가족들이 좋은 시간과 힘겨운 시간을 보내며 다른

사람의 생각과 감정을 이해하는 것을 본다면, 다른 사람과 관계를 맺을 때 이렇게 하는 것이 중요하다는 것을 시간이 흐르면서 아이는 배울 것이다. 가족과의 생활을 통해 아이는 다른 많은 사람들의 생각과 마음에 노출되며, 자신이 처한 상황을 세 명, 네 명 혹은 다섯 명의 다른 관점에서 보기 시작한다. 즉, 가족과의 생활은 관계를 전반적으로 배울 수 있는 유익한 환경을 제공한다. 이 장에서는 당신이 가정 내에서 그리고 아이의 더 넓어진 사회적인 세계에 대한 안내를 통해 반영적인 부모가 될 수 있도록 할 것이다. 우리는 당신이 부모 APP의 원리와 더불어, 가족 안팎에서 아이가 맺고 있는 관계에 긍정적인 영향을 주기 위해서 사용할 수 있는 방법을 알려줄 것이다. 반영적인 양육의 자세는 확장하는 세계 속에서 다른 이들을 사귀는 아이의 능력에 직접적인 영향을 줄 수 있다.

반영적인 양육 태도는 자녀에게만 아니라 가족 전체에 적용되는데, 이는 한 사람 이상의 관점을 동시에 이해하는 것을 의미한다. 각기 다른 사람의 관점들이 어떻게 연결되고 영향을 줄지를 고려하는 것은 꽤 어려울 수 있다. 그러나 한 연구 결과는 가족들이 반영적 양육 태도를 실천할 때 가족 내 의사소통 및 문제 해결 능력이 향상된다는 것을 보여준다. 임상 환경에서 이런 접근은 가족을 위한 정신 기반 치료(Mentalization Based Treatment for Families: MBTF)라고 부른다. 이러한 치료적 개입을 통해 가족 구성원이 서로의 관점을 더 이해하려고 노력하기 시작하면 가정 내 화목이 개선되었다는 희망적인 결과가 있다.[1]

자연스럽게, 아이들은 어린 시절을 보내며 당신에게 배운 기술을 연습하는 기회를 더 많이 가질 것이다. 타인을 이해하고 타인의 욕구와 관점을 고려하는 아이의 능력이 시간이 흐르며 발달하는 만큼 아이의 사회적 세계가 넓어질 것이다—점차 아이는 새롭고 더 다양한 사회적인 상황으로 나아갈 것이다. 그리고 더 많은 사회적인 세계에 노출될수록 아이는 경험에 더 많이 영향을 받을 것이며, 사람들 역시 아이에게 영향을 줄 것이다. 여전히 당신의 지지는 필수적이다. 반영적인 부모의 태도를 통해 아이는 사회관계 및 그 안에서 자신의 역할을 계속 배울 수 있을 것이다. 다시 강조하자면, 아이는 자신이 이해하고 배운 관계를 통해 사회적 세계 속에서의 상호작용을 배운다—그리고 이는 아이가 당신에게서 배운 것이다.

부모 관계

서로 떨어져 지낸다 해도 부모 된 이들은 자녀를 함께 기르면서 관계를 유지하거나 육아와 관련된 동맹을 맺고 있을 것이다. 만약 당신이 한부모이거나 배우자와 연락 없이 지낸다면, 이 장의 이 절은 흥미가 없을지도 모른다. 하지만 당신이 혼자 아이를 기르고 있다 하더라도 어른들이 어떻게 상호작용하는지에 대해 생각해 보는 것은 도움이 될 수 있다. 아이들이 목격하는 이런 상호작용은 당신과 다른 사람에 대한 아이의 이해에 영향을 줄 수 있기 때문이다.

배우자와의 관계에서 부모 APP을 사용하는 것은 당신이 배우자의 말에 공감하고, 상대의 관점으로 보려 하고, 적절하다고 느낄 때 공감하는 것이 얼마나 중요한지를 자녀에게 보여준다. 자녀 양육에서는 더 반영적이려고 적극적으로 노력하면서 부부 관계에서는 전혀 그렇지 않다면 아이는 매우 혼란스러워할 것이다. 부모가 서로 갈등 관계에 있을

때 아이에게 지속적으로 피해를 준다는 명확한 증거도 있다.[2]

성인과의 관계에서 우리 모두는 자신의 세계에 단단히 갇혀, 나와 다른 배우자의 관점에 호기심을 갖거나 주의를 기울이기가 훨씬 어렵다. 특히 우리가 아이의 까다로운 행동을 다루려고 할 때 그럴 것이다. 부모로서 우리는 나에게 익숙한 관점을 버리기 어렵고, 많은 부모 관계에서 자신이 가장 잘 안다고 믿는 목소리가 지배적일 수 있다. 성격이 강한, 목소리가 큰 부모와 자기주장을 하는 표현적인 어린아이와 10대 자녀가 있으면 다른 가족을 지배하기 쉬우며 상대 배우자나 다른 자녀는 자기 의견을 고려하지 않는다고 느끼기 쉽다. 반영적 부모가 되는 것은 모든 사람의 관점을 호기심 있게 바라보며, 특정한 한 사람의 관점에 치우치지 않는 것이다.

우리는 아이들이 부모를 매우 가까이 관찰한다는 것을 안다. 그리고 부모가 서로를 어떻게 대하는지에 대한 아이들의 평가가 자신을 대하는 부모의 행동을 예측하는 강력한 요인임을 안다.

당신이 부부 관계에 관심을 갖고, 어떻게 느끼는지 공감하며 배우자의 마음속에서 무슨 일이 일어나는지 이해한다면—당신과 다른 관점을 가지고 있더라도—, 당신의 아이는 부모가 자신을 기르는 데 있어서 관심을 보이며 공감하고 훨씬 더 마음을 잘 읽어낼 것이라고 기대할 가능성이 크다.

존과 리사 그리고 이들의 두 자녀 찰리와 엘라에게 일어난 다음의 이야기를 살펴보자. 그리고 아이들에게 무엇이 모델이 되었을지 생각해 보자.

존은 오후 6시 30분에 직장에서 퇴근하여 집에 돌아왔다. 배우자인 리사

종종 우리는 우리 자신의 삶에 사로잡혀, 상대에게 공감하고 상대의 마음을 읽어내기가 어렵다.

와 두 자녀 찰리와 엘라는 방금 저녁 식사를 마치고 아직 식탁에 앉아 있었다. 존은 잔뜩 지친 모습으로 인사도 없이 이들을 지나 부엌으로 가면서 "리사, 오늘 내 하루가 어땠는지 믿지 못할 거야. 그레이엄(존의 상사)이 내가 막 나오려는데 불러서 내가 보낸 이메일에 대해 질책했어. 그레이엄이 나보고, 자기 허락 없이 이메일을 썼다면서 왜 자신에게 먼저 상의하지 않냐고 말하는 거야. 그레이엄은 진짜 계속, 계속, 계속해서 나를 나무랐어. 그런데 내가 매번 상의하려고 할 때마다 그레이엄은 너무 바빠서 귀찮아하거나, 어쨌든 내가 뭐 하는지 알지도 못하는 것 같았단 말이야. 그래서 딱 한 번 나혼자 해도 되겠다고 생각했어. (사무실에서) 다른 사람들이 있는 앞에서 그런 말을 듣는 건 진짜로 당황스러웠어. 그레이엄은 진짜 너무 무례하고 공격적이었거든"이라고 말했다. 리사는 "음, '안녕'. 당신, 애들한테 '안녕'이라고 말 안 할 거야? 그런 모든 일을 집에까지 가져올 필요는 없잖아. 찰리는 오늘 크로스컨트리 경기를 했어. 아니면, 당신 그거 까먹었던 거야? 그리고 당신 너무 과장하는 거 아냐? 당신이 비난받기 싫어하는 걸 알지만 우리 모두 직장에서 그런 일을 다 참고 견디고 있어. 그만 와서 저녁 먹어"라고 말했다.

존이 어떻게 느낄 것이라고 생각하는가? 먼저 존이 퇴근해서 집에 들어섰을 때 하루의 무게를 덜어내려고 한 말에 대한 리사의 반응을 들었을 때 그는 어떠했을까? 당신이 존이라면 어떻게 느꼈을까? 그리고 리사는 어떻게 느꼈을 것이라고 생각하는가? 마지막으로 찰리와 엘라가 부모의 상호작용을 보면서 어떻게 느꼈을 것이라고 생각하는가?

우리는 존이 집에 와서 가장 먼저 하고 싶었던 것은 자신이 느낀 중요한 것을 마음에서 덜어내는 것이라고 가정해 볼 수 있다. 비록 존은 화를 냈지만 우리는 그가 꽤 속상했다는 것을 추측할 수 있다. 존은 동료들 앞에서 비난받는 것이 "당황스럽다"라고 말했고 또 그런 감정을 느꼈다. 당신이 속상하거나 화날 때를 생각해 보라. 어떤 사람이 당신이 어떻게 느끼는지를 부정하고, 당신이 이를 표현하는 것이 잘못되었다고(이는 "그런 모든 일을 집에까지 가져올 필요는 없잖아"라는 리사의 반응에 암시되어 있다) 말하면 기분이 어떻겠는가? 우리는 존처럼 당신 역시 어떤 사람에게 원하는 것은 먼저 이야기를 들어주고[부모 APP에서 'A'는 관심 가지기(Attention)를 말한다] 그런 다음에 당신이 어떻게 느끼는지를 받아들여 주는 것임을 알 수 있다. 당신에게 공감해 주고 당신의 기분을 이해하는 누군가가 있는 것은 당신에게 마음속에 어떤 것이 있는지 그리고 무엇이 정말로 당신을 속상하게 했는지 말할 기회를 준다. 존과 리사의 상호작용 속에서 상사에 대한 존의 기분은 수용되고 인정받지 못한 것을 볼 수 있다. 존은 또한 두 번 질책받았다. 한 번은 이메일을 보낸 것에 대해 상사에게 질책을 받았고, 또 다른 한 번은 "당신 너무 과장하는

거 아냐" 그리고 "비난받기 싫어하잖아"라는 말을 배우자에게 들으면
서다. 비슷하게, 리사의 관점에서 보았을 때 리사는 아이들과 앉아서
저녁을 먹고 있었고 리사의 마음은 아이들이 그날 한 것, 특히 찰리의
크로스컨트리 경주에 꽂혀 있었다. 리사 또한 자신이 생각하고 느끼는
것에 존이 관심 가져주기를 원했고, 존이 리사나 아이들에게 심지어
"안녕"이라는 인사도 없이 그냥 지나쳐 부엌으로 갔을 때 상처를 받은
것은 의심할 여지가 없다. 우리는 이로부터 왜 리사가 존이 어떻게 느
끼는지에 공감할 수 없었고 대신 짜증을 냈는지 상상해 볼 수 있다. 찰
리와 엘라는 아마 이런 감정들을 경험하고 있었을 것이고, 아이들이 부
모를 보고 모델링한 것은 서로의 생각과 감정을 이해하는 데 실패한 장
면이다.

이 장면을 되돌려 보자. 그리고 이번에는 부모 APP의 원리가 존과
리사의 상호작용에 적용되었다고 상상해 보자.

존은 오후 6시 30분에 직장에서 퇴근하여 집에 돌아왔다. 배우자인 리사
와 두 자녀 찰리와 엘라는 방금 저녁 식사를 마치고 아직 식탁에 앉아 있었
다. 존은 잔뜩 지친 모습으로 식탁으로 가서 리사의 이마에 키스를 하고 아
이들을 향해 "안녕, 집에 돌아와 너희를 보니 정말 기쁘다. 오늘 너희들이
어떤 하루를 보냈는지 듣고 싶구나. 그런데 괜찮다면 아빠가 지금 마음에
있는 것을 엄마에게 말해 먼저 덜어내고 싶구나"라고 말했다. "리사, 오늘
내 하루가 어땠는지 믿지 못할 거야. 그레이엄(존의 상사)이 내가 막 나오려
는데 불러서 내가 보낸 이메일에 대해 질책했어. 그레이엄이 나보고, 자기
허락 없이 이메일을 썼다면서 왜 자신에게 먼저 상의하지 않냐고 말하는 거
야. 그레이엄은 진짜 계속, 계속, 계속해서 나를 나무랐어. 그런데 내가 매

번 상의하려고 할 때마다 그레이엄은 너무 바빠서 귀찮아하거나, 어쨌든 내가 뭐 하는지 알지도 못하는 것 같았단 말이야. 그래서 딱 한 번 나 혼자 해도 되겠다고 생각했어. (사무실에서) 다른 사람들이 있는 앞에서 그런 말을 듣는 건 진짜로 당황스러웠어. 그레이엄은 진짜 너무 무례하고 공격적이었거든." 리사는 "너무하네! 당신은 당신 일을 한 건데, 게다가 당신은 입사했을 때부터 그레이엄의 일 대부분을 했잖아. 당신이 이미 엄청난 압박감을 받고 있을 때 그랬다니 시기가 안 좋았네. 그리고 다른 사람 앞에서 그렇게 말하는 건 진짜 프로답지 못해. 이리 와서 먼저 우리랑 같이 저녁 먹고 이따가 이야기할래? 아니면 샤워 먼저 하면서 마음 좀 가라앉힐래?"라고 말했다. 존은 직장에 대해 넋두리를 늘어놓는 자기 자신과 야단치는 상사를 흉내 내었고, 이를 보고 찰리와 엘라가 웃었다. 존은 "나중에 이야기해도 돼. 그래서 오늘 너희는 무슨 일이 있었니?"라고 말했다.

이 시나리오를 다시 되돌려 보았을 때, 존은 자신의 마음을 더 알아차리고, 집에 돌아왔을 때 다른 사람들 역시 각자 생각과 욕구가 있다는 것을 알아차리려고 애썼다. 존이 했던 것처럼 우리는 당신의 아이 및 배우자와의 상호작용 모두에서 유머를 사용하라고 권한다. 일단 상황에 대해 웃을 수 있으면 한 걸음 물러나서 무엇이 일어났는지 관찰할 수 있게 된다. 이는 특정한 스트레스 상황에 대한 열기를 식히는 데 굉장한 도움이 될 수 있다. 부모가 아이들 앞에서 자신과 자신의 실수에 대해 웃을 수 있을 때 아이들은 중요한 두 가지를 본보기로 삼게 된다. 먼저 아이들은 자신을 외부에서 보게 된다(또 다른 관점에서 보게 된다). 두 번째로 당신이 정말로 화가 나거나 불쾌할 때 자신을 흉내 내는 말을 하여 웃는 것은 많은 긴장을 풀고 힘든 순간에서 벗어나는 좋은 방법이 된다. 결정적으로 아이는 당신이 상황을 여러 다른 관점에서 볼 수 있음을 보게 되고, 늘 옳고 그른 것을 판단해야 하는 것은 아니라고 이해하게 된다.

부부 갈등

모든 부부 갈등은 반드시 아이들을 속상하게 만든다. 아이가 자신의 생각과 감정, 자신을 둘러싼 세계를 이해하는 데 의존하는 이 두 사람은, 아이들과 관련해서는 예측 가능하고 일관성이 있어야 한다. 갈등을 보이는 부부 관계는 어떤 영향을 줄까? 아이의 삶에서 중요한 어른들 간의 오해가 어떻게 하면 아이들을 혼란스럽게 하기보다 아이들 자신과 자신을 둘러싼 것들을 이해하는 데 도움을 줄 수 있을까?

잦은 말다툼과 폭력이 있는 부부처럼 극단적인 경우, 부모로서 이들은 아이들을 잘 헤아리거나 이해하지 못하고 자신의 감정이나 배우자와의 지속되는 논쟁에 더 주의를 기울인다. 가정 폭력이 있는 부부 관계는 아이에게 매우 위험하다. 부모들은 대개 마음을 읽어내거나 공감하는 데 실패하고 아이의 마음에서 무슨 일이 일어나는지 관찰하지 못한다.

비교적 최근에 연구자들은 부모의 극심한 폭력이나 노골적인 적대감 혹은 방임만이 아이들에게 해로운 영향을 끼치는 것이 아니라, 부부의 지속적인 갈등과 오해 역시 매우 해로운 영향을 미친다고 밝혔다. 부부가 서로에게 무관심하거나 소원하고 냉담하게 대하는 관계는 자녀의 교육적 성취와 정서적인 각성 및 행동 규율, 자기개념화, 사교 능력, 건강 등 건강한 발달에 부정적인 영향을 끼칠 수 있다.[3, 4] 부부의 이런 문제들은 부모가 자녀에 대해 무엇을 느끼는지 그리고 부모들 서로가 무엇을 느끼는지에 대해 아이들을 혼란스럽게 만든다. 더구나 이런 경우 부모들은 아이를 속상하게 할까 봐 자신의 감정을 아이에게 보여주지 않는 것이 낫다는 그릇된 선택을 한다. 그리고 안타깝게도 부모들은 중요한 정서적인 갈등을 무시하거나 혹은 상황을 되씹으며 자신이 무슨 생각을 하고 느끼는지 상대방이나 자녀가 혼란스러워하는 상태로 남겨두고 빠지기 쉽다. 따라서 부모로서 당신은 어느 정도까지 아이에게 배우자에 대한 당신의 생각과 감정을 공유할지 가늠해야 하는 어려움을 갖게 된다. 너무 많이 공유하면 아이들이 놀라거나 혼란스러워할 수 있다. 그렇다고 너무 조금 전달하면 아이들은 상황이나 부모의 행동을 어떻게 이해해야 할지 전혀 알지 못한다.

물론, 말다툼과 오해가 없는 부부 관계는 없을 것이다. 따라서 말다툼과 오해로 가족 관계를 파괴하기보다 가족을 보호하기 위해 해결하려고 노력하는 것이 매우 중요하다. 외형적으로 드러나든 소리 없이 적대적이든 부부가 갈등 상황에 있을 때 이들의 감정은 때때로 굉장히 격양된다. 이들에게 아이의 마음은 물론 자기 자신이나 다른 사람의 마음을 알아차리고 반성하기란 어렵다. 아이가 자신의 경험을 이해하는 것은 주로 당신과 아이에 대한 당신의 이해에서 비롯되기 때문에 이는 아이에게도 문제가 된다. 우리는 지금까지 아이들이 부정적인 감정을 포함하여 자신의 감정과 의도를 정확하게 반영할 수 있는 반영적인 부모를 경험할 필요성을 강조했다. 당신이 배우자와 말다툼할 때를 생각해 본다면, 이런 말다툼이 한 번 일어난 사건이든 아니면 계속되는 갈등의 일부이든, 아이에 관한 문제일 때 아이의 생각과 감정을 고려하는 것이 어려울 수 있다.

당신이 말다툼을 하려던 것을 멈추고 지각할 수 있고, 아이가 그 말다툼의 현장에 있는 것을 알고 아이의 경험에 대해 생각할 수 있다면 어떨까? 다른 무엇보다 당신은 아이의 존재와 감정을 고려하기 시작할 것이다. 어른들은 말다툼을 하는 도중에 자녀가 거기 있다는 것조차 알아차리기 어렵다. 배우자와 상호작용하는 방식은 아이가 갈등과 감정의 해결을 포함해 관계를 어떻게 이해하는지를 배우는 본보기가 된다. 만약 당신과 배우자의 갈등이 해소되지 못한다면 아이가 자신의 친구와 이후 배우자를 포함한 삶의 여러 관계에서 갈등을 해결하는 데 어려움을 초래할 것이다. 또한 아이는 모호함을 다루는 데 어려움을 느끼며 이럴 때 많은 불안을 느낀다. 따라서 말다툼을 해결하지 않은 채로 남기는 것은 아이에게 굉장한 문젯거리가 될 수 있다. 자녀에게 당신의 감정을 설명하려고 시도하고, 이를 아이에 대한 당신의 감정과 구별하는 것이 중요하다.

부부의 오해가 어떻게 시작부터 아이에게 덜 위협적이 되도록 할 수 있는지 그리고 심지어 생각, 감정 및 관계 전반에 있어 아이에게 도움이 될 수 있는지 다음의 예를 살펴보자.

캐런과 톰은 그날 많은 시간을 자녀들이 있는 데서 싸웠다. 이들은 전날 밤 캐런의 친구들과 함께 외출했고, 톰은 캐런의 친구 엠마가 '거만하여' 톰의 일이 잘되고 있는지, 무슨 일을 해서 먹고사는지 관심조차 없는 것 같다고 지적했다. 이들은 밤늦게까지 놀았고, 막내 몰리(2살)가 아침 일찍 깨워 일어나 있었지만 점심이 되어서야 식사를 하기 위해 앉았다. 가족들이 식탁에 둘러앉았을 때 톰은 캐런에게 아침에 제출해야 하는 프레젠테이션에 대해 말했지만, 캐런은 관심을 기울이지 않았다. 그리고 둘째 샘이 프랑스어 수업 숙제를 끝내지 못했고 그것을 엄마가 도와줬으면 한다고 이야기하는 것을 듣고 있었다. 톰은 갑자기 쥐고 있던 나이프와 포크를 식탁에 쾅 하고 내려치고는 캐런을 향해서 "나는 여기서 혼자 이야기하는 것이 더 좋을 것 같네, 너는 내 일에 조금도 관심이 없지?!"라고 소리 질렀다. 캐런은 관심은 있지만 말할 수 있는 '시간과 장소'가 있다며 되받아 소리치고, 함께 즐거운 점심식사를 할 순 없냐고 하면서 분개하며 "어이구, 내가 충분히 신경을 안 써줘서 미안하네요. 결국 난 신경 쓸 아이가 세 명밖에 없고, 지금 네 시간 정도밖에 못 잤네"라고 덧붙였다. 캐런과 톰은 결국 몰리가 울음을 터뜨린 뒤에야 말다툼을 멈추었다. 캐런과 톰은 자신들이 몰리를 속상하게 한 사실이 갑자기 끔찍하게 느껴졌지만, 서로에게 화가 나서 씩씩거렸다.

캐런과 톰이 다르게 할 수 있었을 그 첫 번째는 말다툼이 심해져서 몰리가 울기 전에 아이들의 존재를 더 지각하는 것이다. 몰리가 얼마나 속상한지 알아차릴 때 이들은 논쟁하는 사람들을 보는 것이 얼마나 끔찍한지 인정할 수 있을 것이다. 이런 방식으로 아이에게 미치는 영향을 인식하면서 이들은 아이의 관점을 취하고, 자신의 감정에 몰두해 있는 데서 벗어난다. 의견 불일치로 인한 갈등과 해결 과정을 아이들이 알도록 도울 수 있으려면 톰과 캐런이 부모들도 어린이처럼 때때로 사이가 틀어질 수 있고 서로에게 화가 나지만, 이를 해결하고 무엇이 서로를 화나게 했는지를 아이들에게 이해시키는 것이 중요하다. 어린아이들에게 부모가 왜 그런 식으로 느꼈는지를 속속들이 설명해 주는 것이 항상 적절하지는 않다. 그러나 이 예시에서 캐런과 톰은 부모가 서로에게 화날 때는 상대를 생각하기 힘들 수 있지만, 결국에는 해결할 수 있고 다시 친해질 수 있다는 것을 보여줄 수 있다. 그리고 갈등 후에는 서로 상대방의 마음에 대해 신경 쓰고 있다는 것을 보여줄 수 있다. 한창 논쟁 중일 때는 이렇게 하는 것이 당연히 어려운 일이며, 그런 열기는 식힐 필요가 있다. 두 사람 중 어느 한 사람이 상대편의 관점을 이해하기 전까지는 말이다.

이런 종류의 논쟁과 오해가 아이들 앞에서 설명되고 해결될 수 있다면, 논쟁과 오해는 다른 사람의 마음에 대해 배우는 덜 위협적이고 가치 있는 기회가 될 것이다. 여기서 유머는 엄청난 도구가 될 수 있다. 어떤 한 부부는 차를 타고 어딘가로 갈 때 남편이 다른 운전자를 향해 '고함'지르는 것을 부인이 온라인 게임의 한 장면으로 연결 지었다. 이 시나리오에서 아빠는 자신의 행동에 대해 웃을 수밖에 없었고, 앞으로 이 가족은 아빠가 차에서 고함을 지를 때마다 "오, 오! 아빠 자동차, 충돌 레이싱 경기를 다시 시작했군요"라고 말할 것이다. 우리 자신이나 논쟁의 상황을 유머를 통해 웃을 수 있는 상황으로 만드는 것은 아이들에게 어려운 감정이 통제되고 해소될 수 있고 심지어는 가족의 화합을 이끌 수 있다는 본보기가 된다.

형제자매 관계

자녀가 두 명 이상이면 당신의 마음속에, 배우자와 일, 청구서, 식사, 친구 등에 대한 생각은 기본으로 하고, 적어도 두 명 이상의 아이의 요구를 담고 있어야 한다. 요구는 끊임없다고 느껴질 수 있으며 너무 많은 요구는 때로 심적 여유에 대한 절박함을 느끼게도 한다. 특히 지속적인 자극과 관심이 필요한 어린아이가 있을 때 그럴 수 있다. 좀 더 큰 아이일 경우에는 다르기는 하지만 특히 당신에게서 좀 더 독립적이기

두 명 이상의 아이들에게 동등한 관심을 주는 것은 엄청나게 어렵다.

를 원할 때 그중 한 아이만의 요구를 들어주면서 균형감을 갖는 것은 어렵다. 모든 사람의 요구를 충족시키는 것은 정말 어려울 수 있으며, 당신은 자신만의 시간을 가질 수 없을 뿐만 아니라 한 걸음 물러서서 아이들의 마음속에서 무슨 일이 일어나는지를 볼 수 없을지도 모른다.

형제자매 관계가 어떻든 간에 종종 강력한 애증이 엇갈린다. 형제자매간의 상호작용이 부모나 친구와의 관계에서보다 더 큰 따뜻함과 갈등을 수반한다는 것을 보여주는 연구 결과는 놀랍지 않다.[5] 아이들은 태어날 때부터 차이를 해결하는 기술을 가지고 있지 않고, 따라서 갈등을 경험하는 것은 당연하다. 그 결과, 이런 관계는 갈등을 다루고 오해를 이해하는 더 많은 기회를 제공한다. 당신이 아이를 훈육할 때와 같이 형제자매간의 어려움은 실제로 아이들이 의견충돌을 헤쳐 나가도록 돕고, 경쟁을 협력으로 만들며, 분한 마음을 공감으로 변화시키는 유용한 기회가 될 수 있다.

형제자매 관계 다루고 지지하기

어느 날 아이들은 형제여도 모든 것에 대해 다투는 것처럼 보일 수 있다. 아이들은 어쩌면 장난감을 놓고, 누가 청소할 차례인지를 두고, 누가 무엇을 볼지에 대해, 프리미어 리그에서 누가 가장 좋은 선수인지를 놓고, 누가 공부를 더 잘하는지 등을 두고 다툴 수도 있다. 어떤 아이들은 성격장애가 있는 것처럼 보이고, 아니면 둘 다 변화에 타협하고 적응하기 어려운 반응적인 기질이 있을지도 모른다. 연령 차이가 많이 나면 다른 것을 원하고 연령이 비슷하면 같은 것을 두고 경쟁하기 때문에 부딪힐지도 모른다. 당신의 자녀들은 공간과 자원은 물론 부모도 공유하고 있다.

형제자매들이 긍정적인 관계를 발달시키기 위해서는 부모와 가정환경에서 무엇이 필요하다고 생각하는가? 씨앗 두 개를 한 화분에 심는다고 상상해 보라. 씨앗은 충분히 자라 따로 정원에 옮겨 심을 때까지 함께 자랄 것이고, 화분을 공유할 것이다. 씨앗이 함께 같은 자원을 두고 경쟁하지 않기 위해서는 무엇이 필요하다고 생각하는가? 어떤 조건들이 도움이 되며, 씨앗이 성장하기까지 얼마나 많이 도울 필요가 있을까? 씨앗과 마찬가지로, 자녀들을 위해서는 자원을 두고 경쟁할 필요 없이 함께 성장하고 서로 영향을 주는 방법에 대해 부모가 직접적으로 주의를 기울이고, 관심을 가지고 보살피는 이런 환경을 만들어줄 필요가 있다.

여기까지 이 책을 잘 읽어왔다면 당신은 이미 아이들이 서로 잘 지낼 수 있는 환경을 만들었을 것이다. 아이들은 당신을 통해 서로 관계를 맺는 기술을 길렀고 또한 당신에게 더 공감받고 이해받는다고 느낄 것이다. 공감받는 느낌은 아이들이 서로를 직접적인 위협으로 여길 가능성을 낮춰준다. 처벌 대신 애정 어린 지도를 통해 아이는 더 행복하고 정서적으로 건강하게 자라고, 형제간에도 잘 어울린다. 그러나 아이들은 계속해서 투덕거리며 싸울 수 있고, 이는 나쁜 양육의 결과가 아니라는 것을 명심하라. 아이들은 의견 충돌을 통해 문제를 해결하는 기술을 배울 수 있다. 의견 충돌을 헤쳐 나가 협력의 이점을 알도록 돕는 것은 삶에 대한 유용한 기술을 제공한다.

관심 가지기

가족 관계와 관련하여 전반적으로 긍정적인 마음가짐을 갖는 것이 도움이 될 수 있다. 가족 내에서 친절하고 협력적인 관계를 기대하고, 이런 기대에 대해 서로 말하며, 이러한 관계가 일어나지 않을 때는 서로 관심을 갖고 무엇이 잘못되었는지 궁금해하라.

리사의 가정에서 리사와 배우자는 가족 내 관계를 많이 강조하고, 가능한 한 가족 문화가 언제든 지지적이기를 강조한다. 이에 대해 확고한 신념을 지닌 리사는 이런 기대가 깨질 때면 큰 관심을 기울인다. 리사는 두 자녀가 서로 앙심을 품고 있고 심술궂게 군다고 인식할 때, 앙심을 품은 이유가 무엇인지 탐색할 기회로 본다.

"얘들아, 너네 무슨 일로 싸우는 거니? 어른이 없어도 너희 스스로 모두 문제를 해결할 수 있겠니?"

형제간 괴롭힘에 대한 몇 가지 흥미로운 최근 연구는 형제간 주기적 괴롭힘이 나이가 들었을 때 우울의 위험성을 증가시킨다고 알려준다.[6]

따라서 부모가 형제자매 관계에 관심을 가지는 것은 중요하고, 만약 한 아이가 괴롭힘당하고 있다고 생각되면 괴롭힘이 지속되지 않도록 초기에 개입하여 멈추고 건강한 관계를 갖도록 도와야 한다.

협력의 분위기를 직접 말로 표현하는 대신에 북돋는 여러 방법이 있다. 예를 들어, 형제간에 서로의 삶에 대해 더 많은 관심을 갖도록 격려할 수 있으며 이를 통해 아이들은 서로의 성격, 좋아하는 것과 싫어하는 것에 대해 더 잘 알 수 있게 된다. 서로의 성취를 알아차리도록 격려하고 어떤 것을 잘하면 서로에게 축하하게 하라. 서로에게 더 많은 관심을 갖고 각자의 특성을 이해하도록 하는 것은 분명 긍정적인 영향이 있다. 아이들이 각기 다른 활동들로 서로 바쁠 때 가족은 쉽게 멀어질 수 있으며, 아이들은 한 가족이라는 느낌을 잊고 개별적이 될 수 있다. 게임을 함께한다든가 활동을 함께하는 것은 어떤가? 주말마다 집단 활동을 할 수 있는 공간을 만들어볼 수도 있다. 가족 전통과 행사를 공유하는 것 또한 중요하다. 일주일에 한 번 특별한 식사를 함께하거나 주기적으로 일요일에 여행을 가고, 대가족이 함께 시간을 보내거나 기념일이나 명절을 기념하는 자기 가족만의 방법을 만들 수 있다―이런 모든 경험은 유대감을 형성하고 아이들이 가깝게 느끼도록 돕는 공통된 정체성을 만든다. 개인에게 주어지는 시간과 함께하는 시간에는 균형이 필요하며, 모두가 함께할 때 다른 사람의 요구를 생각해 볼 수 있는 시간을 제공할 수 있다.

아이들의 협력을 북돋기 위해서 때로 서로 협력했을 때 보상을 주는 것은 어떨까? 예를 들어 다음과 같이 말하는 것이다.

"너네 둘이 사이좋게 지내니까 좋구나. 운전하는 동안 다투지 않고 있으면 너희 둘 다 오늘 약간 늦게 잘 수 있게 해줄게."

우리 모두는 아이들이 상호작용을 잘하지 못할 때 아이들을 야단친다—이렇게 하기가 더 쉬운 것처럼 보인다. 이 생각을 바꾸어 상호작용이 순조로울 때 주의를 기울일 수도 있다. 아이들이 갈등을 적절하게 풀었을 때 특별한 칭찬의 말을 해줄 수도 있고, 아니면 아이들이 협력했을 때 아주 가끔씩 작은 보상을 할 수도 있다. 더 나아가 한 아이가 다른 아이에게 긍정적인 영향을 줄 때마다 관심을 가지고 지켜보는 노력을 할 수도 있다. "봐봐, 네가 장난감을 빌려주니까 형이 엄청 기뻐하네!" 혹은 "네가 얼마나 웃긴지를 봐봐, 동생이 이제 웃어!"

집에 돌아온 존과 두 아이는 리사가 아이들을 위해 식탁 위에 올려둔 초콜릿 몇 개를 발견했다. 찰리는 초콜릿을 집어 들어 엘라에게 펼쳐 보이며 "먼저 하나 고를래, 엘라?"라고 말했다. 존은 이를 알아차리고 "굉장히 사려 깊고 친절하구나, 찰리"라고 칭찬하며 장난스럽게 찰리의 머리를 헝클어뜨렸다. 몇 분 후에 존은 찰리와 엘라에게 돌아와서 "찰리가 아까 얼마나 친절했는지, 아빠는 감동했어. 너희 모두에게 초콜릿을 더 줄게!"라고 말했다.

우리가 4장에서 관심 가지기와 관련하여, 관찰하고 기다리라고 이야기한 것을 기억하는가? 만약 당신이 아이들의 오해에 너무 많이 관여하는 경향이 있다면 때로는 거리를 두고 지켜보는 것이 도움이 될 수 있기 때문에 이를 시도해 보는 것도 좋다. 예를 들어, 신체적으로 다칠 가능성이 있거나 지나칠 정도로 놀리고 있다면 반드시 개입해야 한다. 그러나 협력과 문제 해결을 배우는 것은 삶에서 중요한 기술이며, 형제자매가 있는 아이들은 부모의 개입 없이 문제를 함께 해결하면서 이런 기술을 일찍이 배울 수 있다. 관찰하는 것은 무슨 일이 일어났는지 짐작으로 알 수 있도록 하는 것이 아니라, 의견충돌 속에서 어떤 일이 정말로 일어났는지를 볼 수 있는 기회를 준다. 아이들은 문제를 해결하기까지 도움이 필요할 수도 있지만, 주어진 몇 분의 시간 동안 자기들끼리 이 문제를 다룰 수도 있다. 이를 통해 당신은 아이들의 관점을 살펴볼 수 있으며, 스스로 예를 들어 '왜 애들이 다투지?'라고 궁금증을 가져볼 수도 있다. 형제자매들은 많은 시간을 아주 가까이서 지낸다. 그런 까닭에 공간과 장난감, 부모인 당신의 관심 같은 자원을 공유해야만 하며, 다툼은 대개 이런 주제가 하나 이상 뒤섞여 일어난다.

부모가 나보다 다른 형제나 자매에게 더 관심을 가지고 사랑한다고 느끼는 경우는 꽤나 많다. 아마도 이것은 당신의 '부모 지도'에 대해 생각해 봤을 때 당신이 자라온 가족과도 관련이 있을 것이다. 왜냐하면 누구에게나 어느 시점에서는 다른 형제가 부모님에게 더 사랑받는다고 느꼈던 일이 흔하기 때문이다. 그 형제가 더 똑똑하든, 남자든 여자든, 혹은 운동을 잘했든 뭐든 간에 여러 이유로 말이다. 아이였던 당신은 이를 두고 부모를 탓하지 않고 대신 다른 형제를 원망하며 자랐을 것이고, 그래서 갈등이 더 커졌을 가능성이 있다. 이런 일을 피하는 간단한 방법은 아이들을 형제간에 비교하거나 다른 가정의 아이와 비교하지 않으려고 노력하는 것이다. 아이 한 명 한 명을 최고로 사랑하라. 만약 아이가 자신의 형제만큼 사랑받는다고 느끼면 자주 질투를 느끼지 않을 것이다. 그리고 이보다는 친절하고 조화로운 유머와 톤을 유지하면서 형제에 대해 이야기하여 아이들이 서로 간에 경쟁하면서 최선을 다하여 도전하도록 하는 것이 좋다.

"네 동생처럼 잠옷을 입는 건 어떠니? 동생은 4살인데 할 수 있잖니."

얼마나 자주 이런 종류의 대화가 전 세계의 수많은 집에서 이루어질까? 이런 종류의 말은 부모가 하기 쉬운 말들이다. 특히 아이를 변화시키기 위해 아이와 끊임없이 싸우는 과정에서 화를 참으며 자신의 머리카락을 잡아 뜯고 있었던 때를 떠올리면 더욱 그렇다. 대부분 부모들은 때로 이런 말들을 한다. "이건 불가피해." 그렇지만 이런 말을 듣는 아이의 기분은 어떨까? 그리고 아이의 4살 된 동생이 와서 행복하게 다음과 같이 말하면 아이는 얼마나 힘들까?

"엄마 봐봐요, 나는 이렇게 잠옷을 입었어요. 오빠는 못해요!"

좀 더 나이를 먹은 큰 아이들에게는 형제자매 관계의 긍정적인 측면에 대해서 아이의 성숙함과 연관 지어 얘기할 수 있다. 예를 들어, 어린 여동생이나 남동생과 잘 노는 12살 매디에게 "네가 동생들이랑 티격태격 다투지 않아서 좋구나. 엄마와 아빠는 너랑 같이 시간을 보내는 게 참 좋구나"라고 말할 수 있다.

마지막으로 아이들은 심심할 때 싸우는 경향이 있다. 가끔은 아이들이 지겨워지려고 할 때 주의를 기울여 초기에 개입하고 아이들이 다른 무언가에 몰두하게 하는 것은 어떨까? 그러나 현실적으로 매번 이렇게 하기는 어려울 수 있으며, 스스로 재미있는 것에 몰두할 수 있는 기회를 주지 못할 수도 있다. 그러나 아이들이 싸우기 전에 관심을 보이지 못한다면, 어쨌든 나중에 아이들이 싸우는 더 큰 스트레스 상황에서 관심을 기울여야만 한다. 예를 들어 휴일에 오랫동안 차를 타고 가는 상황, 혹은 날씨가 너무 안 좋아서 어린아이들과 밖에 나갈 수 없는 비 오는 날이 있다. 이런 시간이 예상될 때는 노는 시간을 확보하고 동시에 자신들이 놀이를 만들고 상상력을 발휘하도록 하여 균형을 잡아 지루함이 갈등으로 악화되는 것을 막을 수 있다.

관점 취하기

당신은 또한 다른 사람의 입장에서 생각해 보도록 하기 위해 아이들에게 관점 취하기를 격려할 수 있다. 자기 자신과 다른 사람의 생각과 관점을 이해하는 것과 관련하여 형제자매가 있는 것이 유리하다는 연구 결과들이 있다. 어린아이의 관점 취하기 능력 연구에서는 나이가 많은 형제자매가 있는 아이들이 다른 사람의 관점을 취하는 과제에서 문제 수행 능력이 더 좋았다는 것을 발견했다.[7] 이 아이들은 나이 많은 형제자매와 상호작용을 하고 이들로부터 사회적인 기술을 배운 것으로 나타났다. 이러한 연구 결과를 살펴보면, 생각, 감정 및 욕구가 다른 형제자매가 있다는 것은 어린아이에게 타인에게 영향을 미치는 자신의 생각과 감정을 그리고 반대로 자신에게 영향을 주는 타인의 생각과 감정을 돌이켜 생각해 보도록 하는 훌륭한 기회를 제공한다.

형제자매간의 오해는 사람이 왜 특정한 방식으로 행동하는지 이해하기 위해 다른 사람의 관점을 취해보는 완벽한 기회다. 다른 사람의 입장이 되는 방법을 가르치는 것은 아이들이 다른 사람과 관계를 보다 잘 맺고 갈등을 더 효과적으로 다루도록 도와준다. 다른 사람의 관점을 가치 있게 보는 방법을 배운 아이는 자신과 다른 아이, 혹은 다른 아이들이 호감을 갖지 않는 아이와도 함께 지내고 공감하려는 경향이 있다는 연구가 있다. 물론, 모든 아이들은 다른 사람의 생각과 감정을 고려하는 것이 얼마나 중요한지를 배우게 되지만, 형제자매가 있을 때 더 자연스럽게 강조하면서 배울 수 있는 이점이 되는 훌륭한 발판이 마련될 수 있다. 만약 자녀가 외동이라면 이런 논의를 친구 관계와 다른 가족 관계를 통해 할 수 있다.

아이가 관점 취하기를 연습하도록 돕기 위해 당신은 아이에게 다른 형제의 입장이 되어보도록 하는 질문을 할 수 있다. "만약 네가 ~라면 네 기분은 어떨 것 같아?"라는 질문은 아이가 관점 취하는 기술을 배우도록 도와줄 수 있다. 지지적인 방법으로 질문하는 것은 아이가 상황을 통해서 생각하도록 도우며, 아이가 다른 사람의 감정과 관점을 고려하도록 한다. 비슷하게, 형제자매가 자신과 다르게 느낄 수 있다는 것을 인식했을 때 아이를 칭찬하는 것은 이런 관점 취하기 기술을 익히도록 돕는다. 심지어 속상한 순간에 이런 코멘트를 해주어도 말이다. 예를 들어 아이는 다음과 같이 말할 수 있다.

"나는 샘이 싫어요. 샘은 자기 엑스박스로 게임을 하고 싶어 해요. 그런데 난 보고 싶은 프로그램이 있어요."

그리고 부모는 다음과 같이 말하며 반응할 수 있다.

"맞아, 샘은 너와는 다른 걸 하길 원한단다. 너희들이 원하는 걸 동시에 갖기는 어려워. 그렇지만 20분 후에는 네 차례가 될 거야."

관점 취하기는 대화 및 가족 토의 중에−저녁 먹는 시간이나 차를 타고 이동하는 중에−일어날 수 있으며, 이 경우 가족 구성원은 자신의 형제와 겪은 문제나 갈등에 대해 안전하고 편안하게 말할 수 있다. 가족 구성원들이 서로의 말을 경청해 준다고 기대할 수 있도록 노력하라. 당신은 또한 부정적인 감정보다는 긍정적인 성취를 생각할 때 다른 사람의 관점에 대해 말하기가 더 쉽다는 것을 발견할 수 있다. 이런 가족 대화는 부모 APP을 연습할 좋은 기회가 되며, 이는 모든 사람들이 자신의 의견과 관점이 다른 사람의 의견이나 관점과 동등하게 중요하다는 것을 느끼도록 도와줄 것이다. 만약 자녀들이 이런 대화 도중에 서로의 말을 자른다면, 이는 관점 취하기를 북돋을 수 있는 좋은 기회다. 예를 들어, 당신은 대화 도중에 끼어드는 아이에게 다음과 같이 말할 수 있다.

"네가 말하려고 하는 것 또한 중요하다는 것을 안단다. 그렇지만 우리는 지금 엘라의 말을 듣고 있는 중이야. 엘라 또한 중요하게 말할 것이 있고, 우리가 엘라 이야기를 듣지 않으면 엘라가 속상할 거야. 엘라 이야기를 먼저 들은 후에 네 이야기를 듣자꾸나."

공감하기

형제자매가 있는 것이 때로는 얼마나 화가 나는 일이 될 수 있는지에 대해 인정하지 않고 공감해 주지 않으면, 앞서 말한 모든 내용은 덜 효과적일 수 있다. 반영적인 부모 되기에서 공감이 얼마나 중요한지 기억하는가? 당신이 공감하지 않으면 아이들은 당신이 정말로 자기들을 이해하지 못한다고 느낄 수 있으며, 형제자매에게 계속해서 불만을 느낄 가능성이 높다. 모든 아이들에게, 당신이 각 아이들의 관점을 알며 항상 사이좋게 지내는 것이 어렵다는 것에 공감한다는 것을 알게 할 필요가 있다. 이렇게 함으로써 서로에 대한 화가 줄어들 수 있고 아이들은 서로의 관계를 더 좋게 느낄 수 있다.

그레이스(7살)는 자기 방에서 혼자 놀고 있었고 만들기에 푹 빠져 있었다. 그레이스는 삼촌이 최근에 건강이 안 좋아졌기 때문에 삼촌에게 카드를 만들어주려는 멋진 생각을 했다. 그때 그레이스의 사촌 동생 프레디(4살)가 그레이스의 방으로 뛰어 들어와 만들기 재료를 밟고 뛰어다니며 소리를 질러댔다. 재료들은 방바닥 이리저리로 흩어졌고, 그레이스는 화가 나서 프레디를 때렸다. 프레디는 비명을 질렀고, 그레이스의 엄마에게 울며 달려 나가 그레이스가 때렸다고 말했다.

이 예시에서, 그레이스의 엄마에게는 이 상황을 다룰 수 있는 많은 방법들이 있다. 그레이스 엄마는 그레이스가 쌍둥이 자매와도 티격태격하는 것을 알았고, 또한 프레디가 집을 돌아다닐 때 종종 그레이스를 방해하는 것을 느꼈다. 그러나 사촌을 몸으로 거칠게 대하는 것은 용납될 수 없는 일이었다. 프레디를 조금 진정시킨 후에 그레이스 엄마는 그레이스에게 말하려고 올라갔고, 자신이 생각하기에 무엇이 그레이스의 관점이었는지를 먼저 이야기하기로 결심하고 그레이스가 혼난다고 생각하지 않도록 그레이스의 애칭을 불렀다.

"프레디가 다시 네 물건을 망가뜨린 것 같구나, 그레이시?"
"맞아요. 프레디가 뛰어 들어와 내 카드를 망쳤어요."
"오, 안 돼, 네게 멋진 아이디어가 있었는데 말이야! 그걸 망쳤니?"
"맞아요!"
"안됐구나, 그레이시. 조심성도 없고 방해되는 사촌 동생이 있다는 건 정말 힘들 수 있어. 그레이시, 엄만 네가 힘들 거라는 걸 안단다."

"힘들어요, 엄마. 싫어요! 프레디는 왜 그러는 거예요?"

"음, 내 생각에, 프레디는 매우 어려. 내가 가서 프레디한테 널 방해하지 말라고 다시 한번 알려줄게. 그리고 프레디가 치우는 걸 돕도록 할게. 내 생각에 프레디는 가끔 너무 흥분해서 자기가 무엇을 하는지 잊는 거 같아."

"그래요, 프레디는 아주 성가셔요."

"그럴 거야. 만약 네가 괜찮다면 카드 만드는 걸 도와주고 싶구나."

"네, 같이해 주세요."

"그래 좋다. 아마 지금 당장 미안하다고 말할 기분이 안 들 거야. 그러나 미안하다고 말하는 건 프레디의 기분을 좋아지게 할 거야. 그리고 정말로 절대로 누구든 때려서는 안 돼. 나는 가서 프레디가 지금 괜찮은지 볼 거야. 그리고 너는 여기서 정리를 하면 좋겠구나. 엄마가 갔다 오면 카드를 같이 만들 수 있을 거야."

그레이스는 엄마에게 이해받는 기분을 느꼈고 사촌과 화해할 마음이 생겼다. 아이가 자신의 관점이 먼저 고려되지 않는다고 느끼면 형제자매에 대해 생각하려 하지 않는 경향이 있기에, 타인의 관점을 생각해 보도록 말하는 타이밍은 중요할 수 있다. 단순히 아이를 야단치거나 다른 사람을 때릴 수 없다고 말하는 것은 아이를 더 화나게 할 수 있다.

친구

리사는 6살 찰리와 찰리의 친구를 차에 태워 티타임 전에 공원에서 뛰어

놀게 하려고 데리고 갔다. 벤치에 앉아서 다른 엄마들과 이야기하고 있을 때 리사의 친구 케이트가 "그러면 찰리 친구는 어디 있어?"라고 물었다. 리사는 "오, 놀이터 반대편에 서 있는 남자아이일 거야—찰리가 지금 말하지 않는 애 말이야"라고 대답했다. 다른 엄마는 알겠다는 듯 웃었다—이는 아이들이 노는 시간에 흔히 볼 수 있는 장면이다.

아이의 감정과 행동을 파악하는 것은 분리되지 않는 일이지만, 특히 놀이나 파티 모임, 같이 자는 것을 당신이 맡게 될 때 아이들이 서로 잘 지내도록 하는 것은 마치 보이지 않는 위험이 도사리고 있는 정서의 지뢰밭과 같다. 다른 사람의 아이를 돌봐야 한다는 책임감과 더불어, 당신은 내 아이가 적절하게 행동하는지, 다른 친구와 잘 어울려 노는지, 일반적으로 우리가 사회적으로 세련되었다고 생각하는 상태로 있는지에 대해 관심을 가질 것이기 때문이다.

아동기에서 청소년기 그리고 그 이후까지 친구 사귀기와 그 사이를 중재하는 것은 부모에게 있어 주요한 걱정거리 중 하나다. 다른 아이와 어른들과 잘 지내는 아이의 능력은 건강한 발달을 알려주는 표식 중 하나이며, 부모가 수행한 일들의 결과이기 때문이다. 부모들은 종종 아이에게 친구가 많이 없거나, 항상 친구와 문제가 생겨 싸운다거나, 아이가 친구 관계에서 자주 속상해하거나 혼란스러워하면 걱정을 많이 한다. 반영적인 양육은 아이가 이런 어려움을 해소하고 친구 관계를 이해하도록 돕는 데 유용하며, 아이가 친구 관계를 맺는 데도 도움이 된다.

아이가 자람에 따라 아이의 사회적인 '지도' 역시 확대되면서 아이의 세계는 확장되고, 이 지도 속에 있는 다른 관계들은 점차 중요해진다. 전형적인 아이의 세계는 어떻게 변할까? 어릴 때 아이의 세계는 부모인 당신과 가족들이다. 그러나 아이가 기어 다니기 시작할 때부터 5~6살까지 아이는 우정을 위해서 다른 사람에게 다가가면서 점차 독립적이게 된다. 그 후 사춘기가 되면서 아이는 자신이 얼마나 인기 있는지에 관심이 많아지고, 점차 친구 집에서 시간을 보내거나 특별한 집단에 초대되는 일이 많아질 것이다. 친구가 점점 더 아이 세계의 중심이 되면서, 당신 및 가족들과의 관계는 여전히 중요하기는 하지만 그 집중의 정도는 약해진다.

부모 APP은 아이의 친구 관계에 도움을 줄 수 있는 하나의 도구다.

관심 가지기

아이에게 관심 가지기는 부모인 당신에게 이해받는 아이의 느낌에 직접적으로 영향을 미친다. 아이 내면에서 일어나고 있는 일에 대해 보여주는 부모의 흥미와 호기심은 아이의 외현적 행동 방식에 영향을 미칠 것이다. 아이가 어떻게 주변 사람들의 생각과 감정에 흥미와 호기심을 갖기 시작하는지도 포함된다. 예를 들어, 아이와 부모들의 놀이 모임에서 리사는 아이들과 함께 놀 때 찰리에게 힘든 일은 없는지 지켜보기 시작할 것이다. 당신은 아이가 다른 사람에게 관심을 가지도록 돕는 데 중요한 영향을 미치며, 아이는 성장하면서 학교 선생님과 다른 훌륭한 어른들에게서도 배우기 시작할 것이다. 학령기 아이들은 종종 자신이 특정한 선생님을 좋아한다고 이야기하며, 이유를 '공평'하기 때문이라고 말한다. 그리고 아이들이 그 선생님에 대해 자세히 이야기하는 것을 보면, 대체로 특정한 시간에 모든 반 아이들이 말해야 할 때 아이들이 돌아가면서 말할 수 있도록 하여 아이에게 흥미와 호기심을 보이는 유형의 선생님을 의미함을 알 수 있다.

선생님처럼, 아이가 다른 친구들이 무엇을 말하는지, 친구들이 무슨 생각을 하는지에 흥미와 호기심을 갖도록 돕는 것은 아이를 더 반영적이고 협력적이도록 가르쳐주는 훌륭한 방법이며, 또한 아이를 친구들 사이에서 인기 있는 아이가 되도록 할 것이다. 다음 대화를 보고 찰리의 관점에서 어떻게 느낄지 생각해 보자.

찰리 아이작, 나 크리스마스 선물로 진짜 멋진 스타워즈 광선검 받았다!

아이작 진짜? 그거 받았을 때 신났어? 우와! 어떻게 생겼어? 크리스마스 때 많이 가지고 놀았어? 다음에 너희 집 가서 그거 가지고 놀아봐도 돼? 무슨 색깔이야? 불 들어와?

6살 난 두 아이의 짧은 대화에서, 아이작이 찰리와 찰리의 새로운 장난감에 보이는 호기심은 찰리가 특별하고 가치 있다고 느끼게 해준다. 아이작은 그 장난감을 가지고 놀고 싶기도 해서 자연스럽게 질문을 많이 하지만, 또한 그 선물을 받았을 때 찰리가 기뻤는지에 대해서도 호기심이 있으며 알고 싶다. 찰리에게 있어 자신이 어떻게 느끼는지에 관심을 보이는 친구가 있는 경험은 이미 그들 사이에 존재하는 유대감을 강화하는 요인이 될 것이다. 여기에 똑같은 종류의 관심과 호기심을 서로에게 보이는, 좀 더 큰 두 아이의 대화가 있다.

샘 그래서 연휴에 뭐 했어, 제이미?

제이미 딱히, 한동안 좀 지루했어. 가족들이랑 어디 갔는데, 우리가 머무는 곳에 와이파이가 없는 거야. 으⋯⋯, 상상해 봐⋯⋯.

샘 맙소사! 뭔 일이라냐? 그럼 뭐 했어? 계속 가족들이랑 있었던 거야?

제이미 (웃으며) 맞아, 아주 건강해지게 산책 많이 하고 ……, 그런 것들이
지 뭐. 우리 가족이 그런 거 얼마나 좋아하는지 알잖아. 친구들이
보고 싶었지만, 학교에 오는 건 여전히 재미없다.

샘은 친구의 경험과 친구가 그런 경험에 어떻게 느꼈는지에 대해 흥
미를 나타내며, 이는 제이미에게서 친구인 샘과 학교 친구 전체에 대한
따뜻한 감정을 끌어낸다. 이 대화에서 한 친구가 다른 친구에게 보이는
관심과 호기심은 서로를 가깝게 느끼도록 하는 힘이 되며 자신이 중요
한 사람으로 이해받는 기분을 느끼게 해준다. 부모로서 우리의 일 중
하나는 다른 사람에게 아이가 흥미와 호기심을 보이도록 돕는 것이다.
우리는 당신이 집에서 이를 자녀들과 어떻게 연습할 수 있는지를 보여
주었고, 만약 형제자매가 있다면 아이들의 네트워크가 좀 더 넓게 사회
적으로 확장될 수 있을 것이다. 전반적인 목표는 같다. 친구 사이에서
유대감과 조화로운 감정을 키우는 것이다.

관점 취하기

관점 취하기는 아이들의 사회적 기술 발달에 있어 중요한 요소다. 관
점 취하기를 못하는 것과 사회불안에는 강한 상관이 있다. 이는 놀라운
일이 아니다. 예를 들어 아이가 아는 친구들이 많이 없는 모임에 갔다
고 상상해 보고, 다른 아이들이 모여 있는 방에 처음 들어갔을 때 아이
의 입장이 되어보라. 만약 아이가 다른 사람의 마음에 무슨 일이 일어
나는지 이해하는 데 어려움을 겪으며 타인과의 관계 속에서 자신을 보
는 것을 정말로 힘겨워한다면, 아이는 다른 아이들이 모여 있는 상황과
게임의 규칙과 그에 따른 결과에 쉽게 압도될 것이다. 반면 당신이 아

이에게 다른 관점을 생각하게 하고, 게임의 다른 규칙을 포함해 다른 사람이 세상을 보는 방식은 완전히 다를 수 있다는 사실을 받아들이는 것이 중요하다는 것을 알게 했다면, 당신의 아이는 낯섦에 대한 자연스러운 두려움은 있지만 그때의 '규칙'에 따라 게임에 참여해 놀 수 있는 사회적 기술을 가지고 그 모임과 어울릴 것이다.

아이들이 부모에 대한 안정 애착을 형성하도록 돕는 데 주요한 요소 중 하나는 부모가 자신과 아이의 마음에 무슨 일이 일어나는지 반영해 줄 수 있는 능력이다. 우리는 이 책 전체를 통해 이를 강조한다. 아이들이 부모에 대한 안정 애착을 느끼는 초기 경험을 한다면 타인이 다른 관점을 가지고 있다는 것에 더 잘 공감할 수 있다.[8] 이런 관련성은 관점 취하기 기술을 잘하는 아이가 또래에게 더 인기가 있거나 또래와 더 잘 어울린다는 사실과 연관된다. 더구나 관점 취하기 기술과 사회적 기술 사이의 관련성은 연령이 높아질수록 더 중요해지는 것으로 보인다. 5살 이상의 아이들을 살펴볼 때, 다른 사람이 생각하고 느끼는 방식을 잘 이해하는 아이들과 다른 사람의 의도를 아는 아이들이 친구들과의 상호작용을 잘하기 때문이다.[9, 10]

반영적 양육을 하면서 부모로서 당신의 역할은 아이의 관점 취하기 기술이 발달하도록 도와주는 것이다. 이렇게 함으로써 아이가 성공적인 친구 관계를 가지도록 도울 뿐만 아니라, 친구와의 관계에서 좀 더 까다로운 측면을 잘 절충하여 다룰 수 있도록 도와줄 것이다. 따라서 당신이 아이와의 매일의 상호작용 속에서, 아이의 관점에서는 어떻게 보이고 다른 사람의 관점에서는 어떻게 보이는지에 관심과 호기심을 보일수록—다른 사람의 입장이 되어 보며—, 아이는 자신의 감정을 조절하고 친구와의 관계를 다루는 것까지 전반적인 범위의 기술을 배울 수 있을 것이다. 부모의 이런 관심과 호기심은 TV를 함께 보는 것에서부터, 각자의 하루에 무슨 일이 있었는지를 이야기하고, 함께 여가시간을 보내는 등 가장 일상적인 매일의 상호작용 중에 이루어질 수 있다. 아이의 친구 관계에 대한 예시를 살펴보자.

샘의 친한 친구 중에 올리라는 친구가 있다. 올리와 올리 엄마는 샘의 집 정원에서 함께 놀고 차도 마시려고 왔다. 샘과 올리가 트램펄린에서 뛰어노는 동안 샘의 엄마 캐런은 올리의 엄마와 밖에 앉아 차를 마시며 이야기하고 있었다. 올리는 날씨가 더워서 티셔츠랑 팬티만 입고 트램펄린에서 뛰어노는 것이 재미있을 것이라고 생각했다. 그래서 반바지를 벗고 다시 트램펄린으로 올라가려는데 샘이 올리의 길을 막았다. "너 트램펄린에 못 올라와, 올리. 이건 내 트램펄린이야. 그리고 이건 한 번에 한 사람만 뛰어놀 수 있어. 또 우리 집에서 규칙은 팬티 차림으로 트램펄린에 올라올 수 없다는 거야!" 올리는 엄마에게 가 "엄마, 샘이 자기 트램펄린에서 못 놀게 해요"라고 말했다. 샘 역시 자기 엄마에게 "이건 내 트램펄린이야. 그리고 우리 집이야. 난 올리가 올라오는 거 원치 않아. 반바지 안 입었을 때는 안 돼"라고 소리쳤다. 캐런은 아들이 감정을 폭발하며 심술궂게 구는 모습에 당황했고 샘에게 "지금 당장 올리가 트램펄린에 올라가게 해줘라. 올리는 너랑 놀려고 왔잖아. 너흰 같이 놀아야 해"라고 말했다. 샘은 점점 더 고집스러워졌고, 트램펄린 주변 울타리를 단단히 잠가 올리가 못 들어오게 차단했으며, 올리는 급기야 울기 시작했다. 캐런은 샘 때문에 화가 났고 난처해져 "맞아, 네가 계속 그렇게 심술궂게 군다면 올리 역시 네가 자기 집에 오는 걸 원치 않을 거야. 그리고 자기 장난감이랑 트램펄린도 네가 갖고 놀지 못하게 할 거야"라고 말하면서 야단을 쳤다. 이에 샘은 심술을 부리고 화를 내면서 트램펄린 울타리 주위를 차기 시작했다. 그동안 올리는 트램펄린 밖에서 들어가지 못한 채로 샘에게 들여보내 달라고 울면서 소리치기 시작했다.

두 아이에게는 각자 무슨 일이 일어났는가? 캐런은 부모 APP을 이용해 아들이 친구와 노는 동안 발생한 어려움을 해결할 수 있을까? 샘에게 친구를 들여보내라고 한 캐런의 명령은 샘이 "심술궂다"는 비난과 친구 집에 가서 놀 수 없다는 이후의 위협과 더불어, 샘을 계속해서 완강히 버티게 하고 올리는 점점 더 속상하고 밀쳐진 것 같은 느낌을 받게 하면서 상황을 악화시켰다. 캐런의 마음에서 가장 우선시되는 것은 의심할 여지없이 자기 아이가 좋은 친구가 아니라는 느낌이며, 캐런은 아마도 올리의 엄마가 자기 아들의 행동을 어떻게 생각할지 염려할 것이다. 캐런은 자신의 이런 강렬한 감정 때문에 샘의 관점에서 상황이 어떻게 보이며 어떻게 느껴질지 혹은 어떤 것이 아들이 친구에 대해 아까와 같은 행동을 하게 만들었는지 생각할 수 없었다. 다시 돌아가서 그 장면에 이번에는 관점 취하기를 적용해 보자.

샘의 친한 친구 중에 올리라는 친구가 있다. 올리와 올리 엄마는 샘의 집 정원에서 함께 놀고 차도 마시려고 왔다. 샘과 올리가 트램펄린에서 뛰어노는 동안 샘의 엄마 캐런은 올리의 엄마와 밖에 앉아 차를 마시며 이야기하고 있었다. 올리는 날씨가 더워서 티셔츠랑 팬티만 입고 트램펄린에서 뛰어노는 것이 재미있을 것이라고 생각했다. 그래서 반바지를 벗고 다시 트램펄린으로 올라가려는데 샘이 올리의 길을 막았다. "너 트램펄린에 못 올라와, 올리. 이건 내 트램펄린이야. 그리고 이건 한 번에 한 사람만 뛰어놀 수 있어. 또 우리 집에서 규칙은 팬티 차림으로 트램펄린에 올라올 수 없다는 거야!" 올리는 엄마에게 가 "엄마, 샘이 자기 트램펄린에서 못 놀게 해요"라고 말했다. 샘 역시 자기 엄마에게 "이건 내 트램펄린이야. 그리고 우리 집이야. 난 올리가 올라오는 거 원치 않아. 반바지 안 입었을 때는 안 돼"라고 소리쳤다. 엄마는 샘에게 "올리가 옷을 안 입은 게 불편한 거니?"라고 물었다. 샘은 "아니! 나는 내 트램펄린을 올리랑 같이 하고 싶지 않아. 이건 내 거야!"라고 소리쳤다. 캐런은 "서로 돌아가면서 트램펄린에서 노는 건 어떻니? 그러면 두 사람 다 만족하며 놀 수 있을 거야"라고 말했다. 샘은 "그렇지만 내가 먼저 할 거야, 이건 내 트램펄린이야"라고 말했다. 캐런은 침착하게 "음, 올리에게 네가 잘하는 점프 중에 하나를 보여주는 건 어때? 그런 다음에 올리는, 네가 내려와서 엄마랑 같이 앉아 있으면 자기도 할 수 있는 것을 보여줄 수 있을 거야. 이렇게 하는 게 괜찮은지 올리한테 확인해 볼까?"라고 말했다. 샘은 신나서 말했다. "올리, 내가 잘하는 점프를 보고 싶어? 그다음에 네가 해볼래?" 올리의 엄마는 "서로 점프하는 걸 보여주면 더 재미있을 거야, 그렇지 않니?"라고 말했다. 몇 분 내에 올리와 샘은 트램펄린에서 서로의 재주를 보면서 웃었다.

공감하기

캐런은 아이의 관점에서 무슨 일이 일어나는지 보려고 노력했으며, 친구와 함께하면 더 재미있다는 것을 알 수 있도록 격려했다. 캐런이 부모 APP을 온전하게 사용했다면, 반바지를 입지 않고 온 친구에 대한 샘의 걱정을 공감해 줄 수 있었을 것이다—이런 기분이 우스워 보여도 샘에게는 꽤나 중요한 것이다. 물론, 자녀들이 이런 상황 속에서 사회적인 규범을 따르면서 행동하도록 하는 것이 모든 부모가 가진 본능일 것이다. 우리 모두 아이가 다른 사람과 나누고, 예의 바르며, 다른 사람의 기분에 사려 깊기를 원한다. 문제는 우리가 이런 것을 성취하도록 하면서 아이가 수치심을 느끼게 하거나(샘에게 심술궂다고 말하는 등), 아이에게서 무언가를 빼앗는다고 협박하는 등(샘이 친구 집에 놀러가는 것을 허락하지 않는 등)이 포함될 수 있다는 것이다. 그리고 매 순간 난처함, 분노, 짜증을 느끼면서 우리가 원하고 기대하는 대로 아이가 행동했으면 하는 소망에 휩싸인다. 여기서 먼저 아이에게 관심을 기울이고 호기심을 가지며 아이의 마음속에서 정말로 어떤 일이 일어났는지에 대해 생각해 보는 작은 변화는 상황을 훨씬 빨리 변화시키도록 도울 수 있으며 더 큰 협력을 이끌 것이다. 또한 샘에게 자신이 샘의 관점으로 보려고 노력한다는 것을 보여주면서 캐런은 또한 이것이 관계 전반에 있어서 중요한 부분이라는 것을 보여주었고, 샘이 훗날 친구 올리에게 어떻게 보였는지를 보게 할 것이다. 샘처럼 아이들이 친구에게 관심 가지기, 관점 취하기, 공감하기와 동일한 원리를 적용하는 것을 배울 때, 아이들은 사회적으로 더 능숙해지고 또한 많은 이들의 사랑을 받을 것이다.

공감은 두 가지 방식으로 사용될 수 있다. 이전 예시에서 캐런은 트램펄린을 같이 쓰는 친구가 옷을 제대로 입지 않은 것을 보는 샘의 기분에 공감하면서, 샘이 친구 올리에게 더 친절하도록 했다. 공감을 사용해 자녀가 우정을 키우고 발달시킬 수 있도록 돕는 다른 방법은 아이가 자신의 감정을 친구에게 드러내어 말하도록 하는 것이다. 물론, 어린 친구들에게는 다음과 같은 말을 하며 시범을 보여줄 필요가 있다. "오, 네가 트램펄린을 잠가버렸을 때 올리는 분명 엄청 버려진 느낌이 들었을 거야." 좀 더 큰 아이라면 당신과 아이, 당신과 배우자, 당신과 다른 자녀와의 상호작용 속에서 아이가 이를 모델링하면서 자신의 감정을 표현하도록 격려할 수 있다. 당신이 감정을 어떻게 표현하는지 설명한다면 아이는 자연스럽게 스스로 배울 수 있으며, 이는 아이의 사회적 기술 발달에 중요한 부분이 될 것이다. 샘과 제이미의 예시에서, 친구와 있는 것이 더 좋은데 가족 여행 간 친구의 지루했던 경험에 공감했던 샘의 능력은 서로를 이해하면서 이들을 더 가깝게 만들었다. 이런 이해받는 느낌은 모든 관계에서 필요한 주춧돌 중 하나이며, 친구 관계에서도 예외는 아니다.

• 요약 •

가족, 형제자매 그리고 친구들

💜 **가족, 형제자매, 친구 관계에서 반영적 부모 되기는 무엇을 의미할까?**

가족, 형제자매 그리고 친구들과 있을 때 반영적인 양육의 태도는 아이의 가족과 친구 관계까지 포함하여 삶에서 많은 다양한 관계들을 돌이켜 생각해 보게 하는 방법이다.

💜 **가족, 형제자매, 친구 관계에서 반영적 부모 되기는 당신에게 도움을 준다**

반영적인 부모가 되는 것은 당신이 한 명 이상의 자녀와 여러 가족 구성원이 품는 서로 다른 생각과 감정, 의도를 더 알아차리도록 돕는다. 이를 통해 당신은 가족과 아이의 넓은 인간관계 범위에 속한 모든 사람들이 다른 관점을 가지고 있다는 것을 볼 수 있으며, 이런 다양한 세상의 관점에 대해 깊이 생각해 볼 수 있다.

💜 **가족, 형제자매, 친구 관계에서 반영적 부모 되기는 아이에게 도움을 준다**

가족 내에서 반영적인 양육은 아이가 친구와 형제자매의 생각, 감정 및 의도에 더 호기심과 흥미를 두는 법을 배우도록 돕는다. 이런 호기심을 통해서 아이는 다른 사람의 관점을 배우고, 친구와의 관계를 다룰 수 있다. 다른 성인과의 관계에서 부모 APP을 사용한다는 것은 당신이 아이에게 관심과 호기심, 공감 기술의 본보기가 된다는 의미다.

♥ 가족, 형제자매, 친구 관계에서 반영적 부모 되기는 관계에 도움을 준다

반영적 양육을 통해 가족과의 의사소통이 원활해지고, 다른 사람의 관점을 이해하고 공감할 수 있다. 당신이 여러 자녀들에게 동일한 관심을 차례로 주면, 자녀들은 스스로를 동등하고 가치 있다고 느끼며, 자녀 사이에 경쟁심이 줄면서 당신과 친밀감을 느낄 수 있다.

♥ 다음을 명심하라

1. 부부간의 상호작용과 행동을 아이들은 가까이서 관찰하며, 이를 통해 아이들은 당신이 자신들에게 어떻게 행동할지를 예상한다.

2. 차례로 한 명씩 당신의 온 관심을 다해서 자녀들의 말을 경청하라—아이들이 순서를 기다리도록 격려하되, 아이들 각자 보고 말하려는 것, 당신에게 보여주고 싶어 하는 것에 당신이 관심이 있다는 것을 각 아이에게 보여주라. 한 아이에게 당신이 관심이 있다는 것을 보이더라도 다른 아이에게 관심을 기울일 동안에는 기다리게 하고 차례대로 관심을 기울여 관심 기울이기를 연습할 수 있다.

3. 아이들이 다른 사람의 관점에서 바라볼 수 있도록 도우면 아이는 사회적으로 능숙해지고 가족 및 친구들과 더 쉽게 어울릴 수 있다.

4. 형제자매가 어울려서 노는 시간을 주목하고 관심을 기울이라. 또한 문제를 해결하는 방식의 차이에 대해 도움을 주라. 해결책을 찾는 과정에서 아이들은 상대의 관점 취하기를 훈련할 수 있다.

5. 가족의 삶에서 모든 사람의 생각과 감정을 동시에 고려하는 것이 가능하

지 않다는 것을 기억하라. 자신의 감정을 알아차리는 법을 연습하고 그 감정을 다루고 참는 것을 배우라—몇 가지 마음을 동시에 이해하는 것은 정말로 어려운 일이다.

6. 아이의 마음속에서 무슨 일이 일어나는지를 반영해 보는 것은 아이가 다른 사람에 대한 호기심을 갖도록 도울 것이고, 이는 아이의 우정과 관계들을 지지해 줄 것이다.

좋은 시간과 정신화

아이와의 관계를 생각해 볼 때 당신은 아이의 부정적인 행동과 힘겨운 시간 등 순조롭지 않은 것에 집중하기 쉽다. 이는 당신이 바꾸기를 원하는 것들이기 때문이다. 지금 우리는 당신과 아이 사이에 있었던 좋은 시간, 당신이 친밀하고 따뜻하게 느꼈던 순간, 아이가 다른 사람의 마음속에 무슨 일이 일어나는지 생각했을 때(정신화)를 살펴보도록 권하고 싶다. 반영적인 양육은 자녀와 긍정적이고 지지적인 관계를 만드는 것이고, 본질적으로 당신의 부정적인 패턴을 감소시킨다―부정적인 패턴은 자신 및 타인의 생각과 감정에 대한 고려가 부족할 때 더 많은 오해를 불러일으키면서 발생한다. 반영적인 양육은 아이와 좋은 시간을 보낼 때도 동일하게 중요하다. 아이와의 즐거운 시간에 반영적인 태도를 취하면, 아이는 자신의 행동에 당신이 흥미와 호기심이 있음을 알아차릴 것이다. 이를 통해 아이는 질 좋은 체험을 할 수 있고 이런 상호작용이 일어날 가능성도 증가한다. 또한 아이가 자신의 관계에서 반영적인 측면을 사용하고 있는 것을 당신이 알아차릴 때 반영적 양육은 도움이 될 수 있다. 예를 들어 아이가 다른 사람의 관점에 흥미를 두면서 이에 연결되고자 할 때처럼 말이다. 아이가 특히 당신과의 관계에서 자신이 내면에서 고려되고 있는 것을 인식하는 것은 반영적 양육의 이점이라 할 수 있다. 반영적 양육은 장기적으로 많은 효과가 있지만, 아이가 좀 더 성장하여 당신 외의 다른 관계에서 반영적인 태도를 보이기 전까지는 알지 못할 수도 있다. 아이가 좀 더 성장하여 어렸을 때는 다루기 힘들었던 감정들을 반영하는 모습을 보일 때, 당신의 반영적 양육이 성과가 있음을 알게 될 것이다.

모든 것이 순조롭게 돌아가는 시간을 살펴볼 수 있게 자신을 훈련하는 일은 쉬운 일은 아니다. 때때로 우리는 긍정적인 코멘트 뒤에 부정적이거나 비판적인 코멘트를 더할 수 있다. 예를 들어, 침대를 정리한 7살 소년은 부모가 "훌륭해, 잭. 이제 매일 이렇게 하는 건 어떠니?"라고 말하는 것을 들을 수 있다. 우리는 순조롭지 않은 것에 대해서는 인식을 하지 않고도 쉽게 집중할 수 있기 때문이다.

좋은 순간에 반영하기

어느 날 당신은 거실로 들어섰을 때 아이들이 놀고 있는 것을 보았다. 당신은 소파에 앉으면서 아이들에게 "너희들이 잘 노는 거 보니까 좋네"라고 말할지도 모른다. 양육에서 반영적이려고 노력할 때, 모든 순간은 의미가 있으며 중요한 훈련 기회가 될 수 있다. 가족의 모든 상호작용은 당신이 상황에 어떻게 접근했는지 생각해 보게 하고, 당신의

아이들이 노는 모습을 지켜보는 시간이 아이들의 반영적인 능력이 발
달되도록 돕는 완벽한 시간이 될 수 있다.

마음에서 무슨 일이 일어나는지 자각하도록 하며, 아이가 왜 특정한 방
식으로 느끼는지를 아이 스스로 이해하도록 돕는다. 물론, 모든 순간에
이렇게 하기는 부자연스러울 것이다. 그러나 무엇이 긍정적인 감정을
낳고 행동의 긍정적인 결과를 만들었는지를 생각해 보는 의식적인 노
력을 하기를 바란다. 당신에게 그리고 당신의 아이에게 이런 순간은 어
떠했는가? 긍정적인 행동을 격려하기 위해 당신은 어떤 것을 했는가?

아이들이 행복하게 놀고 있을 때 다음과 같은 질문을 해보라. "동생(언니/형)
이랑 그렇게 놀 때 어떤 기분이 들어?", "~할 때 뭐가 좋아?"
아이들이 행복하게 놀고 있을 때 당신은 스스로에게 다음과 같은 질문을 해볼
수 있다. 이런 좋은 시간에 '지금 내가 느끼는 것은 어떤 것일까?', '~에 대
한 나의 정서적 반응은 무엇이지?'

종종 성인과의 관계에서도, 배우자나 친구들이 나를 행복하게 해주
었을 때 이에 대해 말하지 못하고 오히려 실수를 지적하면서 좋은 순간

을 반영할 수 있는 기회를 놓친다. 그러나 우리 모두는, 예를 들어 우리가 어떤 일을 잘하거나 잘 차려입었을 때 잘했다, 멋지다는 말을 들으면 얼마나 기분 좋은지 안다. 이런 칭찬들은 피상적인 수준에서 우리를 기분 좋게 할 뿐만 아니라, 더 나아가 자존감을 세워주며, 다른 사람이 우리를 어떻게 보는지를 알게 한다. 아이들도 마찬가지다. 우리는 어떤 사람과 함께해서 너무 행복하거나 기쁠 때 그리고 좋을 때 '이름 붙이기'가 난처하거나 어색하게 느껴질 수도 있지만, 아이에게는 매우 강력하고 긍정적인 영향을 주기 때문에 이렇게 하는 습관을 들이는 것이 필요하다.

맷은 부엌에서 나와 두 딸 그레이스와 릴리가 자신의 하루에 대해 차례로 이야기하며 상대의 이야기를 경청하는 것을 보았다. 맷은 소파에 앉아, '좋아, 내가 2분 쉴 시간을 얻었군'이라고 생각했다.

그레이스와 릴리는 자신들의 행동이 도움이 되고 긍정적이었다는 것을 어떻게 알까? 당신이 아이가 잘못했을 때는 늘 지적하면서 아이의 좋은 행동에 대해서는 당연하다고 생각하고 대수롭지 않게 여기는 것은 무엇 때문일까? 물론 휴식을 취하는 것은 필요한 일이지만, 그전에 좋은 행동을 칭찬해 주고 긍정적인 상호작용을 하는 것이 필요하다. 아이의 마음속에서 무엇이 일어나는지 보여주면서, 적절한 행동은 칭찬해 주고 파괴적인 행동은 무시하는 등의 익숙한 행동 기법을 여기서 사용할 수 있다. 예를 들어서 자신의 하루를 말하며 서로의 이야기를 듣는 그레이스와 릴리를 생각해 보면, 맷은 "너희 둘은 정말 서로의 얘기를 잘 듣는구나. 훌륭해. 내 하루를 흥미롭게 듣는 누군가가 있다는 건 좋지, 그렇지 않니? 너희들이 계속 이야기하는 소리를 들으니 정말 좋구나"라고 말할 수 있을 것이다. 혹은 맷은 둘 중 한 명에게 자신의 하루에 대해 질문받았을 때 어떻게 느꼈는지 물을 수 있을 것이다.

아이들이 무엇을 하는지 그리고 내면에서 어떻게 느낄지를 관찰하고, 이에 더해 당신이 아이들에게 그들의 행동을 어떻게 느끼는지를 말할 때, 아이들은 어떻게 관계 속에서 좋은 시간을 알아차리고 다른 사람의 관점에 흥미를 가질 수 있는지 배울 수 있다. 매일 긍정적인 상호작용을 주목하여 질문하고 대화를 하는 습관을 들이는 것이 좋다. 예를 들어, 학급 활동에 대해 이야기하고 있을 때 아이에게 선생님과의 상호작용에 대해 "선생님이 왜 널 먼저 뽑았다고 생각하니?"라고 물어볼 수 있을 것이다. 혹은 아이를 친구 집 파티에 데려다주러 갈 때 "네가 (제이미) 선물을 가지고 간 것을 제이미가 봤을 때 제이미 기분이 어떨 거 같아?"라고 물을 수 있다.

좋은 시간을 최고로 좋은 시간으로!

좋은 시간을 최고로 좋은 시간으로 만들기 위해서는 이전의 행동 방식에 도전했을 때처럼 당신의 마음을 구별하고 다른 강렬한 감정 때문에 산만해지지 않도록 하는 것이 중요하다. 이를 통해 당신은 아이와 좋은 시간을 가질 수 있고, 자신이 어떻게 느끼는지를 명확히 알 수 있다. 아이와 함께 있고 즐긴다는 것을 아이에게 알려주라. 아마 처음에는 약간 낯간지럽고 부자연스러울 수 있다. 우리 대부분이 이런 것에 익숙하지 않지만, 일단 습관을 들이면 아이가 얼마나 좋아하는지, 아이가 어떤 특정한 상황에 대해 어떻게 느끼는지 생각해 보도록 격려할 수 있는지를 빠르게 관찰할 수 있을 것이다. 예를 들어, 잠자리에 들기 전에 아이와 함께 책을 읽고 서로에게 굿나잇 키스를 할 때 얼마나 사랑스러운 기분이 드는지 말할 수 있으며, 혹은 아이가 당신을 포옹하고 당신이 아이에게 포옹을 되돌려 줄 때 당신이 얼마나 행복한지 표현할수도 있다. 혹은 아이가 참여하는 경기를 보는 것이 당신을 얼마나 기분 좋게 하는지 혹은 축구를 함께했을 때 당신이 얼마나 좋은 시간을 보냈는지 아이에게 말할 수도 있다. 이런 목록은 끝이 없겠지만 아이에게 긍정적인 피드백은 아무리 줘도 넘치지 않으니 안심하라. 아이들은 부모의 칭찬을 받을 때 행복해한다. 이런 대화는 강력하고 애정 어린 유대감을 만들고, 아이가 어떻게 생각하고 느끼는지를 부모가 관심을 갖고 이해하고 있다는 것을 보여주기 때문이다. 심지어 힘겨운 순간이 지난 후에도 "비록 우리가 이전에 힘겨운 시간을 보냈지만 나는 여전히 너를 정말 사랑해"라고 말할 수 있을 것이다.

가족과의 좋은 시간

가족과의 일상은 때로 정신없이 바쁘고 혼란스러울 수 있지만 이런 혼란 속에서도 엄청난 즐거움이 있을 수 있다. 아이와의 관계가 좋을 때뿐만 아니라 온 가족이 좋은 시간을 보내고 있을 때, 특히 가족 구성원들이 서로에 대한 정신화를 잘하고 있을 때, 이때를 주목하고 언급하는 것이 중요하다.

캐런은 식사를 하기 위해 앉았고 세 아이는 오늘 하루 학교에서 있었던 일을 서로 묻는 대화에 관심을 기울였다. 첫째 매디는 남동생 샘에게 "그래서 오늘 음식 만드는 수업에서 뭐 했어? 우리처럼 태국 음식 만든 거야?"라고 물었다. 샘은 대답했다. "아니, 우리는 패스티+를 만들었어. 태국 음식이 좀 더 재미있을 것 같네. 음식 만들 때, 엘사랑 샤니랑 재미있었어?" 매디는 웃으면서 음식에 칠리소스를 너무 많이 넣은 이야기를 했고, 이를 듣고 샘과 엄마와 여동생이 배꼽 빠지게 웃었다. 캐런은 "매디 네가 샘의 하루가 어땠는지 물은 건 정말 멋진 일이었어. 서로에게 관심을 갖는 건 정말 좋아, 그렇지 않니? 너희들 셋과 이런 식사를 하는 게 좋구나"라고 말했다.

알고자 하는 호기심

아이와 함께 있는 좋은 시간을 반영할 때 아이의 마음속에서 무슨 일이 일어나는지를 정확히 알지 못한다는 것을 확실히 하는 것도 중요하다. 당신이 생각하기에 아이가 어떻게 느낄지 말하고 스스로 표현하도록 허락하라. 당신은 아마 다음과 같이 말하면서 표현할 수 있을 것이다. "내가 맞는지 한번 봐봐 ……. 너, 지난번에 그림 그리기는 너무 지루해서 오늘은 자동차 가지고 놀고 싶지?" 이런 방식으로 당신은 아이가 무슨 생각을 하는지 정말 모른다는 것을 표현하고, 아이가 그 주어진 순간에 무슨 생각을 하고 어떤 감정을 느끼는지, 아이에게 정말로 호기심이 있다는 것을 보여줌과 동시에, 아이가 당신에게 자신의 마음에서 진짜 무슨 일이 일어나는지를 말할 기회를 주자.

아이에게 모델링이 되도록 아이 앞에서 배우자와 연습할 수 있다─우

+ 만두처럼, 고기와 채소로 소를 넣어 만든 작은 파이. ─ 옮긴이 주

리는 다른 사람의 머릿속에서 무슨 일이 일어나는지 알 수 없지만, 그것을 알기 위해 추측하거나 혹은 호기심이 있다는 것을 보여줄 것이다. 예를 들어 다른 가족들 앞에서 배우자에게 다음과 같이 할 수 있다. "(당신의 형/동생이 자기 생일 파티에 당신을 뺐을 때) 당신이 어땠을지 상상할 수 없어. 그게 정말 신경 쓰였어, 아니면 그 정도는 아니었어?" 이런 대화를 통해, 상대의 마음에서 무슨 일이 일어나는지 모른다는 것을 표현하지만 알고자 하는 데 흥미가 있음을 알려주는 것은 효과가 있다.

아이가 성장할수록 아이 마음에서 일어나는 일에 당신이 호기심이 있다는 것을 보여주는 것은 다음과 같이 아이의 긍정적인 감정을 수용하고 인정하는 것이다.

캐런은 매디가 학교에 다녀온 후 식탁에 한 시간 넘게 앉아서 프랑스어 숙제를 하고 있는 것을 알고, 옆에 앉아 말했다.

"지금 숙제가 많은 네 심정이 어떨지 상상할 수 없구나. 지난밤에 프랑스어 숙제가 많다고 한 의미를 알겠어. 숙제하는 데 하루 종일 걸리는구나. 숙제를 하려고 얼마나 많이 노력하고 집중하는지, 정말 대단한 것 같다. 이렇게 열심히 한 결과로 네가 시험을 잘 볼 거라 확신해."

아이가 어떤 것 때문에 즐거워하고 자신이 이를 어떻게 느끼는지 당신에게 보여주고 있다면, 아이의 경험에 맞는 표현과 어조를 사용해 기분을 수용하려고 시도하는 것이 필요하다. 예를 들어, 아이가 쿠션 더미에서 뛰면서 당신을 보며 웃음 짓고 있을 때, 아이의 감정을 수용하는 반응은 "매우 즐거워 보이는구나. 쿠션 위에서 뛰는 걸 진짜 좋아하는구나, 그렇지?"일 것이다. 혹은 친구들과 쇼핑몰을 다녀와서 기분이 좋은 큰 아이에게는 "친구들이랑 좋은 시간을 보낸 거 같아 좋구나. 정말 행복해 보인다, 아들아"라는 따뜻하고 친근한 표현과 어조를 취할 수 있다.

놀이하는 동안 반영하기

아이와의 관계에서 놀이가 왜 중요할까? 모든 아이들은 놀기를 좋아하며, 놀이는 어린 시절 아이들이 기술을 습득하고 발달하는 데 핵심이 되는 부분이다. 아이와 좋은 시간을 보낼 수 있는 가장 확실한 시간 중 하나가 아이와 함께 놀이를 할 때다. 그러나 다음 예시에서처럼 항상 두 사람이 좋아하는 방식으로 놀이가 진행되지는 않는다.

"엄마! 나랑 자동차 가지고 놀래요?"

6살 된 찰리는 계단 아래까지 약 30개의 장난감 자동차가 담긴 큰 상자를 끌고 와 기대에 찬 얼굴로 엄마를 올려다보았다. 리사는 저녁 준비와 집 정리를 하려던 참이었다. 리사는 그날 아침 반나절을 사무실에서 보냈고 2시에 찰리를 학교에서 데려오려고 사무실을 나왔다.

"잠시만 기다려, 찰리. 먼저 다른 일 좀 해야 해. 자동차 꺼내서 놀고 있어. 엄마가 곧 갈게."

찰리는 박스를 기울여 장난감 자동차를 바닥 전체에 쏟아놓고, 씩씩거리며 말했다. "엄마는 한 번도 나랑 놀고 싶어 한 적이 없어!" 그러고는 화를 내며 혼자 게임을 하려고 아빠의 아이패드를 찾으러 갔다.

만약 이런 시나리오가 익숙하게 들린다 해도 걱정하지 마라. 당신은 혼자가 아니다. 많은 부모들이 다양한 많은 이유로 아이와 노는 시간을 만들기 어렵다. 리사의 경우, 해야 할 다른 일이 있다고 느꼈다—리사는 가족이 먹을 음식을 만들어야 했고 집 정리가 필요하다고 느꼈다. 또한 직장에서 아침부터 쌓아온 감정들을 아직 마음에 두고 있었다면 리사의 마음은 이미 다른 데 있을 수 있다. 찰리의 관점에서 "잠시만"은 많이 들었던 말이며 이 말은 같이 노는 일이 일어나지 않는다는 뜻임을 배웠다. 따라서 찰리는 실망했고 혼자서 놀 수 있는 아이패드를 찾아 나섰다.

여기에는 몇 가지 다른 감정들 또한 있을 수 있다. 성인으로서 우리는 종종 아이들이 같이 놀고 싶어 하는 놀이에 흥미를 갖기가 정말 어렵다. 많은 부모들은 자동차 장난감을 카펫에서 한 시간 이상 밀어 굴리는 일이 얼마나 지루한지 안다. 중요한 것은 성인인 당신에게도 재미있고 아이에게도 흥미롭게 느껴지는 놀이 방법을 찾는 것이다. 이는 아이와 당신 사이에 더 좋은 연결감을 만들 수 있고, 이때 놀이는 상호교환적으로 즐거운 일이 될 것이며, 또한 아이의 발달에도 도움이 된다. 놀이가 특정한 장난감이나 게임이 될 필요는 없다. 어린아이들이 세탁기에 빨래를 넣거나 저녁 요리를 돕는 것을 얼마나 즐거워하는지를 보면 놀랍다. 만약 유머를 더한다면 이런 일상의 집안일에 즐거움과 에너지를 불어넣을 수 있다. 좀 더 큰 아이들은 아주 짧은 시간이나마 요리와 정원 일을 함께할 수도 있다. 드문 일이지만 아이가 먼저 시작하고 이끄는 놀이는 아이에게 정말 재미있고 특별한 유대감을 주는 놀이가 될 수 있다. 리사가 찰리에게 반응하는 한 가지 방법은 "우리 10분 동안 자동차 놀이하고, 그다음에 찰리가 엄마가 얼른 저녁 준비하는 거 도와주는 건 어때?"일 것이다. 이는 당신이 두 가지 활동이 모두 중요하고 두 사람의 우선순위를 중요시한다는 것을 보여준다.

놀이하는 동안 아이의 자율성 존중하기

아이들과 놀아줄 때 중요한 점은 통제와 관련된 양육은 다소 내려놓는 것이다. 최근 연구[1]는 놀이하는 동안 엄마가 많이 통제할수록 아이는 엄마가 관여하지 않았으면 하는 경향이 있음을 발견했다. 놀이를 하는 동안 자신의 자율성의 욕구를 존중받은 아이는 당신을 더 긍정적으로 여기며 긍정적인 관계를 만들 것이며, 아이가 청소년기로 진입할 때 당신의 관점을 더 존중하고 당신의 관점에 반응할 수 있다. 아이는 결국 당신이 정한 규칙과 한계 안에서 반응적이 되고 이런 한계와 규칙은 계속 유지될 수 있다.

아이의 발달을 위한 상상 놀이의 중요성

놀이심리에 대한 한 연구에서 상상 놀이에 참여할 수 있는 능력과 다른 사람의 기분과 믿음을 이해하는 것 사이의 중요한 관련성을 밝혔다는 점은 매우 흥미롭다.[2] 이 연구에서는 상호작용하는 동안 부모가 자신이 느끼는 감정을 아이에게 더 많이 말할수록 아이들이 상상 놀이에 더 많이 참여하는 경향이 있다고 했다. 그리고 반대는 뒤집어진 결과를 보였다. 따라서 상상 놀이는 아이들이 사람들의 관점과 감정을 이해할 수 있게 해준다는 것을 보여주었다. 이 연구는 함께 놀 때 아이가 느끼는 감정에 대해 당신이 상상한 것을 말해주면 아이들의 상상 놀이 세계를 더 넓힐 수 있고 당신과 아이가 더 즐겁게 참여할 수 있을 것이라고 제시한다.

아이와 함께 TV 프로그램을 볼 때 다른 사람의 관점에 대해 이야기할 기회가 주어지듯이, 상상 놀이는 다른 사람의 생각과 감정에 대해 말할 가능성을 열어준다. 예를 들어, 당신과 3살 된 아이가 인형을 가지고 놀고 있을 때, 당신은 인형이 무엇을 하고 있는지, 무슨 생각을 하고 무엇을 느낄지에 대해 이야기할 수 있다. 인형들이 아이의 방을 마술 왕국으로 바꾸는 마법사가 되는 상상 놀이를 생각해 볼 수도 있다. 아이는 자신의 상상 세계에 당신이 들어오는 것을 보며 매우 큰 기쁨을 느낄 수 있고, 당신 또한 아이가 사람들을 이해하는 것이 무엇인지를 배우도록 도울 수 있다. 이는 아이의 현재와 이후 사회생활에 도움을 줄 것이다. 좀 더 나이가 많은 아이와는 다트 게임을 하거나 TV 앞에서 노래방에 있는 듯 노래 부르면서, 당신과 아이 모두 재미있게 서로 경쟁하는 유명한 다트 선수나 연예인인 척 놀이할 수도 있다. 만약 아이가 너무 쑥스러워하지만 않는다면 유명인의 말투와 행동을 당신이 재미있게 따라 하면서 놀이를 할 수도 있다.

놀이가 주는 재미와 이점

어린 시절 숨바꼭질, 보드게임, 혹은 당신이 즐겼던 게임에서 부모님과 함께한 기억이 있는가? 아니면 부모님이 함께 놀아주지 않고 당신 손에 장난감만 쥐어준 채 내버려 두었는가? 부모님과 함께 놀았던 기억이 있다면, 이 경험이 당신이 사랑하는 사람들과 친밀감을 느끼는 데 도움이 되었다고 생각할 것이다. 휴일에 온 가족이 모래밭에서 놀았던 기억, 아빠나 엄마와 기차놀이를 한 기억 등은 성인이 된 우리 마음에 소중한 어린 시절의 기억으로 남아 있다. 놀이는 또한 우리 자신을 놀림감으로 만들기도 하는데, 종종 자신의 행동에 대해 유머스럽게 이야기할 때 우리는 긴장을 풀면서 상대와 긍정적인 감정을 키운다.

놀이는 많은 이점이 있는데, 그중 하나는 아이 발달에 도움을 준다는 점이다. 놀이를 통해 아이들이 자신의 경험을 이해하고 자신의 생각과 감정을 표현하는 것처럼, 놀이는 배움의 촉매 역할을 한다. 놀이는 또한 아이들에게 자기 조절, 순서 지키기, 규칙을 따르고 기억력을 키우기 등과 같은 기술을 발달시키고 연습할 기회를 준다. 어른의 역할을 예행 연습해 보고 탐험하는 것(예를 들어 요리하기, 차 수리하기)은 아이들이 독립성을 갖도록 도와주며, 아이들이 다른 사람이 되는 것이 어떤 느낌일지를 탐험하는 기회가 된다. 그리고 상호작용 놀이는 아이들이 관계를 형성하는 데 도움을 준다. 실내외의 많은 신체 활동, 역할 놀이, 창의 놀이 등 다양한 종류의 놀이는 오르기, 균형 잡기, 달리기, 높이뛰기 혹은 펜을 잡는 능력부터 인지적인 문제 해결 기술까지 다양한 기술을 발달시키도록 돕는다. 그리고 주기적인 바깥 놀이는 어린아이의 신체 및 정신 건강(엔돌핀 분비, 긍정적 정서 증진)에 도움을 주며, 부모 역시 더 활동적이 되도록 하고, 온 가족이 체력을 증진시키는 건강한 습관을 갖게 하는 효과가 있다. 이 중에서 가장 좋은 것은 부모와 아이들이 함께 놀면서 관계가 증진되고 가족 유대가 강력해진다는 점일 것이다. 그리고 아이가 짜증 나고 속상한 걱정거리가 있을 때 놀이는 예행연습과 다시 생각해 볼 수 있는 기회를 제공하는 중요한 이점이 있다. 예를 들어, 부모는 함께 학교 놀이를 하면서 학교에서 일어날 수 있는 스트레스나 부정적 기분 그리고 학교에서 겪은 문제를 아이가 탐색하도록 도울 수 있다.

놀이의 이점은 잘 알려져 있지만, 아이의 일정과 활동이 많아지고 또 디지털 기기에 접속하는 시간이 늘면서 함께 놀 수 있는 기회는 점점 줄어드는 것처럼 보인다. 그리고 우습게 들리지만, 아이가 성장하면서 오히려 부모인 당신이 자녀보다 함께 놀기를 더 원하게 되고 자녀가 아닌 부모가 어린아이가 되는 듯한 경험을 하기도 한다. 어느 정도 성장한 아이가 상호작용 놀이에 참여하도록 시도하는 것이 승산 없는 싸움처럼 느껴질 수 있지만, 어린아이와 좀 더 큰 아이를 놀이에 참여시켜 보자. 어린아이에게는 당신이 아이와 무엇을 할지를 정확하게 전달하는 것이 중요하다. 반면에 좀 더 큰 아이에게는 30분 가족 시간을 갖거나, 좋아하는 프로그램을 함께 보거나, 함께 나가 외식을 하거나, 모두가 좋아하는 게임을 함께하기 등이 놀이가 될 수 있다. 아이가 기기를 사용하는 시간이나 제한 시간(식사 시간이나 잠자리에서는 못 하게 하는) 등을 설정해야 할 수도 있다.

아이들을 참여시키기가 매우 어려울 수 있지만, 아이가 무엇을 흥미로워할지 생각해 보고 이에 대해 작은 단서를 찾아 아이가 이끄는 대로 따라가면 즐거운 시간이 될 수 있다. 함께하는 놀이 시간은 아이가 자라면서 의지할 수 있는 평생 동안 지속되는 강력한 유대감을 갖도록 도와줄 것이다. 한 아버지는 직장 일로 바빴거나 친구들과의 만남이 있던 주의 주말은 '아이와의 놀이에 빠져드는 것'이 어렵게 느껴진다고 말했다. 그는 아이와 즐거운 방법으로 놀기 위해서는 아이와의 놀이를 긍정적으로 여기고, 침착한 마음의 틀을 가지며, 놀 시간을 갖고, 준비되어 있고, 자신의 감정을 조절하는 것이 필요함을 알게 되었다고 말했다. 사실 그가 말한 것은 우리가 이 책 전체에 걸쳐 말했던 것이다. 그리고 중요한 점은 자신의 감정을 먼저 알아차리게 되면 아이의 세계로 들어가는 올바른 마음의 틀이 생겨, 아이에게 더 많이 집중할 수 있고, 좀 더 아이의 눈으로 볼 수 있으며, 결과적으로 아이의 경험에 공감할 수 있다는 것이다.

그렇다면 당신과 아이 모두가 어떻게 놀이를 할 수 있을까? 부모 APP을 다시 생각해 보면, 당신 스스로 충분히 차분한 마음의 틀 속에 있는지 확실히 해야 아이의 세계에서 무슨 일이 일어나는지 관심을 가질 수 있을 것이다. 물론 항상 쉽지는 않다. 예를 들어, 당신이 걸어서 아이를 학교에 데려다주고 있는데, 아이가 당신에게 수업 시간에 '친환경' 감시 장치를 만들었고 학교 가는 길에 거미줄 개수를 세고 싶다고 말한다고 상상해 보자. 방금 5분 전에 당신은 어머니가 보낸 문자 메시지를 받고 그것 때문에 기분이 편치 않다. 아이를 등교시키는 길에 거미줄을 세는 놀이를 한다면 당신의 기분은 어떨까? 사전에 미리 준비가 되어 있을 때는 놀이가 쉽게 느껴질 수 있다. 하지만 갑자기 놀이를 하는 것은 어렵다. 비록 이 놀이를 하면서 아이가 행복해할 것을 알면서도 말이다. 그러나 만약 당신이 어떻게 느끼는지를 인식할 수 있고 이런 기분을 한쪽으로, 5분 정도라도 밀쳐놓을 수 있다면, 자신의 세계로 들어오는 당신을 통해 당신의 자녀는 유익한 영향을 얻을 것이다. 당신이 아이의 요청을 무시했을 때 아이가 토라져 있거나 다루기 힘든 곤란한 행동을 하는 경우보다 훨씬 더 즐거운 등굣길이 될 것이다.

아이와 성공적으로 놀 수 있는 몇 가지 팁

- 미리 계획을 세우라 — 예를 들어, 저녁을 먹은 후 6시에 같이 놀 것이라고 아이에게 말하라. 아이와 함께 놀 수 있는 확실한 시간이 있는지 확인하라.

- 만약 당신이 물 흐르는 대로 자연스럽게 행동하면, 함께 노는 것은 귀찮은 일처럼 느껴지지 않을 것이다.

- 당신의 장점을 발휘하라. 만약 당신이 미술과 공작은 잘하지만 시끄러운 놀이는 잘하지 못한다면, 당신 스타일에 맞지 않는 방법으로 노는 데 스트레스를 받지 마라. 함께하려는 최선의 노력이 중요하다.

- 아이가 원하는 것을 하도록 허락하며 아이에게 "네가 이 놀이를 책임지는 대장이야"라고 말하라. 이는 당신의 부담감을 덜어주며, 아이에게 통제와 책임감이라는 중요한 감각을 길러줄 수 있고, 또한 당신이 얼마나 아이를 신뢰하고 존중하는지도 알려줄 수 있다.

- 약속을 지키라—만약 당신이 아이와 함께 무엇을 하기로 약속했다면, 매우 짧은 시간이더라도 그것을 하라.

- 잠시 머물러서 아이의 마음에서 무슨 일이 일어나는지를 생각하라. 예를 들어, 만약 당신이 아이와 함께 놀이를 하고 있다면, 당신은 의식적으로 당신 주변에서 일어나는 일과 모든 생각을 차단하도록 노력하여, 당신과 아이 사이의 즐거운 순간과 게임의 모든 세부사항에만 집중할 수 있을 것이다. 만약에 당신이 해변에서 모래성을 만든다고 하면, 놀이 외 다른 외부 영향이 당신 마음에 들어오지 못하게 차단하라.

- 아이는 당신의 표정과 전반적인 태도에 주목할 것이다. 당신과 아이 모두 서로 즐거운 놀이를 할 때, 온 맘으로 놀아주고 있는 당신을 보고 들떠 있는 아이의 모습은 당신을 부모로서 기분 좋게 만들 것이며 보람을 느끼게 해줄 것이다.

- 만약 당신이 아이의 놀이 세계로 들어가는 것이 정말로 어렵다면, 연습이 필요하다는 것을 명심하라. 같이 책 읽기, 아이가 정말로 좋아하는 장난감 몇 개를 꺼내어 놀기, 혹은 공차기처럼 당신과 아이 모두 즐거워하는

것을 실외에서 하기 등 간단한 활동부터 시작하라.

- 10분 정도 노는 것부터 시작하라. 그런 다음 체육관에서 하는 것처럼, 함께 노는 시간을 늘려나가라. 놀이에 필요한 체력을 기를 수 있을 것이다.
- 당신이 심리적으로 뭔가에 몰두해 있을 때 억지로 아이와 놀려고 노력하지 마라. 다른 말로, 아이와 놀이를 시작하기 전에 당신의 감정을 조절하고, 놀 수 있기 전까지 당신에게 '머리를 식힐' 시간이 필요하다는 것을 아이에게 설명하라.

또한 놀이로 인한 함정을 피할 수 있는 방법도 있다.

- 당신이 온전한 관심을 가지고 노는 시간이 비록 하루에 10분뿐일지라도, 이는 아이를 무시하고 이따금 몇 시간 놀아주려고 하는 것보다 더 유익할 것이다. 따라서 스스로 얼마나 함께 놀아줄 수 있는지, 현실적인 목표를 세우라. 이 목표를 세우면 약속을 지키고 다른 것들은 한쪽에 치워두라.
- 아이들은 때로는 당신 품을 떠난 것처럼 보일 수 있다. 아이가 혼자 혹은 다른 아이들과 행복하게 노는 시간들이 있다. 이런 시간을 방해하거나 통제하지 않는 것이 중요하다. 아이에게 이렇게 하는 것이 괜찮은지 확인하는 것이 중요하다.
- 만약 당신이 성장하면서 부모와 함께 놀이를 한 경험이 없다면, 아이와 노는 것이 당신에게 자연스럽게 받아들여지지 않는다는 것을 발견할 수도 있다. 그리고 실제로 아이와 놀아주는 것은 꽤 힘들다. 마치 한 번도 훈련받지 않고 10킬로미터를 달리려고 하는 것과 같을 것이다. 체육관 연습이 달리기를 위한 체력을 키우는 데 중요한 것처럼, 놀이를 연습하는 것은 시간이 지나면서 놀이가 더 쉬워지도록 도와줄 것이다. 일상생활을

놀이화하는 것부터 시작할 수 있다. 아장아장 걷는 아기의 기저귀를 갈면서 까꿍 놀이를 하고, 미취학 아이에게 아침을 만들어주면서 수수께끼를 내고, 자동차에 기름을 넣고 세차하면서 초등학생 아이와 자동차 정비 놀이를 하고, 좀 더 나이가 있는 아이와는 차를 타고 가면서 자동차 번호판의 글자로 단어 만들기 놀이를 할 수 있다.

• 때로 아이들은 놀이를 멈추지 않으려고 할 것이다. 아이가 놀 때 아이의 흥미, 관심, 필요에 당신의 시선을 맞추는 것은 바로 아이의 관점을 취하고 아이의 눈으로 세상을 보는 것이다. 당신이 이렇게 하는 것을 경험할 때, 어떤 놀이를 했든 아이는 온전한 관심을 당신에게서 받았기에 더 재미있게 느낄 것이다. 그리고 당신이 자신의 방식으로 놀이를 보았다고 느낄 것이다.

• 장난감이 원하는 대로 움직여주지 않을 때 아이는 놀이에서 종종 상처받고 불공정하다고 느끼기도 하며, 좌절할 수도 있다. 이런 순간에 공감하고 그런 기분이 얼마나 나쁜지 이름을 붙여보라. 같은 방식으로 아이가 테디베어 파티를 위해 테디베어에게 옷을 입혔을 때나, 친구들과의 상상 놀이에 신나 할 때 얼마나 기분이 좋을지 아이에게 공감하라.

너무 많은 것을 시도했을 때의 생각지 않은 결과

현대 양육의 나쁜 점 중 하나는 마치 부모가 항상 아이를 즐겁게 해주어야 하며, 아이의 저녁을 과외 활동으로, 주말은 여행과 놀이 친구 만나기, 운동, 음악, 드라마 등등으로 채워야 한다는 기분이 들게 하는 점이다. 어느 정도는 이런 활동이 중요하지만, 중요한 점은 아이들이 노는 방법과 상상력을 사용하는 방법을 배우는 것이다. 그리고 사실 아무것도 하지 않는 것 또한 아이들에게 중요하다.

아이와 있을 때, 아이가 딴 생각을 하면서 때로는 아무 생각 없이 그저 멍하게 있는 것처럼 보이지 않는가? 이런 모습에 우리는 때로 과도하게 동요되어, 아이가 우리 이야기를 듣지 않거나 집중력이 좋지 않거나 그 시간에 건설적인 것을 하지 않아서 걱정하는 경향이 있다. 그러나 이런 행동은 아이들에게서 볼 수 있는 일반적인 경향이며, 과학자들 역시 이러한 시간이 필요하다고 믿는다.

두뇌에는 두 가지 '주의' 시스템이 있다. 하나는 집중적인 과제를 처리하는 데 필요한 시스템이고, 다른 하나는 일명 몽상으로 알려진 '딴 생각'을 하는 시스템이다. 두 번째 시스템이 창조성과 아이의 문제 해결 능력을 증대시키는 시스템이다. 너무 많은 활동은 이 두 번째 시스템을 방해할 수 있다. 따라서 아이가 하루 중에 아무것도 안 하고 딴 생각을 할 수 있는 마음의 여유가 있는지 확인하는 것이 중요하다─당신 역시 하루 종일 아이를 위해 어떤 것을 하거나 아이와 함께할 필요가 없다. 많은 전자 기기를 쥐어주는 것 역시 아이가 딴 생각을 하거나 아무것도 하지 않는 동안 성장하는 경험을 방해할 수 있다. 유아들이 혼자서 잠드는 방법을 익히는 것처럼, 아이는 이런 상태를 조절하고 스스로 동기를 부여하는 방법을 배우기 위해서 아무것도 하지 않는 시간, 심지어 지루함을 경험할 필요가 있다.

아이의 반영적인 순간을 알아차리기

당신의 양육은 아이가 성장하도록 돕고 다른 사람과의 관계에서 어떻게 반영적이게 되는지를 가르친다. 아이는 다른 사람의 행동 이면에 있는 이유나 동기를 이해하기 위해 당신이 자신에게 부모 APP을 어떻게 사용하는지 배우고 있다—자신과 타인의 생각과 감정에 관심을 기울이고, 관점을 취하며, 공감하는 것이 아이가 다른 사람의 행동을 내면에서부터 더 이해할 수 있도록 하면서 잘 어울리도록 돕는 것이다.

아이가 자신과 타인에 대해서 반영적이 되었다는 것을 어떻게 알 수 있을까? 그리고 어떤 것이 반영적인 양육이 아이에게 전수되었다는 증거일까? 아이가 정신화를 했고, 자신과 타인을 이해하기 위한 능력을 쌓았다는 것을 알려주는 황금과 같은 순간과 단서들이 있다. 아이가 반영적인 방법으로 행동하거나 말하는 것을 알아차렸을 때, 당신은 어떻게 이런 능력들을 아이에게 격려하고 강화하고, 이런 특성이 아이에게 도움이 되는지를 알 수 있도록 도울 수 있을까?

아이가 반영적인 것을 알아차리기

당신과 아이의 관계에서 너무 중요한 특성들—관심 가지기, 관점 취하기, 공감하기—은 아이가 자신의 마음과 자기 주변 사람의 마음을 반영할 때 당신이 아이의 행동에서 무엇을 알아차려야 하는지 알 수 있도록 도와준다.

A—관심 가지기

아이가 언제 반영적인지를 알아차릴 수 있는 첫 번째 단서는 아이가 자신이 어떻게 느끼는지에 관심이 생긴다는 것이고, 그 기분을 자신에게 일어난 일에 연결할 수 있다는 것이다. 다음 예시에서 샘은 아빠와 있었던 상황을 엄마에게 말하고 있으며, 흥분하고 속상하다는 것을 알 수 있다.

샘은 학교가 끝난 후에 공원에서 축구할 때 친구와 있었던 일을 아빠한테 말하려고 했다. 그러나 아빠는 샘이 복도에 축구 용품과 신발을 내팽개쳐 놓은 것에 집중했고 샘에게 치우라고 말했다. 샘은 엄마 캐런에게 아빠가 자신의 기분을 어떻게 상하게 했는지 말하려고 갔다.

샘은 엄마에게 말했다. "아빠는 정말 바보야. 언제나 내 맘을 아프게 해. 내게 관심 따윈 없다고, 전혀. 나는 아빠가 싫어."

캐런은 샘의 이야기를 경청하고 샘이 경기에 대해 물어보지 않은 아빠에게 상처를 받았다는 사실에 공감을 보였다. 그렇지만 샘에게 그 어떤 것도 말하지 않은 채로 기다렸다.

샘은 갑자기 잠시 머뭇거리다가 말했다. "잘 모르겠어. 엄청 머리가 아파. 아빠에 대한 내 마음이 너무 뒤죽박죽인 것 같아."

여기서 중요한 것은 샘이 잠시 동안 물러서서 복잡한 감정을 경험하고 있음에 관심을 가진다는 것이다. 샘은 잠시 멈춰 서서 자신과 가까운 사람에게 느끼는 혼란스러운 감정을 명명할 수 있었다—한 사람을 사랑하면서 동시에 그 사람이 극도로 나를 화나게 하고 상처 준다는 것을 발견할 수 있었다. 이런 자각으로 샘은 감정의 강도를 누그러뜨릴 수 있었고, 아빠의 행동을 이해하는 것이 자신에게 어렵다는 것을 깨달을 수 있었다.

다른 예시에서, 그레이스와 그레이스의 엄마 레이철은 힘겨운 취침 시간의 일상적 일에서 회복되는 중이다. 조금 전까지 그레이스는 잠옷을 입고 이를 닦으라는 엄마의 말에 강하게 반응하며 반항하고 저항했다. 레이철은 오늘 하루 부모님을 돌보며 너무 힘겹고 긴 하루를 보냈고, 지금 자신이 짜증이 많이 나 있다는 것을 발견했다. 레이철은 그레이스와의 상호작용에 부정적인 감정을 가져오고 이것이 상황을 더 힘겹게 만든다는 것을 알았다. 그레이스는 결국 자신도 모르게 속이 상하고 화가 나서, 엄마를 밀치고 때렸다. 레이철은 그레이스를 간신히 침대에 앉혔다. 그리고 그레이스 옆에 앉아서 안아준 다음에 물었다.

"지금 기분은 괜찮아?"

"네 ……. 조금 나아졌어요."

"음, 모든 게 약간 좀 힘들었지, 그치? 엄만 스트레스를 많이 받았어." 레이철은 팔로 그레이스를 감싸며 물었다. "넌 괜찮니? 힘들지 않았어?"

"난 엄마한테 진짜 화가 났어요."

"아, 그랬구나. 나도 그랬어."

"엄마가 텔레비전을 끈다고 말했을 때 진짜 화났어요."

이 시나리오에서 흥미로운 것은 엄마인 레이철의 따뜻한 포옹과 함께 먼저 그레이스가 자신의 감정에 이름을 붙일 수 있었다는 점이다 – 엄마가 텔레비전을 끈다고 했을 때 그레이스가 느낀 화였다. 그레이스는 또한 무슨 일이 있었는지 엄마에게 표현하면서 진정으로 자신이 어떻게 느꼈는지에 흥미가 있는 것처럼 보였다. 그리고 그레이스는 엄마의 관점에 대해, 특히 엄마의 정서적인 세계와 왜 엄마의 감정이 엄마의 행동에 영향을 주었는지 호기심이 생기는 것처럼 보였다.

앞의 두 예는 다른 연령대의 아이들이 자신의 마음 상태에 관심을 기울이고 자신이 어떻게 느끼는지를 보여준다. 이것은 어떻게 자신의 마음이 작동하고 왜 자신이 특정한 방식으로 느끼는지에 관심을 갖는 샘과 그레이스의 호기심일 뿐 정답이 있는 것은 아니다. 자신의 정서 상태와 이것이 어떻게 상황과 연결되는지에 흥미를 보이는 것은 아이의 반영적인 능력이 길러졌음을 보여주는 첫 번째 중요한 단서다. 이는 어느 날 당신의 자녀가 "나 정말 속상해요"라고 말하는 것처럼 간단할 수 있다. 그리고 비록 이런 간단한 말 이면에는 많은 통찰이 없을 수도 있지만 이것은 아이가 감정이 중요하다는 것을 인식하고 있음을 보여준다.

아이가 다른 사람에게 진정으로 호기심을 보이는 때를 알아차릴 수도 있다. 예를 들어, 아이는 우리가 다음 시나리오에서 볼 수 있듯이, 왜 사람이 특정한 방식으로 행동하는지 직접적으로 물을 수도 있고, 혹은 자발적으로 다른 사람과 그들의 행동의 이유에 대해 의견을 말할 수도 있다.

찰리는 학교를 마치고 집으로 돌아와, 얼마 전 같은 반으로 전학 온 맥스라는 친구와의 일을 이야기했다. 맥스는 찰리와 친구들에게 대장 행세를 했고, 자신의 규칙에 따라 게임을 해야 한다고 주장했다! 찰리는 엄마인 리사에게 말했다.

"엄마, 맥스는 자기가 대장인 것처럼 행동해요. 난 맥스랑 게임하고 싶지 않았지만 그래도 했어요."

리사는 물었다. "정말? 네가 원치 않았는데 놀았니?"

"맥스는 전학 온 친구라서, 맥스를 속상하게 하고 싶지 않았어요. 왜 그렇게 자기가 대장인 것처럼 행동할까요? 내 생각엔 맥스가 친구를 사귀고 싶어서 자꾸 대장처럼 나서는 거 같아요."

"찰리야, 그게 왜 맥스가 나서는 이유라고 생각하니?"

"아마 맥스는 단지 친구를 사귀고 싶은데 자기가 그러지 못할까 봐 걱정하는 거 같아요. 그래서 대장인 것처럼 하는 거예요."

그렇게 찰리는 맥스에 대해 호기심을 보였고 이미 왜 맥스가 대장 노릇을 하며 나서는지 생각하고 있었다. 찰리는 단순히 "자기가 대장인 것처럼 행동해요"라고 말하는 것 이상으로 무엇이 맥스의 행동에 영향을 주었을지를 생각했다. 찰리는 맥스를 좀 더 '내면'에서부터 바라보는 데 관심을 가지게 되었다.

P—관점 취하기

당신은 아이가 특정한 방식으로 행동하거나 느끼는 이유에 대해 자신만의 다른 관점을 취한다는 것을 알아차리기 시작할지도 모른다. 서로 힘든 순간에 대해 이야기하는 레이철과 그레이스 모녀의 첫 번째 예에서, 레이철은 이런 대화를 이어가기로 결심했다.

"내가 텔레비전을 끌 거라고 말해서 네가 화났을 테지만, 생각해 봐, 내가 그 말을 하기 전에도 넌 꽤 화난 것처럼 보였어."

"음, 왜 내가 화가 났는지 모르겠어요."

"내가 한번 알아볼까? 오늘은 금요일이었잖니. 그래서 내 생각에 오늘이 바쁜 한 주의 마지막이라서? 피곤했던 걸까? 아니면 학교에서 무슨 일이 있어서 그것 때문에 속상했을까?"

"피곤해요."

"그러니?"

"어떨 땐 피곤할 때 화가 더 나는 거 같아요. 내 생각에 그거 같아요, 엄마!"

"그래, 그럴 수 있어. 나도 피곤할 때 더 기분이 언짢고 그래."

앞의 대화를 살펴보면 긍정적 상호작용이 많이 일어나고 있다. 엄마와의 상호작용에서 그레이스는 감정을 배우는 것이 도움 되고 중요하며, 이를 엄마와 해도 괜찮다는 것을 경험했다. 동시에 그레이스의 엄마는 딸이 어떻게 느끼고 왜 이런 방식으로 느끼는지에 자신이 흥미가 있다는 것을 보여주었고, 자신이 어떻게 혹은 왜 그렇게 느끼는지를 그레이스에게 '말'하려 하지 않고 도움이 되는 몇 가지 선택지를 제시했다. 당신이 호기심이 있다는 것을 아이가 경험하는 것은 중요하지만 '독심술사'가 되어 말하는 것은 아이에게 (그리고 어른에게) 오히려 화가 나는 일일 수 있다. 다른 사람이 아이 자신이 생각하는 것을 말하는 것처럼 느껴질 수 있으며, 이것은 종종 아이가 진짜 어떻게 느끼는지와 일치하지 않을 수 있기 때문이다. 그레이스의 경우, 점차적으로 왜 자신이 일상적인 일인데도 평소보다 더 화가 났는지에 대해 마음이 변화하는 것을 볼 수 있다—여기서 그레이스는 자신의 생각이나 느낌에 대해 관점을 이동시키면서 도움이 되는 능력을 발달시키고 있다. 당신이 친구나 배우자와 있는 상황에서 과민반응했었을지도 모르는 시간들을 생각해 보고 반영해 보는 것은 필요하다. 당신의 행동에 영향을 미치는 순간을 알아차리는 것은 매우 유용한 일이지만 감정 '온도'가 너무 높을 때는 어려울 수 있다. 시간이 지나면서 그레이스가 자신의 생각과 감정이 행동에 미치는 영향에 대해 더 알게 되면, 이는 엄마와의 관계에서도 도움이 될 것이다. 예를 들어, 그레이스는 현재와 미래의 관계에서 오해가 벌어질 경우 더 수월하게 해결하고, 힘겨운 시간을 통해서도 관계는 지속될 것이라고 확신할 수 있어 안정적인 관계를 맺을 수 있을 것이다. 예를 들어, 학교에서 자신과 친구의 의견이 일치하지 않을 때 그레이스는 친구가 말한 것에 자신이 어떻게 반응했는지를 이내 돌이켜 생각해 볼 것이며, 친구에게 다시 가서 말이나 행동을 다르게 할 수 있을 것이다.

반영적인 양육은 또한 다른 사람의 관점을 바라보는 아이의 능력에 영향을 줄 것이다. 그리고 부모가 이를 알아주는 것은 아이의 자기 반영을 알아주는 것만큼 중요하다. 아이에게 책을 읽어주는 시간은 아이에게 이야기 속 인물과 인물들의 특정한 행동 방식에 대해 질문할 수 있는 좋은 기회다. 이러한 시간을 통해 아이는 다른 사람의 관점에 대해 배우고 다른 사람의 행동에 대해 성급하게 결론 내리는 것을 피하게 된다. 간단한 관점 취하기는 아이가 아주 어릴 때부터 할 수 있다.

엘라는 잠자리에 누워 공주와 공주의 아빠인 왕에 대한 이야기를 듣고 있었다. 이야기 속에서 왕은 딸이 친구들과 파티에 춤추러 가는 것을 금지했다. 엄마는 읽던 것을 멈추고 물었다. "왜 왕이 공주가 친구들과 춤추러 가는 것을 허락하지 않았을까?"
엘라는 "왕이 춤추는 것을 싫어해서요!"라고 대답했다.

이 대답이 왕이 공주에게 춤을 허락하지 않은 정확한 이유인지는 모르지만, 4살 아이들이 보이는 꽤나 전형적인 반응이다. 그리고 여기서 엘라가 왕에 대해 생각해 보고 왕의 관점을 취할 수 있다는 것을 알 수 있다. 다른 예시로, 리사는 친정어머니의 생일이었기 때문에 남편인 존에게 퇴근길에 포장지를 사오라고 부탁했다. 친정어머니는 다음 날 일찍 집에 오시기로 해서 리사는 그날 선물을 포장해야 했다. 하지만 존은 빈손으로 집에 왔다. 리사가 물었다.

"포장지는?"
"오, 안 돼! 완전히 잊고 있었어!"

"믿을 수 없어, 존. 포장지 하나만 가져다 달라고 부탁했는데, 그걸 안 가져오다니! 당신, 우리 엄마에 대해 생각 안 하는 거야?"

존은 미안한 마음을 안은 채 2층으로 올라갔다. 찰리는 부모의 이런 상호작용을 듣고 있었고 엄마가 스트레스를 받은 것을 느끼고 말했다.

"내 생각에 아빠가 오늘 엄청 바빴던 거 같아요, 엄마. 아빠는 바쁜 날이면 항상 까먹잖아요."

이 예시에서 찰리는 엄마의 감정을 알아차리면서 동시에 아빠가 왜 포장지 사오는 걸 잊었는지에 대해 대안적인 설명을 제시했다. 당신의 아이가 이런 능력을 보인다는 것은 사람들이 어떻게 다른 방식으로 보는지를 지각하는 아이의 능력이 키워졌음을 보여주는 것이다.

P─공감하기

당신은 오늘 아주 힘겨운 하루를 보냈고 친한 친구에게서 비난받는 느낌을 받았으며 그래서 기분이 가라앉아 있다고 상상해 보자. 이때 당신은 다른 사람이나 자신에게서 위로와 지지를 얻고 싶어 하는가? 담요와 코코아 한 잔을 들고 소파로 가서, 좋아하는 영화를 보며 스스로를 위로하는 편인가?

힘든 감정을 경험하고 이를 인내하는 능력은 주로 부모와 함께한 어린 시절 경험에서 학습된다. 이런 자기 지지 접근은 감정에 접근하는 데 매우 건강한 방법이 될 수 있다─이는 종종 일상의 사건을 덜 고통스럽게 하기 때문에, 당신은 자기비판을 낮추고 자신을 위로하는 능력을 가질 필요가 있다. 당신이 스스로를 위로하는 능력을 배운 것처럼, 당신의 반영적 양육은 아이에게 자신의 감정이 중요하고 다룰 수 있는 것이며, 아이가 당신의 공감과 지지를 받을 자격이 있다는 것을 전달한다. 그런 다음에 당신은 공감과 연민을 느끼고 있음을 나타내는 아이의 행동을 알아차릴 수 있는데, 이는 정신화의 신호로 아이가 외부에서 자신과 자신의 감정을 살펴볼 수 있다는 신호이기도 하다. 다음 예를 살펴보자. 릴리는 학교가 끝나고 언니인 그레이스와 함께 아빠에게 왔고, 친구들이 놀이에 자신을 끼워주지 않는다고 말했다. 릴리는 아빠한테 그 일로 정말 슬프다고 말했다. 잠자리에 누운 릴리에게 맷이 말했다.

"음 ……, 아빠 생각에 오늘 하루 힘들었을 것 같다, 릴리!"
"맞아요, 아빠. 한 번 날 크게 안아주면 안 돼요?"
"물론 해줄 수 있지. 아마 필요할 거야!"
맷은 릴리를 안으며 말했다.
"내일은 또 다른 하루가 시작될 거야, 사랑한다."
맷은 릴리가 좋아하는 테디베어 인형을 끌어안고 이불 속으로 파고드는 것을 보았다.

스스로를 위로하는 능력과 다른 사람의 위로를 받아들이는 능력은 삶의 어려운 순간에 정말로 큰 도움이 될 수 있다. 이러한 기대는 우리의 능력과 더불어 생각, 감정 및 행동에 대한 주인 의식을 갖게 하며 자신에게 연민을 느낄 수 있게 한다. 그리고 아이의 경우에는 이를 통해 힘든 감정을 더 잘 견딜 수 있을 것이며, 관계가 틀어져도 낙담하지 않고 죄책감을 덜 느낄 것이고, 대신에 관계를 다르게 해보려고 할 수 있다.
당신은 아이가 다른 사람에게 공감할 수 있다는 것을 알아차릴 수도 있다. 예를 살펴보자. 찰리는 리사에게 자신의 일곱 번째 생일날 누구를 초대하고 싶고 어떤 종류의 게임을 하고 싶은지 말한다. 찰리의 여동생 엘라도 그 방에 함께 있다. 찰리가 갑자기 말한다.

"나 선물 많이 받을 거예요. 맞죠, 엄마?"

"맞아, 많은 사람들이 오기 때문에 많이 받을 거야."

"그러면 엘라는 어떻게 해요? 엘라한테도 인형 사줄 수 있어요? 그렇지 않으면 엘라가 속상할 거예요."

"엘라가 속상할 수 있다고 생각하다니, 정말 사려 깊구나."

찰리가 생일과 관련해 흥분하면서도 여동생의 관점을 고려하는 대화를 할 수 있었던 점은 매우 인상적이다. 이뿐 아니라 자신이 상상하기에 엘라가 어떻게 느낄지에 연결할 수 있었다. 이와 비슷한 일을 당신의 자녀에게서도 발견할 수 있다. 당신이 머리가 아프다고 아이에게 말했을 때 아이는 부모가 자신과 놀아주지 않아서 속상한 마음이 드는데도 당신을 안아주기도 하고, 혹은 퇴근해서 집에 왔을 때 당신을 위해 사탕을 남겨두기도 했을 것이다.

매디는 자신의 생일 파티를 위해 친구 몇 명을 초대해서 밤샘 파티를 할 예정이었고, 친구들이 온다는 사실과 저녁 늦게 간식으로 무엇을 먹을지, 무슨 영화를 볼지 등에 대한 기대감에 들떠 소리치며 집 안을 뛰어다니고 있었다. 그러다가 매디는 바닥을 보며 아랫입술을 깨물고 있는 샘을 보았다. 매디는 "샘, 나만 밤새 놀아서 네가 소외되었다고 느끼지 않았으면 좋겠어. 오늘은 내 친구들이랑 조금만 같이 놀다가 내일 다시 일어나 같이 스케이트 타러 가는 건 어때? 나는 네가 혼자 외로워하지 않았으면 좋겠어"라고 말했다. 아빠 톰은 매디에게 "친구들이 자러 와서 기분이 들뜰 텐데도 이렇게 동생의 기분을 생각하다니 착하구나"라고 말했다.

반영적인 아이가 되도록 돕기

아이가 자신과 다른 사람의 마음에서 무슨 일이 일어나는지 흥미로 워하는 순간을 알아차렸을 때, 부모는 무엇을 해야 할까? 부모가 비록 상담자는 아니지만, 아이에게 도움이 되는 몇 가지 전략이 있다. 당신 이 반응하는 방법은 상황과 아이의 연령, 그 상황의 중요성에 따라 달 라진다. 명심하라. 만약 당신이 아이의 관점을 흥미로워하고 이에 호기 심을 갖는다면 이런 전략이나 즉각적인 말들이 꽤나 자연스럽게 나올 것이다.

A. 당신이 알아차린 것에 대해 알아주고 표현하기

B. 확장하고 궁금해하기

C. 당신이 무엇을 좋아하는지 혹은 왜 이것이 중요한지 설명하기

당신이 알아차린 것에 대해 알아주고 표현하기

아이가 반영하고 있음을 알아차렸을 때 부모는 이에 대해 알아주고 표현하면서 아이의 행동을 강조하여 자신이 무엇을 하는지 인지할 수 있도록 도와야 한다. 그리고 당신이 이것을 중요하고 도움이 된다고 생 각하고 있음을 알 수 있도록 해야 한다. 이를 실천할 수 있는 여러 방법 이 있다.

"나는 네가 스스로 어떻게 느끼는지 진지하게 생각하는 걸 봤어. 그리고

소리 지르는 대신에 네가 어떻게 느끼는지 내게 말하는 것은 멋진 일이었어."

"너 정말 그것에 대해 생각했잖아, 그치?"

"네가 그렇게 했을 때, 상황을 이해하려고 노력하고 이해했을 때, 나는 감동받았단다."

"네가 나한테 어떻게 생각하는지 물었을 때 정말 흥미로웠어. 너는 잠시 멈춰서 내가 어떨지 생각했잖아. 내 생각에 너는 정말 궁금해했던 거 같아, 그렇지 않니?"

"단순히 무조건 화를 내지 않고, 먼저 진정하고 무엇을 말하고 싶은지 생각하는 것이 좀 더 긍정적인 것 같구나."

확장하고 궁금해하기

당신은 상호작용을 조금 더 진전시켜, 계속해서 부모 APP을 사용할 수 있다. 만약 아이가 상황에 대해 더 논의하기를 원한다고 느낀다면, 아이의 관점에서 보기 위해 아이가 왜 특정한 방식으로 느꼈는지에 대해 좀 더 질문하려고 노력하라. 아이의 관점에서 그 상황이 어떻게 보였고, 아이나 당신이 얻은 새로운 통찰은 무엇인가? 당신이 호기심을 보이면서 정말 궁금해하면서 표현한다면, 아이는 좀 더 터놓고 이야기하여 상황을 함께 탐색하는 데 도움이 될 수 있다.

"오, 무엇이 그렇게 생각하게 만들었니?"

"그걸 알게 된 다음에는 다르게 보였니?"

"지금은 어떻게 느끼니?"

당신이 무엇을 좋아하는지 혹은 왜 이것이 중요한지 설명하기

아이가 행동하기를 원하는 특정한 행동 방식을 설명해 주는 것이 아이를 반영적이도록 하는 데 도움이 된다. 당신은 아이가 상황을 다루는 방식이 왜 당신에게 중요하며, 다르게 생각하는 방식—다른 사람에 대해 생각하는 아이의 능력—이 '아마도' 문제 상황에서 다양한 종류의 해결책을 찾는 데 도움이 될 수도 있다고 설명할 수 있다. 반에 새로 전학 온 맥스에 대해 이야기하는 찰리의 이야기에서, 리사는 찰리가 맥스에 대해 그리고 맥스의 마음속에 무슨 일이 일어날 수 있는지, 왜 대장 노릇을 하려는지에 대해 생각하는 것을 보고 깊이 감명받았다. 리사는 말했다.

"네가 그런 것을 생각하다니 엄만 참 좋구나. 난 그렇게 생각하지 못했는데 말이야! 그래서 내가 생각하기에, 네가 맞는다면 맥스가 적응한 다음에는 덜 나설 것 같구나."

"맞아요, 아마도."

"너의 그런 생각이 매우 흥미로워, 찰리."

"왜요?"

"음, 너는 맥스가 어떻게 느끼는지 아는 것처럼 보여. 맥스는 긴장해서 관심을 받으려고 그렇게 하는 것일 수도 있어. 엄만 그게 정말 좋구나. 너는 또 맥스랑 계속 놀았지. 내 생각에 너는 맥스가 적응하고 또 기분이 나아지도록 도와주려고 하는 거 같구나?"

"맞아요." 찰리가 대답했다.

"맥스가 대장 노릇을 하려는 걸 보고 네가 단순히 화가 났다고 상상해 봐. 그럼 그만 놀지 않았겠니?" 리사가 물었다.

"아마 리스처럼 같이 안 놀고 가버릴 수도 있죠. 맥스는 그러면 더 많이 긴장할 거예요."

엄마는 대답했다. "그러면 맥스는 아마 대장 노릇을 더 하려고 할 거야! 하지만 넌 맥스랑 계속 놀아주었어. 맥스는 아마 실제로는 좋은 친구일 거야. 너는 조금, 그냥 기다려보면 될 거야."

"그날 헤어질 무렵에는 덜 나섰어요. 맥스는 내가 좋아하는 게임이 뭔지 물어봤어요."

이렇게 리사와 같이 반영적인 부모는 아이들이 지닌 좋은 반영적인 능력의 예를 활발하게 찾고, 아이들이 더 많이 긍정적으로 표현하게 한다. 이와 같이 부모와 자녀의 반영적 대화가 이루어진 상호작용을 의미 있게 지각하는 것이 필요하다. 다른 예에서, 찰리는 리사에게 자신의 생일 파티 때 볼링을 치러 가고 싶다고 말한다.

"그거 좋은 생각이구나, 아가. 친구들은 볼링을 칠 줄 아니?"

찰리는 대답했다. "잘 모르겠어요, 아마도 모두는 아닐 거예요. 하지만 어떻게 치는지 모르면 그냥 보면 되죠."

"네 생각에, 친구들이 그냥 가만히 앉아서 보기만 하는데도 즐거워할까?"

찰리는 약간 고민하는 것처럼 보이다가 말했다. "내 생각에 …… 홈 ……, 나는 정말로 볼링을 치러 가고 싶어요 ……. 아니에요, 축구 파티를 하고 싶어요. 우리 반 친구들은 모두 축구를 할 줄 알아요. 어떤 친구는 아마 축구를 좋아하지 않을 거지만, 그래도 모든 친구들이 축구를 어떻게 하는지는 알아요. 걔들이 축구를 좋아하는지 안 좋아하는지는 모르겠네요."

리사가 대답했다. "찰리, 네가 친구를 생각하는 게 좋구나. 그래서 뭐가 가장 좋은 해결책 같니?"

"축구 파티요!"

여기서 중요한 것은 찰리가 도출해 낸 해결책이 아니라, 찰리가 상황을 생각할 때 보이는 반영적인 역량이다. 이는 찰리의 엄마가 알아차린 것이며, 찰리가 친구를 생각하고 있다는 것을 엄마는 알아차리고 보상해 주었다.

당신이 관계 속에서 반영적이라는 것은 당신이 행동하는 것과, 다른 사람이 왜 그렇게 행동할까를 생각하고 반영해 본다는 의미다. 그러나 반영하기 위해서는 기술이 필요하며, 당신은 아이에게도 이러한 능력이 발달되도록 도와야 한다. 당신은 아이에게서 이런 능력이 나아지고 있음을 알아차리고 강조함으로써, 아이가 이런 기술들을 타인과의 상호작용에 사용하도록 격려할 수 있고, 아이가 당신, 가족, 친구, 선생님과 조화롭고 안정적인 관계를 가지도록 도울 수 있다.

●요약●
좋은 시간과 정신화

💜 좋은 시간과 정신화는 무엇일까?

좋은 시간 동안 정신화하는 것은 특히 가족과 함께 있을 때 다른 사람의 생각, 감정 그리고 상호작용에 대해 생각할 수 있으며, 특히 가족과 행복한 시간을 보낼 때 반영적인 부모를 따라 하고 긍정적인 행동을 통해 아이들이 반영적인 기술을 키울 수 있음을 의미한다.

💜 좋은 시간과 정신화는 당신에게 도움을 준다

모든 일이 순조로울 때 반영적 양육의 태도를 적용하고 가족 내 다른 사람의 마음을 고려하는 것은 당신이 가족 내에서 그리고 배우자와 아이와의 관계에서 더 즐겁고 행복한 시간을 보내도록 도와준다. 다른 가족 구성원이 좋아하는 것을 당신이 생각하거나 느끼고 있음을 알아주는 가족이 있다는 사실은 당신의 자존감을 높이는 데 도움이 된다.

💜 좋은 시간과 정신화는 아이에게 도움을 준다

자신에게 호기심과 흥미를 표현하는 부모와의 긍정적인 상호작용은 아이가 다른 사람과의 관계에서도 긍정적인 행동과 상호작용을 많이 하도록 돕는다.

아이가 어릴 때 부모의 반영적 양육 태도를 모델링하면 아이는 당신을 가깝게 느끼게 된다. 그리고 자신이나 다른 사람을 명료하게 생각하는 아이의 능력에 초점을 두어 표현할 때 아이의 자존감이 높아진다.

♥ 좋은 시간과 정신화는 관계에 도움을 준다

아이와 함께 놀고 좋은 시간을 보낼 때 반영적 양육 태도를 취하는 것은 당신과 아이가 수용되고 마음속에 있던 경험을 이해하도록 한다는 의미로, 이를 경험하면 다시 이런 시간을 갖고 싶은 순간이 많아질 것이다. 아이의 눈으로 세상을 봄으로써 당신은 더 큰 흥미와 열정을 가지고 아이의 놀이와 즐거움의 세계로 들어갈 것이며 아이와 더 가깝게 느낄 것이다.

♥ 다음을 명심하라

1. 특히 상호작용이 순조롭게 이루어질 때를 강조하고, 이를 아이에게 드러내어 말하라.
2. 무엇이 상황을 순조롭고 좋게 느껴지도록 만들었는지, 호기심을 가지라.
3. 다른 사람의 입장이 되어 그들의 눈으로 세상을 보는 것을 아이에게 알려주면서 다른 사람이 어떻게 느낄지를 큰 소리로 긍정적인 방식으로 전달하라.
4. 어떤 것에 대해 다른 사람이 생각하거나 느끼는 것을 아이가 어떻게 상상하는지 물어보면서 문제를 해결할 수 있도록 도우라—긍정적인 것에 초점을 두면서 말이다.
5. 아이의 눈을 통해 보고 그 마음속에서 일어나는 일에 좀 더 호기심을 가지면, 아이가 당신의 관심과 호기심에 반응하면서 함께 더 많이 즐기고 보람을 느끼는 시간이 온다.

6. 아이가 다른 사람의 관점과 감정에 호기심을 보일 때, 관심을 보이고 열정적으로 이에 대해 이야기하면서 보상해 주려고 노력하라. 긍정적인 느낌인지, 부정적인 느낌인지의 여부는 그렇게 중요하지 않다.

7. 함께 놀 시간을 정하고―하루 10분이라도 아이는 기뻐할 것이다―, 모두가 즐길 수 있는 것을 찾으라.

8. 놀이가 모두에게 자연스러운 것은 아니다. 연습이 필요할 수 있다.

9. 아이가 자신과 타인에 대해 반영적일 때를 알아차리라. 이는 당신의 반영적 양육이 아이에게 영향을 주었다는 증거다.

10. 아이를 반영적이도록 격려하고 이런 능력을 강화하라. 이것이 아이가 자신과 타인을 이해하는 데 도움을 줄 것이다.

결론

이 책에서 우리는 반영적 부모가 가진 많은 이점을 설명했다. 당신과 아이의 관계와 당신이 무엇을 소중하고 중요하게 생각하는지에 양육의 초점을 두게 되면, 당신은 가정 내에서 이 관계가 더 조화롭게 되도록 할 수 있다. 중요한 것은 당신의 자녀가 스스로를 가치 있다고 여기고 이해받는다고 느낄 때, 아이는 자신에게 만족할 뿐만 아니라 더 좋게 행동하면서 원하지 않는 행동을 할 가능성이 줄어든다는 점이다.

이 책을 읽으면서, 당신의 양육 방식과 왜 그렇게 해야 하는지에 대해서 생각하게 되었다면 당신은 이미 반영적 부모가 되는 첫걸음을 한 것이다. 이 책을 소개하기 위해 표지에 적은 "내 아이의 마음속에서 일어나는 일들을 이해하도록 돕는 가이드 북"이라는 문구는 아이의 마음속에서 무슨 일이 일어나는지 이해할 수 있는 안내서를 제공한다는 의미다. 그러나 사실상 정말로 바라는 것은 당신 자신이 아이와의 관계를 어떻게 생각하고 느끼는지를 인식하면서 자신만의 지침을 찾아가도록 하는 것이다. 실제 양육에서 반영적이 되기란 쉽지 않으며, 누구라도 항상 반영적인 양육을 실천하기는 어렵다. 그러나 반영적 양육을 위해 노력할 때 아이와의 관계가 변화될 수 있음을 기억해야 한다. 그리고 당신이 계속 노력하기를 희망한다. 당신은 어떻게 아이가 다른 사람과 관계를 맺는지, 아이의 친구들이 아이를 어떻게 보는지 알기 시작할 것이며, 어느 날 당신의 아이가 자신의 아이, 즉 당신의 손주와의 관계에서 스스로 반영적 부모가 되는 신호를 보이기 시작할 때 더 큰 보람을 느낄 것이다. 우리는 이 책이 앞으로의 많은 시간 동안 아이와 함께 있을 때 당신의 마음에 머물기를 희망한다.

10

책을 마무리하며

우리는 아이의 마음속에서 무슨 일이 일어나는지 혹은 다른 사람의 마음속에서 어떤 일이 일어나는지를 결코 확신할 수 없다. 따라서 때때로 서로에게 마음이 어떤지 확인하는 것이 매우 중요하다. 이 책을 끝내면서 우리는 반영적 양육이라는 개념이 부모들에게 유용한지를 확인하는 것이 중요하다고 생각했다. 다음의 대화는 우리가 전달하려고 노력했던 아이디어에 대한 우리의 의견을 포함하며, 또한 우리가 반영적 양육을 우리의 일과 가족 관계에서 어떻게 사용하는지를 보여준다.

(대화에서, '실'은 실라 레드펀, '앨'은 앨리스터 쿠퍼를 가리킨다.)

실　사람마다 반영적 양육의 수준이 다를까요? 매 순간 반영적인 부모가 되는 것이 가능하다고 생각하시나요?

책에 대해 돌이켜 생각해 보는 실라와 앨리스터

앨 저는 계속 연습하려고 하고 마음속에서 이런 아이디어를 계속 담아두려고 노력합니다. 저는 이게 자신을 훈련하는 방법이라고 확신해요. 시간에 걸쳐 이런 기술을 쌓아야 하는 훈련 말이죠. 저는 어떤 상황이 마무리된 '후'에 사용한다고 생각합니다. 힘든 시간이 지난 후에 아이들과 다시 연결되기 위해서 이런 원리들을 사용해요. 그러나 반영적 양육에 대한 생각은 늘 마음에 있죠. 대니얼 휴스의 책에서 제게 정말로 도움이 되는 말은 "교정(correct)하기보다 연결(connect)하라"예요. 정말 힘든 상황을 마주했을 때 아이와 연결감을 복구하려고 노력하는 것입니다. 어떻게 생각하세요? 선생님은 매번 반영적이 되는 것이 어렵지는 않으신가요?

실 물론 어렵죠. 이건 매 순간 할 수 있는 게 아니에요. 심지어 가장 반영적인 부모라도 전체 시간 중 30퍼센트 정도만 할 거예요. 그리고 그거면 충분하죠. 저의 경우는 제가 느끼는 것을 제 아이가 느끼는 것과 분리하려고 노력하는 게 도움이 되었어요. 아이들의 감정과 제 감정을 구별하게 되면서 정말로 제 자신의 감정을 알았죠. 그래서 제가 퉁명스럽다는 것을 발견하면, 저는 그 순간 제 자신을 멈추려고 노력하고 '내가 아이들이 한 것 때문에 소리를 지르는 건가? 아니면 내가 지금 무엇을 느끼기에 이러는 건가?' 하고 생각해요. 이런 경우 저는 그 상황에 대해 터놓고 말하는 것이 갈등 감소에 도움이 된다는 것을 발견합니다. 저는 단지 제 자신을 목격하고는 이렇게 말해요.

"엄마가 정말 끔찍한 하루를 보내서 너무 힘들구나. 오늘은 무릎이 너무 아팠고 그래서 기분이 안 좋아. 너희랑은 상관이 없단다."

저는 아이들에게 화나는 감정을 즉각적으로 멈추는 데 이게 꽤 도움이 되는 것을 발견했어요. 아이들은 아마 뭐라 소리 들은 것에 대해 억울하게 느끼지 않을 테죠. 물론, 대부분의 시간에서 제가 이렇게 하지는 못하죠.

앨 선생님의 기분과, 선생님이 상황을 어떻게 마주했는지를 알아차린 게 반영적이게 되는 데 큰 역할을 하는군요.

실 맞아요, 제 자신과 아이들의 감정을 분리하는 게 정말로 도움이 된다는 걸 발견했습니다. 제 생각에 관심 가지기는 큰 효과가 있어요. 그래서 오늘 아침에, 학교 가기 전에 굉장히 바빴는데도 저는 막내 녀석(6살)과 함께 있는 시간을 가졌고 "네가 토스트 먹는 동안에 잠깐 이야기를 하자"라고 했어요. 그리고 저희는 그냥 수다를 떨었고 평소에는 없는 시간을 가졌죠. 저는 평소 등교시키기 전에 하던 몇 가지를 하지 않았어요. 설거지 같은 거요—그냥 내버려 두었죠. 그런 다음, 아이는 축구 준비물을 가지러 올라갈 때 저한테 "엄마, 저 토스트 좀 더 먹으면서 더 이야기하면 안 돼요?"라고 소리쳤어요. 제 생각에 이건 굉장히 좋았어요. 아이는 잠깐이지만 함께 시간 보낸 걸 감사해 했고 한결 더 쉽게 등교하게 만들었는데, 그게 2분밖에 안 걸렸어요. 모두 바쁜 아침에 매우 짧은 시간이지만 관심 기울이기가 도움을 주었죠.

앨 네, 그거 흥미롭네요. 저도 모든 순간에 부모 APP을 사용하지는 않을 거예요. 그렇지만 제가 분명히 활용하게 되는 순간들이 있어요. 아마도 도움 되는 순간들일 겁니다—우리는 이 모델을 아이와 함께하는 모든 순간에 사용하라고 말하는 게 아니죠.

실 맞아요. 그래서 부모들이 "제가 언제 이런 개념을 의식해야 하고, 언제 반드시 사용해야 하죠?"라고 물으면 어떻게 답할 수 있을까요?

앨 제 생각에 훈육을 할 때 그리고 강렬한 감정을 느낄 때 사용하면 부모 APP이 도움이 된다고 생각합니다. 아이가 당신이 정말로 좋아하지 않는, 동의할 수 없는 행동을 할 때 그리고 아이가 다르게 행동하길 원할 때 말이죠. 혹은 아이가 문제행동을 반복적으로 할 때입니다. 아니면 다른 사람이나 일어난 상황에 대해 강렬한 감정을 느낄 때도 사용할 수 있겠죠. 부모 APP은 이런 까다로운 순간들을 다루는 데 도움이 됩니다. 제 생각에 제가 아이들을 키우며 가장 도움이 된 것은—아이들의 잘못된 행동을 보면서—어떻게 아이와 다시 연결되고 아이가 자신의 속마음을 알아차리게 돕느냐는 것이었습니다.

실　흠, 선생님 아이가 잘 행동하길 원하셨네요?

앨　맞아요. 그러나 저는 행동도 잘하길 원했지만 동시에 자신에 대한 자각도 발달시키길 원했습니다—제 생각에 아이들은 한번 자신이 어떻게 느끼는지를 알아차리면 행동 역시 잘하게 된다고 생각합니다. 당신이 잘 연결되면 아이는 당신에게서 이해받는다고 생각합니다. 그리고 당신 역시 아이와 연결된 것같이 생각되지요. 아이들은 부모와 연결되는 느낌을 좋아하고, 또 더 잘 행동하려고 합니다. 등교시키기 전에 관심 기울이기가 있었던 그 시간으로 돌아가 보세요. 그러나 저는 이것이 선생님처럼 자발적으로 그리고 자연스럽게 나오지 않으니 이런 접근 방식을 몸에 익히기 위해서는 자신을 상기시켜야 할 겁니다.

실　아이들이 보이는 어려운 문제행동에서 가장 효과가 있었던 부모 APP은 공감하기인 것 같습니다. 아이들은 공평하지 않다고 느끼는 것을 이야기합니다. 예를 들어, 막내가 밤샘 파티에 가고 싶어 했는데 친구가 몸이 안 좋아서 취소되었죠. 그래서 아이는 밤샘 파티를 못 할 정도로 친구가 몸이 좋지 못한 것에 화가 났습니다. 그리고 아이는 친구에 대한 안타까운 마음을 느낄 수 없었습니다. 이것은 제가 알 수 있었습니다. 자신의 속상한 마음만 안타까워하고 있었거든요. 그래서 침대에 물건을 던지기 시작했고 제 방을 엉망으로 만들었습니다. 그때 저는 방금 청소했기 때문에 아이한테 약간 짜증이 났죠. 그러나 제게 다시 생각이 들었던 방법은 이렇게 말하는 것이었죠.

"네가 가지 못하는 건 정말 슬픈 일이야." 아이는 말했습니다. "이건 공평하지 않아, 공평하지 않다고." 그래서 제가 말했습니다. "이건 공평하지 않아, 이건 끔찍해. 너는 정말 이걸 손꼽아 기다렸는데 이제 갈 수 없다는 것에 넌 정말 속이 상해. 내가 이걸 바꿔주고 싶지만 그럴 수 없어. 그러나 너한테는 끔찍하고 공평하지 않겠다."

아이는 물건 던지는 걸 멈췄어요. 이렇게 말한 것이 행동을 멈추게 했죠. 그리고 우리 사이의 연결감을 높였어요. 하지만 제가 아이에게 안방을 엉망으로 만들지 말라고 소리쳤다면, 이게 제가 처음에 하고 싶다고 느꼈던 것인데요, 아이는 더 속이 상했을 것이고, 저는 기분이 나빴을 것이고, 제 생각에 아이는 속상한 마음에 대해 야단맞는다고 느꼈을 것 같네요. 왜냐하면 아이는 화나기보다 속상했고 이게 화내는 것으로 표현되었기 때문이죠. 부모 APP에서 도움이 되는 것은 당신의 아이가 정말 무엇을 느끼는지 생각해 보도록 노력하는 것입니다. 왜냐하면 아이가 정말로 슬플 때 당신이 '볼' 수 있는 것과 아이가 느끼는 것은 다를 수 있기 때문이에요─아이는 슬플 때 저와 제 물건을 향해 화를 내거나 공격성을 보였습니다. 저는 스스로 부모 APP을 상기하면서 공감적으로 접근해 보고자 의도적으로 노력했습니다. 그래서 이 책을 읽는 사람들이 이런 순간이 자연스럽게 오지 않음을 인식하는 건 중요하다고 생각합니다.

이렇게 아이의 마음에 연결되는 것은 도움이 될 수 있습니다. 저는 선생님의 이야기에 동감합니다. 훈육이 필요할 때 그리고 강렬한 감정을 다룰 때 부모 APP의 사용은 도움이 되지만 매일의 상호작용 속에서 항상 사용할 필요는 없습니다. 정말 흥미롭지 않나요? 우리 책에는 좋은 시간들에 대해서도 설명하고 있어요. 좋은 시간 동안 부모 APP의 사용이 쉽게 될까요? 우리 대부분은 힘겨운 시간을 겪고 있을 때 새로운 양육 기술을 배우기 시작합니다. 힘든 시기에 새로운 양육 기술이 많은 도움이 될 수 있기 때문이죠. 그러나 한번 부모 APP에 익숙해지기 시작하면 좋은 시간 동안에도 사용하여 긍정적 효과를 볼 수 있습니다. 아주 환상적인 장기 효과를 낼 수 있습니다.

앨 아이들의 행동에 대해 한계를 정하는 것도 중요하지 않나요? 저는 어떤 부모들은 이 책을 읽고 아이들이 행동을 잘하도록 하는 데 훨씬 좋고 빠른 방법이 있다고 생각할 수도 있다고 생각합니다. 선생님도 아시죠, 타임아웃 같은 거, 권위를 빼앗는 거 같은 거요.

실 음, 그건 무엇에 초점 맞추길 원하느냐에 달려 있어요. 초점이 아마 즉각적인 행동 변화일지도 모릅니다. 혹은 어떤 사람에게는 관계를 맺고 더 좋은 연결감을 가지는 것일 수 있지요. 아이 행동의 즉각적인 변화를 위해서는 때때로 다른 전략이 필요합니다. 그러나 지속적으로 이런 전략의 사용은 어려우며, 또한 당신과 아이 사이의 연결감에 영향을 줄 수 있습니다. 즉각적인 행동 변화에만 초점을 두지 말고 아이의 장기적인 행동 발달과 정서 발달을 생각해 보는 게 중요하다고 생각합니다. 물론 어떤 경우, 공감도 행동을 즉각적으로 바꿀 수 있기는 합니다. 이는 또한 당신과 아이 사이에 따뜻함을 유지하며 친밀하게 한다는 이점도 있습니다. 그리고 아이의 행동에 좌절하기도 하지만, 아이의 마음에서 무엇이 일어나는지를 알아내는 것은 흥미로운 퍼즐과 같습니다. 부모인 우리는 이것을 명심해야 합니다. 우리는 아이와의 관계가 어떤지에 대해 관심을 가지고, 아이와 연결되고 반영적일 기회를 어떻게 놓치고 있는지 생각해 볼 필요가 있습니다.

앨 제 생각에 이를 놓치지 않는 것이 의미가 있을 것입니다. 우리는 상황이 순조롭지 않을 때만 초점을 두기가 쉽습니다. 선생님은 자신의 삶에서 많은 일들이 일어나고 있어 아이의 내면세계에 대해 생각하기 어려운 사람들이 있다고 생각하시나요?

실 네, 저는 다음과 같이 말하는 부모들이 궁금했어요. "저는 갚아야 할 마이너스 통장이 있습니다, 집은 너무 낡았어요, 저는 실업 위기에 있습니다, 저는 돈 문제로 오랜 시간 걱정했습니다, 게다가 제 결혼 생활은 지금 꽤 좋지 않습니다"라고 말하는 부모들이죠. 저는 이런 부모의 경우 '내가 어떻게 다른 모든 일들을 두고 아이와 함께, 아이의 마음속에서 무슨 일이 일어나는지에 관심을 돌릴 수 있겠어?'라고 생각할까 봐 걱정이 되었습니다.

앨   너무 힘들죠. 맞아요, 정말 힘든 상황이지요. 그러나 저는 이런 부모에게 우리가 이야기하는 양육의 원칙이 오히려 더 중요할 것이라고 생각해요. 그들은 정말 힘들겠지만요.

실   선생님이 생각하시기에 이런 부모들에게는 어떤 내용이 도움이 될까요?

앨   제 생각에 2장과 3장을 다시 읽어보는 것이 도움이 되리라 봅니다. 거기서는 자신의 걱정을 가족의 걱정으로부터 분리하는 게 얼마나 중요한지를 말합니다. 물론 쉽지 않은 일입니다. 특히 선생님이 방금 말씀하신 것과 같이 상황이 굉장히 어려울 때면 말이죠. 제 생각에 우리는 사람들에게 모든 걱정을 내려놓으라고 요구하지 않습니다. 모든 것을 내려놓는 것은 불가능하지요. 그러나 우선 사로잡혀 있는 생각을 불러오는 것이 좋습니다. 제 생각에 이들은 이것이 어떻게 자신들에게 영향을 주는지 알게 될 것입니다―자신의 부모 지도를 사용해서 말이죠.

실   만약 그런 상황에서 선생님은 아이와의 관계에 영향을 미치는 사로잡혀 있는 생각을 멈추어야 한다면, 어떻게 하실 건가요?

앨　제 생각에는, 부모는 현실을 직시해야 할 필요가 있고 자신의 스트레스를 아이와의 관계에 가져올 때가 있다는 것을 알아야 할 것입니다. 이런 시간 동안 저라면 아이의 속마음을 생각하는 게 정말로 힘들다는 것을 발견할 것입니다. 그저 아이의 행동에 집중하고 그래서 "지금 네가 한계를 넘고 있구나"와 같이 아이가 하는 행동에 대해 간단하게 이야기를 할 것입니다. 그 순간에 아이와 있는 것에 집중할 수 있는 시간을 확보하려고 노력할 것이며, 또한 아이의 관점에서 세계를 보려고 할 것입니다. 굉장히 짧은 순간이라 하더라도요. 이는 더 좋은 연결감을 주며, 더 나은 행동 그리고 더 즐거운 시간을 가져올 것입니다. 결과적으로 이 짧은 시간은 저와 아이에게 이익이 될 것입니다. 그리고 저는 아이에게 제 마음속에서 일어나고 있는 것을 말할 것이며 이는 아이 행동에 대한 것은 아니라고 말할 것입니다.

실　저는 아마 제 자신을 위해서 문제 상황에서 벗어나 무언가를 하려고 애쓸 것 같습니다. 어디서든 정신 뺏기는 이런 상황을 다루기 위해서요. 따라서 저는 지원군을 찾으려고 노력할 것이고 친구한테 가서 더 많이 말하려고 할 것입니다. 제가 아이들이 모두 잠든 후 누군가에게 전화하는 걸 기다린다면 그건, 이런 것들에 대해 이야기할 배우자가 없거나 있더라도 지지적인 배우자가 없어 힘들기 때문일 것입니다. 저를 무겁게 하는 것들을 어딘가에 얘기하는 것은 제게 해방감을 줄 것이고 그러면 제 걱정들이 아이들과의 관계에 스며들지 않을 것입니다.

앨 그렇죠, 저는 이런 모든 전략들이 도움이 된다고 생각합니다—외부의 도움을 받는 것은 정말로 중요하고 그래서 가족에게 새로운 관점으로 다가갈 수 있는 거죠. 어려울 수 있지만 스트레스를 한곳에 치워두려고 시도하고 또 가족과 함께 시간을 보내는 것 자체로도 굉장히 유익할 것입니다.

실 제가 현실의 걱정에 빠져 있고 아이들이 매우 잘못된 행동을 하면, 저는 아마도 순식간에 성질이 폭발할 것 같습니다.

앨 흠, 그리고 나서 어떻게 할 건가요?

실 그러면 저는 '오, 이건 내 마음 상태야'라는 생각을 하지 않는 경향이 있습니다. 저는 아이들에게 더 화가 나고 '왜 나를 지금 괴롭히지?' 혹은 '이건 진짜 짜증 나, 너는 내게 요구하고 있잖아'라고 생각합니다. 그럴 때 저는 통찰이 부족한 것 같아요. 저는 그런 상황에서 잘 다루지 못하고, 나중에 좀 더 차분해졌을 때 부모 APP으로 다시 돌아옵니다. 아이 기르는 건 정말 힘들어요. 우리는 모두 실수를 합니다. 그러나 이런 감정을 반성해 보는 것은 중요해요. 아이뿐만 아니라 우리 자신의 행동에 대해 반성해 보는 거요.

앨 무엇이 아이를 수용하는 개념일까요? 중요한 포인트는 무엇일까요?

실　음, 저는 부모와 아이들이 수용되어 인정받는 느낌을 받는 게 중
요하다고 생각합니다 ― 인정받고 누군가 경청한다는 느낌은 행동 방식
에 변화를 만들 수 있어요. 그러나 수용은 이것만은 아니에요, 그렇
죠? 아이들과 부모는 그들이 어떻게 느끼는지에 대해 공감받는
다고 느낄 필요가 있습니다. 예를 들어서 만약 지하철에서 어떤
사람이 저를 밀치고 제 자리에 앉아서 기분이 상했고, 남편에게
말했는데 남편이 무시하고 저한테 우유 사왔냐고 물으면 저는
수용받지 못한 느낌으로 더 속상해져서 아까의 부당한 상황만
더 생각하고 있을 거예요. 남편이 "오, 나도 저번에 그런 일이 있
었어. 지하철 타는 건 끔찍해, 그렇지 않아? 괜찮아?"라고 말해
주고 난 다음에 "우유 사왔어?"라고 똑같이 물으면 저는 거기에
좀 더 쉽게 대답할 수 있을 거예요. 저는 제가 수용받는 기분을
느낀 후에 누군가가 저에게 뭔가를 요구하는 것은 괜찮다고 느
낄 것입니다. 반면에, 제가 수용되고 인정받지 않았다고 느꼈고
그다음에 누군가가 요구를 하면, 저는 아마 더 속상한 마음이 들
것이고, '아무도 내 말을 듣지 않아'라는 느낌을 받을 것입니다.

앨　그러면 이것을 어떻게 독자에게 적용할 수 있을까요? 지금 독자
들은 자신들을 압도하고 있는 스트레스를 내려놓고 아이에 대해
생각해야 한다고 요구하는 것으로 느껴져서, 오히려 스트레스를
주고 있다고 느낄 수도 있습니다.

실　맞아요, 이들에게 반영적이 되라고 말하는 건 쉬운 일이지만, 이
들이 실천하는 건 아주 힘든 일입니다. 당신 자신의 감정에 주의

를 기울이라고 처음부터 말한 것은 반드시 이것이 먼저 이루어져야 하기 때문입니다. 당신이 어떻게 그리고 왜 그렇게 느끼는지 이 두 가지 모두를 알아차리기 전까지 그리고 이에 대한 감정이 수용되지 않는다면 그 어떤 반영적인 방법도 아이들에게 실천할 수 없습니다. 만약 당신의 감정이 수용되지 않으면 아이에게 필요한 반영적 양육 중 어떤 것도 이루어지기 어려울 것입니다.

앨 또한 아이들과 힘겨운 상호작용을 하는 것에 대해서 혹은 '모든 게 다 쓸모없고 나는 이것을 할 수 없고 이 모든 건 다 너무 어려워'라는 기분에 대해서도 자신을 용서할 수 있습니다. 대신, 지금 당장은 할 수 없어도 내일은 다를 거라고 마음에 새기는 것이 도움이 됩니다. 당신은 새로운 하루를 맞이하며, 아이들과 시간을 가지면서 만들고 싶은 좋은 순간들을 맞이할지도 모릅니다.

실 아이들의 잘못된 행동도 아이들이 왜 그런 행동을 하는지 알기만 하면 못되게 굴어도 괜찮다는 뜻인지를, 사람들은 궁금해합니다. 저는 아이들의 다루기 힘든 행동에 대해 우리가 한계를 없애고, 더 부드럽게 대하라고 조언하는 것으로 사람들이 느낄까 봐 걱정이 돼요. 그러나 저희는 그걸 말하는 게 아니죠, 그렇죠?

앨 아니죠.

실 그러면 저희가 독자들에게 전달하는 것은 무엇인가요?

앨 음, 아이들은 원래 짓궂으며 이는 아이들 발달의 일부라고 저희는 말하고 있습니다. 그러나 행동을 다루는 좋은 방법－잘못된 행동을 줄이고 자신의 행동에 대해 생각하는 방법－은 그런 행동이 무엇인지를 이해하는 것입니다. 한번 당신이 효과를 봤던 전략을 선택하게 되었다면 우리는 더 깊이 관여하지 않을 것입니다. 저는 다른 부모와 비교해 반영적인 부모가 사용하는 특별한 행동 전략이 있다고는 생각하지 않습니다. 당신은 반영적 부모들이 타임아웃을 사용하고 있다고 생각하나요? 만약 이들이 타임아웃을 사용한다면 특별한 방식으로 사용할 수 있습니다. 이런 부모들은 아마 그 후에 정말로 자녀와 다시 연결되려고 애쓸 것입니다. 만약 아이가 물건을 훔친다면 당신은 아이가 다시는 그런 일을 하지 못하도록 어떻게 할 것입니까? 아마도 아이가 왜 물건을 훔치게 되었는지, 그리고 도대체 무슨 일이 일어나고 있는지, 아니면 아이가 그것에 대해 어떻게 생각하고 있는지 등 무엇을 돕고자 하는지에 따라 당신의 행동은 달라질 것입니다. 무슨 일일지 생각해 보고 싶지 않나요? 우리는 (이 책에서) 아이들이 물건을 훔치는 게 옳다고 말하는 것이 결코 아닙니다. 만약 제 아이가 뭔가를 훔친 것을 알았다면, 용납하지 않을 것입니다. 아이들의 행동에는 해야 할 일과 하지 않아야 하는 일의 경계라는 것이 있습니다. 저는 왜 아이가 그런 행동을 했는지에 대해 대화하는 것이, 아이에게 네가 훔치는 것은 용납할 수 있으며, 문제가 되는 것은 아니라고 얘기하는 것이 아님을 제 아이에게 확실하게 말할 것입니다. 내가 원하는 것은 지금의 일을 이해하려고 노력하고, 우리가 이에 대해 이야기하는 동안 아이가 나를 가깝게 느낄 수 있도록 돕는 것입니다. 그러나 그렇다고 해서 아이가 자기 용돈에서 훔친 물건 값을 갚아야 하는 골칫거리가 없어지지는 않겠지요.

실 우리는 부모들이 아이의 행동을 반대하지 않아야 한다고 제안하는 것은 아니에요. 그러나 부모가 먼저 그런 행동을 하는 아이의 감정을 스스로 조절할 수 있도록 도울 수 있다고 생각해요.

앨 흠, 제 생각에 아이가 그런 식으로 느낄 때 아이를 못마땅해하지 않으면서 아이의 행동과 정서를 구분하려고 시도하는 것은 힘든 것 같습니다. 여기에는 차이가 있습니다. 아이가 왜 그런 감정을 갖는지를 당신이 수용하지는 않더라도 아이가 느끼는 것에 대해서는 수용하는 것이 중요합니다. 그 순간에 아이는 자신의 감정이 수용되었음을 느낍니다. 우리는 아이에게 그 감정을 이해시키고 아이가 곤란해지지 않는 방식으로 감정을 표현할 수 있는 방법을 찾도록 시도할 것입니다. 다른 사람에게 상처 주는 일 등을 하지 않고요. 따라서 부모가 아이의 정서적인 경험을 수용하는 것은 정말로 도움이 될 겁니다.

실 선생님은 이 두 가지를 이야기하고 계시군요. 아이들의 행동에 대해서는 허용의 한계가 있다, 그러나 행동 이면에 무엇이 일어나는지 이해하는 것에는 열려 있어라—아이의 속마음에 대해서는 말이에요. 그러면 사람들이 언제 부모 APP을 사용할지에 대해서 좀 더 명확하게 전달할 수 있을까요?

앨 네, 그럼요. 음, 부모 APP의 좋은 점은 아이 행동 이면의 내용을 알 수 있도록 도와준다는 것입니다. 또한 부모 APP은 바로 그 순간 혹은 그 순간 직후 바로 사용할 수도 있습니다. 당신과 아이 모두가 화나고 짜증 날 때 아이에게 당신의 말을 들으라고 고집하는 대신, 5분만 기다리려고 해보세요. 그런 다음 왜 아이가 애초부터 당신 말을 듣지 않았는지 생각해 보세요. 한번 뒤로 물러서서 아이가 무엇을 생각했는지에 대해서 살펴본다면 당신은 아이와의 어려운 대화도 잘 다룰 수 있습니다.

실 어떤 사람은 아마 "나는 그렇게 할 시간이 없어요"라고 말하겠죠. "저는 뒤로 물러서서 아이가 무엇을 하는지 생각해 볼 시간이 없어요. 바쁜 일도 있고 아이도 몇 명이나 있고" 등등. 이들에게 무슨 말을 해주고 싶으신가요?

앨 맞아요, 시간을 갖는 것은 어렵게 느껴질 수 있어요. 그리고 안타깝게도 부모와 아이 관계에서의 어려움을 한번에 바꿀 수 있는 방법도 우리에게는 없어요. 만약 당신이 정말로 지금의 행동 패턴이 변화하길 원한다면 그리고 아이와 행복하지 않은 관계가 변하길 원한다면 시간을 가지는 것은 중요합니다.

실 선생님이 생각하시기에 얼마나 많은 시간이 필요할까요?

앨 다른 사람의 관점을 생각하는 데는 많은 시간이 걸리지 않아요. 아마도 30초 정도라고 다들 말할 겁니다. 몇 분 동안 흥미를 가지고 아이에게 다가가고 아이의 마음속에 일어나는 것에 관심을 가지는 것은 아이에게 그리고 아이와 당신의 관계에 도움이 됩니다.

실 이것이 얼마나 빨리 효과가 있는지를 보면 정말 놀랍죠? 그렇지 않나요?

앨 맞아요. 그리고 당신은 왜 아이가 말을 듣지 않았는지에 대해서 어떤 것을 배울 것이고, 아이에게 다르게 반응할 거예요. 아이의 행동 변화가 생길 때 당신의 삶은 좀 더 순조로워질지도 모릅니다.

실 예, 그것은 도움이 되지요. 또한 사람들이 이 책을 읽으면서 '반영적인 양육은 효과를 보는 데 오랜 시간이 걸리는 거 같아 보이는데? 좀 더 빠른 건 없을까?'라고 생각하지 않을까 궁금합니다. 이들은 아이에게 소리를 지르는 것이 훨씬 더 빨리 부모 말을 듣게 하는 거라 생각할지도 몰라요.

앨 맞습니다. 반영적 양육은 행동을 그 즉시 변화시키지는 않죠. 가끔 그럴 수 있어도 말이에요―바쁜 아침 시간, 모든 대혼란 속에서 선생님이 아이에게 관심을 가졌을 때 더 행복해했던 선생님의 아이에 대해 말씀하신 것을 기억해 보세요. 그러나 맞습니다. 아이에게 소리치지 않는 것이 어렵다는 것을 발견한 부모들은 어떨까요? 저희는 이들에게 무엇을 말할 수 있을까요?

실 음, 제 생각에 이것은 꽤나 일상적이라고 말하고 싶군요. 모든 사람은 때때로 자신이 화났을 때 소리쳐요.

앨 소리 지르는 게 옳다고 생각하세요?

실 저는 소리 지르는 것이 효과가 있다고 생각하지 않습니다. 아이들에게 좋다고도 생각하지 않고요. 부모에게도 좋지 않아요. 따라서 누구도 소리치는 것을 정말 좋아한다고 생각하지 않습니다. 소리치는 게 어떤 건지를 생각해 본다면―제 생각에 지금은 관점 취하기가 도움이 되는 순간이네요―, 만약 어떤 사람이 내 얼굴에 대고 소리치는 기분이 어떨지를 생각해 본다면―그리고 그것이 얼마나 끔찍할지를 생각해 본다면―, 저는 놀랄 것이고, 창피하거나 무서울 거예요. 키가 150센티미터에서 2미터 정도 되는 사람이 아이의 얼굴에 대고 소리 지르는 모습을 상상해 봅니다. 그러면 그것이 실제로는 상당히 무서우리라는 것을 훨씬 잘 느낄 수 있을 거예요. 그리고 그 사람은 원하는 것을 성취할 수도 있겠지요.

앨 네, 제가 말하려는 점이에요. 그 순간 원하는 걸 얻겠죠.

실 물론, 예를 들어 아이에게 사고가 막 일어나려는 것을 볼 때처럼 당신이 소리쳐야 하는 상황이 있어요. 그러나 이때는 아이가 움직이지 못하도록 하는 것이기 때문에 효과가 있죠. 만약 제가 4살짜리 아이의 얼굴에 대고 "소파에서 당장 내려가!"라고 소리친다면, 아마도 '그 순간'에 원하는 것을 얻을 수 있을 테지만, 아이에게 "네가 사람들한테 겁을 주면 사람들이 네가 원하는 것을 하게 할 수 있어"라고 가르치는 게 될 겁니다. 게다가 저는 언제 다시 큰 소리로 혼날지 모르는 채로 약간 안절부절못하고 초조해하고 불안해하는 아이를 발견할 수 있을 거예요.

앨 맞아요. 이것이 좋은 전략이 아니라면 부모들이 소리치는 것을 어떻게 멈추도록 할 수 있을까요?

실 음, 당신이 할 수 있는 몇 가지가 있을 겁니다. 한 가지 전략은 먼저 아이의 마음에서 일어나는 것과 당신의 감정을 분리시키는 거예요. 두 번째는 무엇이 당신을 소리 지르게 만들었고, 당신이 왜 그렇게 화가 나는지에 대해 생각해 보는 것입니다. 그런 다음 부모 지도로 돌아가서 거기에 부모로서 당신을 소리 지르게 만든 게 있는지 생각해 볼 수 있습니다—말하자면, 당신 자신이 큰 소리로 혼났던 과거 기억이 있을 수 있고, 현재 자신에게 스트레스를 주는 것이 있을 수 있는 거죠. 이런 것들이 부모가 된 당신한테 어떻게 영향을 주는지 알아차리면, 당신은 어떤 변화를 만들기 시작할 수 있으며 바라건대 큰 소리로 혼내는 것을 멈추겠죠. 부모들은 왜 큰 소리로 혼을 낼까요?

앨 아이들의 행동이 잘못되었다고 생각하기 때문이에요.

실 큰 소리로 혼을 내는 게 도움이 될까요? 부모의 기분이 더 좋아지나요?

앨 잘 모르겠어요. 그러나 큰 소리로 혼을 내는 것을 멈추기란 정말 어려워요.

실 아마도, 관점 취하기를 시도해 보면서 아이에게 어떻게 느껴질 지를 상상하는 것이 도움이 될 것입니다. 아이의 마음으로 들어 가세요. 그리고 당신이 때로 큰 소리로 혼을 낸다는 것을 받아들 이세요. 왜냐하면 항상 당신의 감정을 조절할 수 없기 때문입니 다. 따라서 당신을 용서하고 생각하세요. 실제로 당신이 매번 큰 소리로 혼내지 않는다면, 그리고 이런 것이 가끔 일어난다면 그 렇게 끔찍하지 않습니다. 사람들은 고함을 지릅니다. 아이들도 서로에게 소리치고요, 그렇지 않나요?

앨 저는 선생님의 부모 지도와 부모 지도를 좀 더 손쉽게 활용할 수 있는 방법에 대해서 생각 중입니다.

실 좋은 생각이 있나요, 앨리스터?

앨 제가 추측하기에 부모들이 너무 감정적이 되었기 때문에 큰 소 리로 혼을 내는 것이라 설명할 수 있을 거 같아요. 대부분의 사 람들은 화가 났거나 어떤 면에서 각성되었기 때문에 소리를 지 릅니다. 따라서 부모가 스스로를 반성하고 자신이 큰 소리로 혼 을 내는 시간과 비교적 소리를 적게 내는 시간을 생각해 보는 것 이 중요할 수 있습니다. 정말로 중요할 수 있어요. 아침에 당신 은 급하다고 느끼고 아이들은 아주 느긋하게 학교 갈 준비를 하고 있다고 생각해 봅시다. 이때는 아침의 할 일을 우선적으로 생각해 보는 것이 중요할 수 있습니다. 그러면 당신은 그렇게 많이 짜증이 나거나 큰 소리로 혼내지 않을 거예요.

실 맞아요, 준비가 되어 있다면 큰 소리로 혼낼 일도 없겠지요. 체벌을 사용하는 부모도 이러한 아이들에 대한 요구를 신중하게 생각해 볼 필요가 있어요. 저는 아이들에게 겁을 줄 정도로 부모가 감정에 대한 통제력을 잃는 상황이라면 정말로 고민해야 할 중요한 행동이라고 생각합니다. 그리고 이러한 상황에서 아이가 당신이 통제력을 잃은 모습을 본다고 상상해 봅시다. 부모가 자신의 감정을 조절하지 못하는 것을 보면서 아이가 어떻게 자신의 감정을 조절하는 방법을 배울 수 있을까요?
반영적 양육보다 효과가 빠른 다른 방법이 있는가 하는 질문으로 다시 돌아가는 것이긴 하지만, 저는 여전히 "반영적 양육이 아이와 가족을 돕는다는 증거가 무엇입니까?"라고 물을 부모들에게 어떻게 말할지 궁금합니다.

앨 음, 반영적인 부모의 아이들이 자신의 감정을 더 잘 조절하고 사람들과 더 좋은 관계를 맺는다는 연구 결과가 있어요. 임상 현장에서 저는 이런 접근이 부모와 아이 관계를 증진시키는 데 도움이 되었음을 발견했습니다. 저 개인에게도 아이와의 힘겨운 시간들을 좀 더 쉽게 다룰 수 있도록 했고, 또한 제 아이들이 어떻게 느끼고 행동하는지를 훨씬 쉽게 이해할 수 있었습니다. 제 생각에 아이에게 주는 이점을 보는 것 그리고 아이가 자신의 정서적인 세계를 어떻게 이해하는지 보는 것은 좀 더 장기적인 효과가 있다고 생각해요. 그러나 어떤 상황의 경우는 좀 더 즉각적인 효과도 있습니다.

실 좋은 예시가 있을까요?

앨 음, 아이들은 "아빠는 너무 나빠, 엄마는 너무 나빠, 아빠는 나한테 아무것도 못하게 해!"라고 소리를 지르며 말합니다. 당신이 받아들일 수 없는 단어를 사용하는 아이를 벌주기보다 잠시 돌이켜 생각해 보고 공감을 조금 해주면서 "정말 미안하구나, 그건 정말 힘들고, 정말로 공평하지 않다고 느껴지는 걸 안다"라고 말해보세요. 정말로 이해받는다고 느끼고 또 자신이 어떻게 느끼는지에 대해 부모가 신경 쓰고 있다는 걸 아는 아이에게 이것은 드라마틱한 효과를 줄 수 있기 때문이죠. 당신의 화가 가라앉을 수 있고, 상황은 아이를 처벌하지 않고 멈출 수 있습니다. 반면에, 당신이 느끼기에 아이가 무례하고 당신 또한 굉장히 화가 났기 때문에 처벌적인 방식으로 타임아웃을 사용한다면, 아이를 더 화나게 만들 수 있습니다. 이는 문제행동을 감소시킬 수는 있지만 실제로는 부정적인 행동과 단절감을 키울 수 있습니다. 반영적인 양육이 반드시 오래 걸리는 것은 아닙니다. 그러나 분명한 점은 당신과 아이 사이에 더 좋은 연결감을 얻는다는 것이고 아이가 이해받는다고 느끼는 좋은 점이 있다는 것입니다.

실 아마도 사람들이 이 책을 읽은 후에 더 많은 질문이 있을 것 같네요. 우리는 단지 사람들이 시도해 보기를 원했고, 이것이 시간이 걸리고 연습이 필요한 작업임을 알기 원했어요. 그리고 아이들 앞에서 반영적인 모델이 되려고 노력한다면, 정말 실생활에서 좋은 효과가 있음을 알게 될 것입니다. 저는 오랜 시간 이런 접근을 시도하면서 아이들이 점차 반영적이게 되고 가족 내 다른 사람에게 마음을 읽어내는 말을 하는 것을 저희 아이들과 함께 경험했어요. 물론 이들 중 어떤 것은 몇 년이 걸리고 아직도 진행 중인 것도 있습니다. 우리와 함께 작업하는 가족들을 보면서도 그랬지만, 시간이 지나면서 부모와 아이들이 다른 사람에 대해 그리고 다른 사람의 마음에서 일어나는 것에 대해 관심과 호기심을 좀 더 갖도록 도와주면 아이들의 행동과 다른 사람과의 관계에서 장기적으로 긍정적 효과를 볼 수 있어 기뻤습니다.

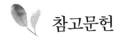 참고문헌

추천의 글

1. Cote, S.M., T. Vaillancourt, J.C. LeBlanc, D.S. Nagin and R.E. Tremblay. 2006. "The development of physical aggression from toddlerhood to pre-adolescence: A nationwide longitudinal study of Canadian children." *Journal of Abnormal Child Psychology*, 34(1), pp.71~85. doi: 10.1007/s10802-005-9001-z.

들어가며

1. Fonagy, P., H. Steele and M. Steele. 1991. "Maternal representations of attachment during pregnancy predict the organisation of infant-mother attachment at one year of age." *Child Development*, 62, pp.891~905.
2. Fonagy, P., H. Steele, M. Steele, T. Leigh, R. Kennedy, G. Mattoon and M. Target. 1995. "Attachment, the reflective self, and borderline states: The predictive specificity of the Adult Attachment Interview and pathological emotional development." in S. Goldberg, R. Muir and J. Kerr(eds.). *Attachment Theory: Social, Developmental, and Clinical Perspectives*. New York: Analytic Press.
3. Fonagy, P., G. Gergely, E.L. Jurist and M. Target. 2002. *Affect regulation, Mentalization and the Development of Self*. New York: Other Press.
4. Bowlby, J. 1958. "The nature of the child's tie to his mother." *International Journal of Psycho-Analysis*, 39, pp.350~373.

5. Ainsworth, M.D.S. and B.A. Witting. 1969. "Attachment and exploratory behaviour of one-year-olds in a strange situation." in B.M. Foss(ed.). *Determinants of Infant Behaviour, Vol 4.* London: Metheuen.

6. Fonagy, P. 1989. "On tolerating mental states: Theory of Mind in Borderline Patients." *Bulletin of the Anna Freud Centre*, 12, pp.91~115.

7. Meins, E. and C. Fernyhough. 1999. "Linguistic acquisitional style and mentalising development: The role of maternal mind-mindedness." *Cognitive Development*, 14, pp.363~380.

8. Premack, D. and G. Woodruff. 1978. "Does the chimpanzee have a theory of mind?" *Behaviour and Brain Sciences*, 1(4), pp.515~526.

9. Fonagy, P., S. Redfern and T. Charman. 1997. "The relationship between belief-desire reasoning and a projective measure of attachment security (SAT)." *British Journal of Developmental Psychology*, 15, pp.51~61.

10. Biemans, H. 1990. "Video home training: Theory method and organisation of SPIN." in J. Kool(ed.). *International Seminar for Innovative Institutions.* Ryswijk: Ministry of Welfare, Health and Culture.

11. Trevarthen, C. 2010. "What is it like to be a person who knows nothing? Defining the active intersubjective mind of a newborn human being." *Infant and Child Development*, 20(1), pp.119~135.

1장 아이의 마음을 읽어주는 부모 되기: 반영적 양육의 시작

1. Fonagy, P., M. Steele, H. Steele, G. Moran and A. Higgitt. 1991. "The capacity for understanding mental states: The reflective self in parent and child and its significance for security of attachment." *Infant Mental Health Journal*, 12, pp.201~218.

2. Gerhardt, S. 2004. *Why Love Matters: How Affection Shapes a Baby's Brain.* Hove: Brunner-Routledge.

3. Schore, A.N. 2001. "Effects of a secure attachment relationship on right brain development, affect regulation, and infant mental health." *Infant Mental Health*

Journal, 22(1~2), pp.7~66.

4. Schore, A. 1994. *Affect Regulation and the Origin of the Self.* Hillsdale, NJ: Lawrence Erlbaum Associates Inc.

5. Thomas, D.G., E. Whitaker, C.D. Crow, V. Little, L. Love, M.S. Lykins and M. Letterman. 1997. "Event-related potential variability as a measure of information storage in infant development." *Developmental Neuropsychology*, 13, pp.205~232.

6. Fonagy, P., M. Target, H. Steele and M. Steele. 1994. "The Emmanuel Miller Memorial Lecture 1992. The theory and practice of resilience." *Journal of Child Psychology and Psychiatry*, 35, pp.231~257.

7. Meins, E. and C. Fernyhough. 1999. "Linguistic acquisitional style and mentalising development: The role of maternal mind-mindedness." *Cognitive Development*, 14, pp.363~380.

8. Trevarthen, C. 2010. "What is it like to be a person who knows nothing? Defining the active intersubjective mind of a newborn human being." *Infant and Child Development*, 20(1), pp.119~135.

9. Nagy, E. 2010. "The newborn infant: a missing stage in developmental psychology." *Infant and Child Development*, 20(1), pp.3~19.

10. Csibra, G. and G. Gergely. 2009. "Natural pedagogy." *Trends in Cognitive Sciences*, 13, pp.148~153.

11. Grienenberger, J., A. Slade and K. Kelly. 2005. "Maternal reflective functioning, mother-infant affective communication, and infant attachment: Exploring the link between mental states and observed caregiving behavior in the intergenerational transmission of attachment." *Attachment and Human Development*, 7(3), pp.299~311.

2장 부모 지도

1. Kohn, A. 2005. *Unconditional Parenting: Moving from Rewards and Punishments to Love and Reason.* New York: Atria/Simon & Schuster.

2. Emde, R.N. 1983. "The pre representational self and its affective core." *Psychoanalytic Study of the Child*, 38, pp.165~192.

3. Brown, G.W. and T.O. Harris. 1978. *The Social Origins of Depression: A Study of Psychiatric Disorder in Women*. London: Tavistock.

3장 자신의 감정 조절하기

1. Kennedy, H., M. Landor and L. Todd. 2011. *Video Interaction Guidance — A Relationship-Based Intervention to Promote Attunement, Empathy and Well-being*. London: Jessica Kingsley Publishers.

4장 부모 APP

1. Fonagy, P., S. Redfern and T. Charman. 1997. "The relationship between belief-desire reasoning and a projective measure of attachment security (SAT)." *British Journal of Developmental Psychology*, 15, pp.51~61.

6장 훈육: 오해를 이해하기

1. Doyle, A.B. and M.M. Moretti. 2000. "Attachment to parents and adjustment in adolescence: Literature review and policy implications." CAT number 032ss. H5219-9-CYH7/001/SS. Ottawa: Health Canada, Child and Family Division.

2. Doyle, A.B., M.M. Moretti, M. Brendgen and W. Bukowski. 2002. "Parent child relationships and adjustment in adolescence: Findings from the HSBC and NLSCY Cycle 2 Studies." CAT number 032ss. H5219-00CYHS. Ottawa: Health Canada, Child and Family Division.

3. Moretti, M.M. and R. Holland. 2003. "Navigating the journey of adolescence: Parental attachment and the self from a systemic perspective." in S. Johnson

and V. Whiffen(eds.). *Clinical Applications of Attachment Theory*. New York: Guildford.

4. Alessandri, S.M. and M. Lewis. 1993. "Parental evaluation and its relation to shame and pride in young children." *Sex Roles*, 29, pp.335~343.

5. Alessandri, S.M. and M. Lewis. 1996. "Differences in pride and shame in maltreated and nonmaltreated preschoolers." *Child Development*, 67, pp.1857~1869.

6. Hughes, D. 2006. *Building the Bonds of Attachment* (DVD). Produced by Sandra Webb & Lunchroom Production.

7. Fletcher, A., L. Steinberg and E. Sellers. 1999. "Adolescents' wellbeing as a function of perceived inter-parent inconsistency." *Journal of Marriage and the Family*, 61, pp.300~310.

7장 민감한 아이, 오해를 풀어가기

1. Steele, M.J., J. Kaniuk, K. Henderson, S. Hillman and K. Asquith. 2008. "Forecasting outcomes in previously maltreated children: The use of the AAI in a longitudinal adoption study." in H. Steele and M. Steele(eds.). *Clinical Applications of the Adult Attachment Interview*. New York: The Guilford Press.

2. Pollak, S.D., D. Chiccetti, K. Hornung and A. Reed. 2000. "Recognizing emotion in faces: Developmental effects of child abuse and neglect." *Developmental Psychology*, 36, pp.679~688.

3. Schore, A. 1994. *Affect Regulation and The Origin of the Self*. Hillsdale, NJ: Lawrence Erlbaum Associates Inc.

4. Hughes, D. 2006. *Building the Bonds of Attachment* (DVD). Produced by Sandra Webb & Lunchroom Production.

5. Hughes, D. and B. Rothschild. 2013. *8 Keys to Building Your Best Relationships (8 Keys to Mental Health)*. New York: W.W. Norton & Company.

6. American Psychiatric Association. 2013. *Diagnostic and Statistical Manual of Mental Disorders*. Arlington: American Psychiatric Publishing.

7. Frith, U. and C. Frith. 2009. "The social brain: Allowing humans to boldly go

where no other species has been." *Philosophical Transactions*, November.

8. Feldman, E.K. and R. Matos. 2014. "Training paraprofessionals to facilitate social interactions between children with autism and their typically developing peers." *Journal of Positive Behaviour Interventions*, 15(3), pp.169~179.

9. Baron-Cohen, S. 1995. *Mindblindness: An Essay on Autism and Theory of Mind.* Cambridge, MA: MIT Press.

10. Charlop-Christy, M.H. and S. Daneshvar. 2014. "Using video modelling to teach perspective taking to children with Autism." *Journal of Positive Behaviour Interventions*, 16(4), pp.12~21.

11. Attwood, T. 2007. *The Complete Guide to Asperger's Syndrome.* London: Jessica Kingsley Publishers.

12. Higashida, N. 2013. *The Reason I Jump: One Boy's Voice from the Silence of Autism.* London: Hodder & Stoughton Ltd.

13. Smadar, D., D. Oppenheim, N. Koren-Karie and N. Yirmiya. 2014. "Early attachment and maternal insightfulness predict educational placement of children with autism." *Research in Autism Spectrum Disorders*, 8(8), August.

8장 가족, 형제자매 그리고 친구들

1. Keavney, E., N. Midgley, E. Asen, D. Bevington, P. Fearon, P. Fonagy, R. Jennings-Hobbs and S. Wood. 2012. "Minding the Family Mind — The development and initial evaluation of mentalization-based treatment for families." in N. Midgley and I. Vrouva(eds.). *Minding The Child — Mentalization Based Interventions with Children, Young People and their Families.* London: Routledge.

2. Rutter, M. 1981. *Maternal Deprivation Reassessed*, 2nd edition. Harmond-sworth: Penguin.

3. Amato, P. 2001. "Children of divorce in the 1990s: An update of the Amato and Keith (1991) meta-analysis." *Journal of Family Psychology*, 15(3), pp.355~370.

4. Davies, P.T. and E.M. Cummings. 2006. "Interpersonal discord, family process, and developmental psychopathology." in D. Cicchetti and D.J. Cohen(eds.). *De-*

velopmental Psychopathology: Vol. 3: Risk, Disorder, and Adaptation, 2nd ed. New York: Wiley & Sons.

5. Dunn, J., C. Creps and J. Brown. 1996. "Children's family relationships between two and five: Development changes and individual differences." *Social Development*, 5, pp. 230~250.

6. Bowes, L., D. Wolke, C. Joinson, S.T. Lereya and G. Lewis. 2014. "Sibling bullying and risk of depression, anxiety, and self-harm: A prospective cohort study." *Pediatrics*, 134(4), pp. 1032~1039.

7. Perner, J., T. Ruffman and S.R. Leekam. 1994. "Theory of Mind is contagious: You catch it from your sibs." *Child Development*, 65(4), pp. 1228~1238.

8. Fonagy, P., S. Redfern and T. Charman. 1997. "The relationship between belief-desire reasoning and a projective measure of attachment security (SAT)." *British Journal of Developmental Psychology*, 15, pp. 51~61.

9. Slaughter, V., M.J. Dennis and M. Pritchard. 2010. "Theory of mind and peer acceptance in preschool children." *British Journal of Developmental Psychology*, 20(4), pp. 545~564.

10. Redfern, S. 2011. "Social cognition in childhood: The relationships between attachment-related representations, theory of mind and peer popularity." Doctoral Thesis, Institute of Psychiatry, King's College London.

9장 좋은 시간과 정신화

1. Ispa, J. 2015. Unpublished research from the Early Head Start Research and Evaluation Project—to be published in *Social Development* (2015).

2. Youngblade, L.M. and J. Dunn. 1995. "Individual differences in young children's pretend play with mother and sibling: Links to relationships and understanding of other people's feelings and beliefs." *Child Development*, 66(5), pp. 1472~1492.

찾아보기

지은이
/
앨리스터 쿠퍼
Alistair Cooper

아동양육 증거 기반 프로그램 시행과 연구를 수행하는 영국 국가정신건강서비스(National Implementation Service) 기관인 마이클루터센터(Michael Rutter Centre)의 임상심리학자이며 자문위원이다.

실라 레드펀
Sheila Redfern

아동과 청소년을 위한 치료 전략을 연구하는 안나프로이트센터(Anna Freud Centre)의 자문 임상심리학자이며, 이전에는 영국 국민건강보험(NHS)의 아동청소년정신건강서비스팀에서 일했다.

옮긴이
/
이은경

이화여자대학교 심리학과에서 상담심리학으로 박사 학위를 받았다. 2007년 9월부터 명지대학교 청소년지도학과 교수로 재직 중이다. 2021년 현재 한국상담심리학회 이사, 미래를 여는 청소년학회 부회장, 한국코칭심리학회 회장으로 일하고 있다. 저서로는 『집단상담의 기초』, 『청소년 문제와 보호』, 역서로는 『좋은 상담자 되기』, 『아동 및 청소년 상담』, 『상담 사례에 기반한 심리상담 이론과 실제』가 있다.

아이의 마음을 읽어주는 부모 되기

반영적 양육

지은이 앨리스터 쿠퍼·실라 레드펀
옮긴이 이은경
펴낸이 김종수
펴낸곳 한울엠플러스(주)
편 집 이진경

초판 1쇄 인쇄 2021년 3월 9일
초판 1쇄 발행 2021년 3월 16일

주소   10881 경기도 파주시 광인사길 153 한울시소빌딩 3층
전화   031-955-0655
팩스   031-955-0656
홈페이지 www.hanulmplus.kr
등록번호 제406-2015-000143호

Printed in Korea.
ISBN 978-89-460-8021-8 03590 (양장)
        978-89-460-8022-5 03590 (무선)

* 책값은 겉표지에 표시되어 있습니다.
* 이 도서는 강의를 위한 학생판 교재를 따로 준비했습니다.
  강의 교재로 사용하실 때는 본사로 연락해 주십시오.